"十三五"职业教育国家规划教材

工业和信息化"十三五"高职高专人才培养规划教材

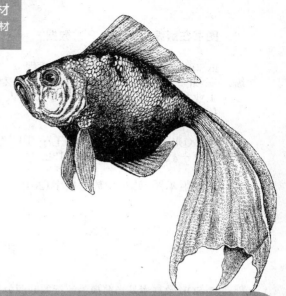

U0337786

MySQL

数据库技术与项目|应用教程

MySQL Database Technology and Project Application Course

李锡辉 王樱 ◎ 主编

杨丽 刘思夏 ◎ 副主编

人民邮电出版社

北 京

图书在版编目（CIP）数据

MySQL数据库技术与项目应用教程 / 李锡辉，王樱主编. -- 北京：人民邮电出版社，2018.2（2021.6重印）
工业和信息化"十三五"高职高专人才培养规划教材
ISBN 978-7-115-47410-0

Ⅰ. ①M… Ⅱ. ①李… ②王… Ⅲ. ①SQL语言－高等职业教育－教材 Ⅳ. ①TP311.132.3

中国版本图书馆CIP数据核字(2017)第324285号

内 容 提 要

　　MySQL数据库是当前最为流行的开源数据库之一，它功能强大，运算性能卓越，已成为企业级数据库产品的首选。

　　本书以一个"网上商城系统"的数据库设计、操纵和管理为主线，以实践为指导，借助实用的案例和通俗易懂的语言，详细介绍了使用 MySQL 数据库对"网上商城系统"进行设计与维护的过程。全书分为基础应用篇和高级应用篇两大部分，共 8 个项目 26 个任务，主要内容包括 MySQL 数据库的安装与配置、数据库设计与建模、关系代数、数据库的创建与管理和数据查询、数据查询优化、数据库编程、维护系统数据库的安全性和高可用性。

　　本书可作为高等院校应用型、技能型人才培养及各类"数据库开发与管理"相关课程的教材，也可以作为从事数据库开发与应用人员的参考用书。

◆ 主　编　李锡辉　王　樱
　　副主编　杨　丽　刘思夏
　　责任编辑　范博涛
　　责任印制　马振武

◆ 人民邮电出版社出版发行　　北京市丰台区成寿寺路 11 号
　　邮编　100164　电子邮件　315@ptpress.com.cn
　　网址　http://www.ptpress.com.cn
　　山东百润本色印刷有限公司印刷

◆ 开本：787×1092　1/16
　　印张：16.5　　　　　　　　2018 年 2 月第 1 版
　　字数：402 千字　　　　　　2021 年 6 月山东第 14 次印刷

定价：45.00 元

读者服务热线：(010)81055256　印装质量热线：(010)81055316
反盗版热线：(010)81055315
广告经营许可证：京东市监广登字 20170147 号

前 言　　FOREWORD

数据库技术是计算机应用领域中非常重要的技术，是现代信息系统的核心和基础，它的出现与应用极大地促进了计算机技术在各领域的渗透。MySQL 作为关系型数据库管理系统的重要产品之一，由于其稳定性高、速度快、跨平台、开放源码等优点，被广泛地应用在 Internet 的中小型网站上。特别是 MySQL 5 的出现，使得 MySQL 具备了企业级数据库管理系统的特性，其强大的功能和卓越的运算性能使其成为企业级数据库产品的首选。

本书是作者在总结多年数据库应用开发和教学经验的基础上编写的，全书在设计上采用"大案例，一案到底"的思路，以一个"网上商城系统"的数据库设计、操纵和管理为主线串联全书知识点。按照由简至繁的原则，本书分为基础应用篇和高级应用篇两大部分，其中基础应用篇由 4 个项目组成，探讨了 MySQL 数据库的安装与配置、数据库设计与建模、关系代数、数据库的创建与管理和数据查询等内容；高级应用篇则包含了优化数据查询、数据库编程、维护系统数据库的安全性和高可用性 4 个项目。通过 8 个项目的若干任务，本书详细介绍了 MySQL 数据库应用技术。为了加强学习效果，在每个项目后都配备有相应的习题和项目实战，使读者能够运用所学知识完成实际的工作任务，达到举一反三、学以致用的目的。

本书结构紧凑，示例丰富，注重理论联系实践，语言浅显易懂，具有较强的实用性和可操作性。

本书是湖南省教育科学"十二五"规划课题（2013XJK013CZY047）的研究成果，由李锡辉、王樱、杨丽和刘思夏编写，其中李锡辉编写了项目一、项目二和项目四，王樱编写了项目六和项目七，杨丽编写了项目五和项目八，刘思夏编写了项目三，全书由李锡辉统稿；赵莉、石玉明参与了本书的校对和修订工作；软件专业 14 级陈依琳、肖朝晖、谭荣杰、肖慧峰和王涛等同学参与了本书的案例设计和代码测试，在此一并表示衷心感谢。

为方便读者学习，本书配有电子教案、PPT、任务书、示例数据库及习题参考答案等教学资源，请登录 www.ryjiaoyu.com 下载。

尽管编写过程中我们尽了最大努力，但书中难免存在不足和疏漏之处，敬请读者提出宝贵意见和建议，我们将不胜感激。您在阅读本书时，若发现任何问题或不妥之处，请发电子邮件至 lixihui@mail.hniu.cn 与我们联系。

编者
2017.10 于长沙

目 录

CONTENTS

1 Chapter

项目一
认识 MySQL 数据库

　　数据库技术是计算机应用领域中非常重要的技术，是现代信息系统的核心和基础，它的出现与应用极大地促进了计算机技术在各领域的渗透。MySQL 作为关系型数据库管理系统的重要产品之一，由于其体积小、开放源码、成本低等优点，被广泛地应用在 Internet 的中小型网站上。特别是 MySQL 5 的出现，使得 MySQL 具备了企业级数据库管理系统的特性，其强大的功能和卓越的运算性能使其成为企业级数据库产品的首选。

　　本项目在介绍数据库基本概念的基础上，通过安装、配置 MySQL 数据库，使读者学会在 Windows 平台上安装和配置 MySQL，并掌握 MySQL 数据库的一般使用方法。

MySQL

【学习目标】
- 了解数据库的基本概念
- 了解 SQL 语言
- 会在 Windows 操作系统下安装 MySQL 数据库
- 会启动、登录和配置 MySQL 数据库
- 会设置 MySQL 字符集

任务 1　认识数据库

【任务描述】在设计和使用 MySQL 数据库之前，需要了解数据库的基本概念以及关系型数据库数据的存储方式。

1.1.1　数据库的基本概念

1. 数据

数据（Data）是用来记录信息的可识别符号，是信息的具体表现形式。在计算机中，数据是采用计算机能够识别、存储和处理的方式对现实世界的事物进行的描述，其具体表现形式可以是数字、文本、图像、音频、视频等。

2. 数据库

数据库（Database，DB）是用来存放数据的仓库。具体地说，就是按照一定的数据结构来组织、存储和管理数据的集合，具有较小的冗余度、较高的独立性和易扩展性、可供多用户共享等特点。

3. 数据库管理系统

数据库管理系统（Database Management System，DBMS）是操纵和管理数据库的软件，介于应用程序与操作系统之间，为应用程序提供访问数据库的方法，包括数据的定义、数据操纵、数据库运行管理及数据库建立与维护等功能。当前流行的数据库管理系统包括 MySQL、Oracle、SQL Server、Sybase 等。

4. 数据库系统

数据库系统（Database System，DBS）由软件、数据库和数据库管理员组成。其软件主要包括操作系统、各种宿主语言、数据库应用程序以及数据库管理系统。数据库由数据库管理系统统一管理，数据的插入、修改和检索均要通过数据库管理系统进行，数据库管理系统是数据库系统的核心。数据库管理员负责创建、监控和维护整个数据库，使数据能被任何有权使用的人有效使用。图 1-1 描述了数据库系统的结构。

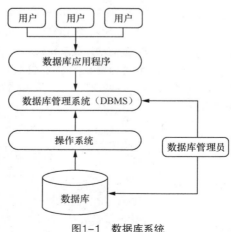

图1-1　数据库系统

1.1.2 关系型数据库

1. 关系型数据库

数据存储是计算机的基本功能之一。随着计算机技术的不断普及，数据存储量越来越大，数据之间的关系也变得越来越复杂，怎样有效地管理计算机中的数据，成为计算机信息管理的一个重要课题。

在数据库设计发展的历史长河中，人们使用模型来反映现实世界中数据之间的联系。1970年，IBM 的研究员 E.F.Codd 博士发表了名为《大型共享数据银行的关系模型》的论文，首次提出了关系模型的概念，为关系型数据库的设计与应用奠定了理论基础。

在关系模型中，实体和实体间的联系均由单一的关系来表示。在关系型数据库中，关系就是表，一个关系型数据库就是若干个二维表的集合。

2. 关系型数据库存储结构

关系型数据库是指按关系模型组织数据的数据库，采用二维表来实现数据存储，其中二维表中的每一行（row）在关系中称为元组（记录，record），表中的每一列（column）在关系中称为属性（字段，field），每个属性都有属性名，属性值是各元组属性的值。

图 1-2 描述了网上商城系统后台数据库中 User 表的数据。在该表中有 uId、uName、uSex 等字段，分别代表用户 ID、用户名和性别。表中的每一条记录代表了系统中的一个具体的 User 对象，如用户李平、用户张诚等。

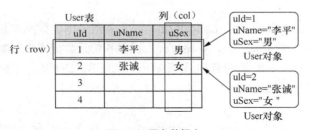

图1-2 用户数据表

3. 常见的关系型数据库产品

（1）Oracle

Oracle 是商用关系型数据库管理系统中的典型代表，是甲骨文公司的旗舰产品。Oracle 作为一个通用的数据库管理系统，不仅具有完整的数据管理功能，还是一个分布式数据库系统，支持各种分布式功能。作为一个应用开发环境，Oracle 提供了一套界面友好、功能齐全的数据库开发工具。Oracle 使用 PL/SQL 语言执行各种操作，具有可开放性、可移植性、可伸缩性等特点。

（2）MySQL

MySQL 是最流行的开放源码的数据库管理系统，它具有快速、可靠和易于使用的特点。由 MySQL AB 公司开发和发布，2008 年被 Sun 公司收购。2009 年 Sun 公司又被 Oracle 公司收购，因而 MySQL 成为了 Oracle 公司的又一重量级数据库产品。MySQL 具有跨平台的特性，可以在 Windows、UNIX、Linux 和 Mac OS 等平台上使用。由于其开源免费，运营成本低，受到越来越多的公司青睐，如雅虎、Google、新浪、网易、百度等企业都使用 MySQL 作为数据库。

（3）SQL Server

SQL Server 也是一种典型的关系型数据库管理系统，广泛应用于电子商务、银行、电力、教育等行业，它使用 Transact-SQL 语言完成数据操作。随着 SQL Server 版本的不断升级，使得该 DBMS 具有可靠性、可伸缩性、可用性、可管理性等特点，可为用户提供完整的数据库解决方案。

（4）DB2

DB2 是美国 IBM 公司开发的一套关系型数据库管理系统，主要应用于大型应用系统，具有较好的可伸缩性，可支持从大型机到单用户环境，应用于所有常见的服务器操作系统平台下。DB2 提供了高层次的数据利用性、完整性、安全性、可恢复性，以及小规模到大规模应用程序的执行能力，具有与平台无关的基本功能和 SQL 命令。

本书选用的关系数据库产品为 MySQL。

1.1.3　SQL 语言

SQL（Structured Query Language，结构化查询语言）是关系型数据库语言的标准，最早是由 IBM 公司开发的，1986 年由美国国家标准化组织和国际化标准组织共同发布 SQL 标准 SQL-86。随着时间的变迁，SQL 版本经历了 SQL-89、SQL-92、SQL-99、SQL-2003 及 SQL-2006。SQL 语言根据功能的不同被划分成数据定义语言、数据操纵语言和数据控制语言。

1. 数据定义语言

数据定义语言（Data Definition Language，DDL）用于创建数据库和数据库对象，为数据库操作提供对象。例如，数据库、表、存储过程、视图等都是数据库中的对象，都需要通过定义才能使用。DDL 中主要的 SQL 语句包括 CREATE、ALTER、DROP，分别用来实现数据库及数据库对象的创建、更改和删除操作。

2. 数据操纵语言

数据操纵语言（Data Manipulation Language，DML）主要用于操纵数据库中的数据，包括 INSERT、SELECT、UPDATE、DELETE 等语句。INSERT 用于插入数据；UPDATE 用于修改数据；DELETE 用于删除数据；SELECT 则可以根据用户需要从数据库中查询一条或多条数据。

3. 数据控制语言

数据控制语言（Data Control Language，DCL）主要实现对象的访问权限及对数据库操作事务的控制，主要语句包括 GRANT、REVOKE、COMMIT 和 ROLLBACK。GRANT 语句用于给用户授予权限；REVOKE 语句用于收回用户权限；COMMIT 语句用于提交事务；ROLLBACK 语句用于回滚事务。

数据库中的操作都是通过执行 SQL 语句来完成，它可以方便地嵌套在 Java、C#、PHP 等程序语言中，以实现应用程序对数据的查询、插入、修改和删除等操作。

任务 2　安装与配置 MySQL 数据库

【任务描述】要使用 MySQL 来存储和管理数据库，首先要安装和配置 MySQL 数据库。本任务介绍了 MySQL 的安装和配置过程，并使用命令行和 Navicat 工具操作 MySQL 数据库。

1.2.1 MySQL 概述

MySQL 作为关系型数据库的重要产品之一，由于其体积小、开放源码、成本低等优点，当前被广泛地应用在 Internet 的中小型网站上，其主要特点如下。

1. 可移植性好

MySQL 支持超过 20 种开发平台，包括 Linux、Windows、FreeBSD、IBM AIX、HP–UX、Mac OS、OpenBSD、Solaris 等，这使得用户可以选择多种平台实现自己的应用，并且在不同平台上开发的应用系统可以很容易在各种平台之间进行移植。

2. 强大的数据保护功能

MySQL 具有灵活和安全的权限和密码系统，允许基于主机的验证。连接到服务器时，所有的密码传输均采用加密形式，同时提供 SSH 和 SSI 支持，以实现安全和可靠的连接。

3. 提供多种存储器引擎

MySQL 中提供了多种数据库存储引擎，这些引擎各有所长，适用于不同的应用场合，用户可以选择最合适的引擎以得到最高的性能。

4. 功能强大

强大的存储引擎使 MySQL 能够有效应用于任何数据库应用系统，高效完成各种任务，无论是大量数据的高速传输系统，还是每天访问量超过数亿的高强度的搜索 Web 站点。MySQL 5 是 MySQL 发展历程中的一个里程碑，它使 MySQL 具备了企业级数据库管理系统的特性，可以提供强大的功能，例如子查询、事务、外键、视图、存储过程、触发器、查询缓存等。

5. 支持大型数据库

InnoDB 存储引擎将 InnoDB 表保存在一个表空间内，该表空间可由数个文件创建。这样，表的大小就能超过单独文件的最大容量。表空间还可以包括原始磁盘分区，从而使构建很大的表成为可能，最大容量可以达到 64TB。

6. 运行速度快

运行速度快是 MySQL 的显著特性。在 MySQL 中使用了极快的"B 树"磁盘表（MyISAM）和索引压缩；通过使用优化的"单扫描多连接"，能够实现极快的连接；SQL 函数使用高度优化的类库实现。

1.2.2 MySQL 的安装与配置

MySQL 根据操作系统的类型可以分为 Windows 版、UNIX 版、Linux 版和 Mac OS 版。当下载 MySQL 时，读者先需了解自己使用的是什么操作系统，然后根据操作系统来下载相应的 MySQL。本书安装和配置的 MySQL 产品在 Windows 操作系统下运行。

1. MySQL 的安装步骤

MySQL 的安装过程与其他应用程序的安装类似，其安装步骤如下。

（1）首先下载 MySQL 5.5，其官网下载地址为 http://dev.mysql.com/downloads。双击 MySQL 5.5 的安装文件，打开 MySQL 的安装向导，如图 1–3 所示，单击"Next"按钮进入用户许可协议界面，如图 1–4 所示。

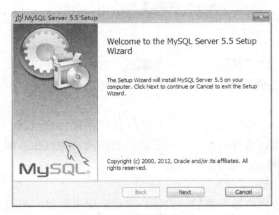

图1-3 安装界面

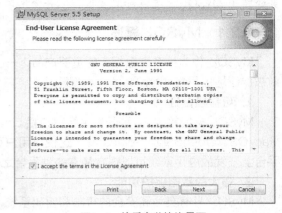

图1-4 接受安装协议界面

（2）接受图 1-4 中的安装协议，单击"Next"按钮，进入选择安装类型界面，如图 1-5 所示。在该图中有三种方式可供选择：Typical（典型安装）、Complete（完全安装）、Custom（自定义安装）。用户可以选择"Custom"按钮进行自定义安装，选择需要的安装组件及安装的磁盘路径，如图 1-6 所示。

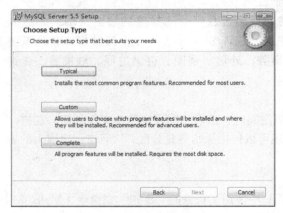

图1-5 选择安装类型

图1-6 自定义安装设置

（3）单击图 1-6 中"Next"按钮，进入安装准备界面，如图 1-7 所示，单击图 1-7 中的"Install"按钮，进行 MySQL 安装，安装进度如图 1-8 所示。

（4）安装完成后出现 MySQL 简介页面，如图 1-9 所示，如果单击"More"按钮，就会在浏览器中打开 MySQL 相关知识介绍界面，单击"Next"按钮，则出现安装完成界面，如图 1-10 所示。

至此，MySQL 的安装已经完成。图 1-10 中的复选框"Lanch the MySQL Instance Configuration Wizard"用于开启 MySQL 的配置向导，若选中该复选框，安装程序会进入 MySQL 配置向导。

学习提示：若不选中复选框"Lanch the MySQL Instance Configuration Wizard"，还可以到 MySQL 安装目录下的 bin 文件夹直接启动 MySQLInstanceConfig.exe 文件，也能够打开 MySQL 的配置工具。

图1-7 安装准备界面

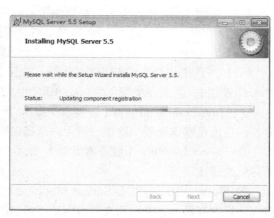

图1-8 安装进度

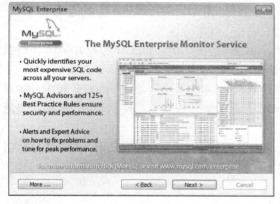

图1-9 MySQL简介

图1-10 完成安装界面

2. 配置 MySQL

MySQL 安装完成后，需要对 MySQL 服务器进行配置，具体的配置步骤如下。

（1）启动配置向导，进入配置对话框，如图 1-11 所示。单击"Next"按钮，进入配置类型界面，如图 1-12 所示。

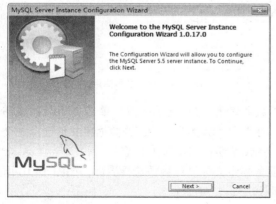

图1-11 配置向导介绍

图1-12 选择配置类型

（2）在图 1-12 中，安装向导提供了两种配置类型，具体说明如下。

① Detailed Configuration：本选项适合想要详细配置服务器的高级用户。

② Standard Configuration：本选项适合想要快速启动 MySQL 而不必考虑服务器配置的用户。

（3）为了解 MySQL 的详细配置过程，在图 1-12 中选中"Detailed Configuration"选项，单击"Next"按钮进入服务器类型介绍界面，如图 1-13 所示。服务器类型有三种可供选择，具体说明如下。

① Developer Machine（开发者类型）：此类型消耗的内存资源最少，主要适用于软件开发者，而且也是默认选项，建议一般用户选择该项。

② Server Machine（服务器类型）：此类型占用的内存资源稍多一些，主要用做服务器的机器可以选择该项。

③ Dedicated MySQL Server Machine（专用 MySQL 服务器）：该类型占用所有的可用资源，消耗内存最大。专门用来做数据库服务器的机器可以选择该项。

（4）由于本教程主要用于学习和测试，此处选择默认选项 Developer Machine（开发者类型），单击"Next"按钮，进入数据库用途界面，如图 1-14 所示。配置向导提供了三种类型供选择，具体说明如下。

① Multifunctional Database（多功能数据库）：本选项同时使用 InnoDB 和 MyISAM 存储引擎，并在两个引擎之间平均分配资源。建议经常使用两个存储引擎的用户选择该选项。

② Transactional Database Only（事务处理数据库）：本选项同时使用 InnoDB 和 MyISAM 存储引擎，但是将大多数服务器资源指派给 InnoDB 存储引擎。建议主要使用 InnoDB 偶尔使用 MyISAM 的用户选择该选项。

③ Non-Transactional Database Only（非事务处理数据库）：本选项禁用 InnoDB 存储引擎，将所有服务器资源指派给 MyISAM 存储引擎。建议不使用 InnoDB 的用户选择此项。

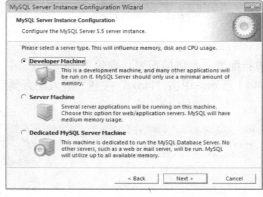

图1-13　设置服务器类型

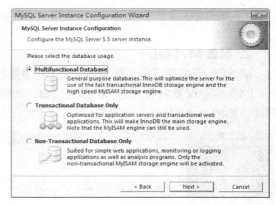

图1-14　设置数据库用途

（5）选择 Multifunctional Database（多功能数据库），进行通用配置，单击"Next"按钮打开 InnoDB 表空间配置界面，如图 1-15 所示，在这里可以为 InnoDB 的数据库文件选择一个存储空间，默认位置为 MySQL 数据库安装目录，选择默认存储位置为 D 盘。

（6）单击图 1-15 中的"Next"按钮，进入服务器最大并发连接数选择界面，如图 1-16 所示。这里提供了三种连接数据配置选项，具体说明如下。

① Decision Support(DSS)/OLAP（决策支持）：平均连接并发数为 20，当服务器不需要大

量的并发连接时可以选择该选项。

② Online Transaction Processing(OLTP)（联机事务处理）：最大连接并发数为 500，当服务器需要大量的并发连接时选择该选项。

③ Manual Setting（人工设置）：默认连接数量为 15，用户可以自己设置并发数。

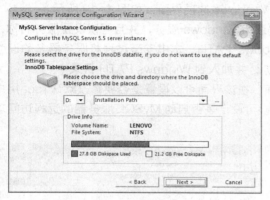

图1-15 设置数据库存储空间

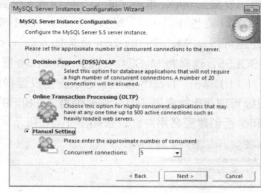

图1-16 设置并发连接数

学习提示： 若在图 1-15 中修改了数据库存放位置，当重装 MySQL 时，则要选择相同的位置，否则可能会造成数据库损坏。

（7）选中"Manual Setting"选项，设置最大连接数为 5，单击"Next"按钮进入网络选项配置界面，选择是否启用 TCP/IP 连接，配置用来连接 MySQL 服务器的端口号，默认端口号为 3306，如图 1-17 所示。

（8）单击"Next"按钮进入默认字符编码配置界面，如图 1-18 所示，配置向导提供了三种字符编码类型，具体说明如下。

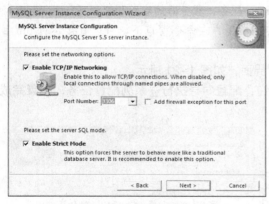

图1-17 设置网络选项

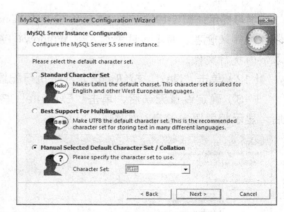

图1-18 设置字符编码

① Standard Character Set（标准字符集）：默认的字符集，支持英文和许多西欧语言，默认值为 latin1。

② Best Support For Multilingualism（支持多种语言）：本选项支持大部分语言的字符集，默认字符集为 utf8。

③ Manual Selected Default Character Set/Collation（人工选择的默认字符集/校对规则）：

该选项主要用于手动设置字符集，可以通过下拉列表框选择字符集编码，其中包含 gbk、gb2312、utf8 等。

　　学习提示：图 1-17 中当用户需要修改端口号时，要保证新设置的端口号未被占用。

　　（9）选择"Manual Selected Default Character Set/Collation"选项，并在该选项中将字符集编码设置为 utf8，单击"Next"按钮进入设置 Windows 选项界面，如图 1-19 所示。

　　（10）在图 1-19 中，配置是否将 MySQL 安装为 Windows 服务，并且可以设置服务名称，此外还可以将 MySQL 的 bin 目录加入到 Windows PATH，本书安装过程将服务器名称设为 MySQL55，选择将 MySQL 安装为 Windows 服务，并加入到 Windows PATH 目录中。

　　（11）单击"Next"按钮，进入安全设置界面。在该界面可以设置是否要修改默认 root 用户（超级管理员）的密码，如设置密码为"888888"。可设定是否启动 MySQL 服务器的远程访问功能和是否创建匿名用户，设置如图 1-20 所示。

图1-19　设置Windows选项

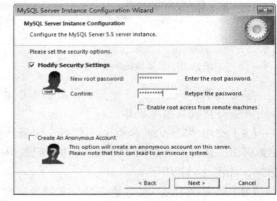

图1-20　安全设置

　　学习提示：图 1-19 中，将 MySQL 安装为 Windows 服务，服务器的启动和管理可以由 Windows 服务组件来管理，将 bin 目录加入到 Windows PATH，用户在命令窗口下，可以直接运行 bin 目录下的执行文件。

　　（12）单击"Next"按钮，进入准备执行配置界面，如图 1-21 所示。

　　（13）确定设置无误后，单击"Execute"按钮，配置向导执行一系列配置任务，配置完成后，显示相关概要信息，如图 1-22 所示。

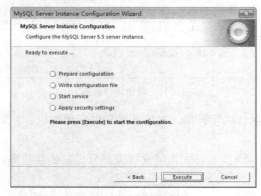

图1-21　准备执行配置

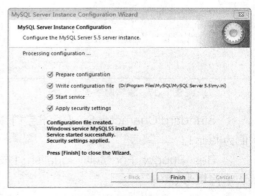

图1-22　配置完成

（14）单击"Finish"按钮，完成 MySQL 服务器的配置。

3. 安装后的目录结构

MySQL 安装成功后，在 MySQL 的安装目录中会包含启动文件、配置文件、数据库文件和命令文件等，具体如图 1-23 所示。

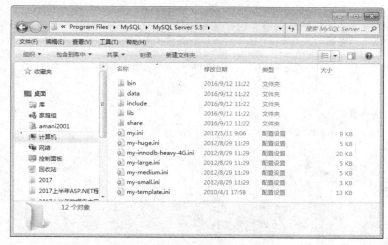

图1-23 MySQL安装后的目录结构

各文件夹或文件具体释义如下。

（1）bin 文件夹：用于放置可执行文件，如 mysql.exe、mysqld.exe、mysqlshow.exe 等。

（2）data 文件夹：用于放置日志文件以及数据库。

（3）include 文件夹：用于放置头文件，如 mysql.h、mysqld_ername.h 等。

（4）lib 文件夹：用于放置库文件。

（5）share 文件夹：用于存放字符集、语言等信息。

（6）my.ini：是 MySQL 数据库中使用的配置文件。

（7）my-huge.ini：适合超大型数据库的配置文件。

（8）my-large.ini：适合大型数据库的配置文件。

（9）my-medium.ini：适合中型数据库的配置文件。

（10）my-small.ini：适合小型数据库的配置文件。

（11）my-template.ini：是配置文件的模板，MySQL 配置向导将该配置文件中选择项写入到 my.ini 文件。

（12）my-innodb-heavy-4G.ini：表示该配置文件只对 InnoDB 存储引擎有效，且服务器的内存不能小于 4GB。

学习提示：my.ini 是 MySQL 正在使用的配置文件，当 MySQL 服务加载时会读取该文件的配置信息。

1.2.3　更改 MySQL 的配置

MySQL 数据库管理系统安装成功后，可以根据实际需要更改配置信息。通常更改配置信息的方式有两种，一种方式就是通过启动 bin 文件夹下的 MySQLInstanceConfig.exe 文件，重新打开配置向导，这里不再赘述。另一种方法是通过修改安装目录下的 my.ini 文件。以记事本方式打开 my.ini，其配置信息主要如下。

```
# MySQL 服务器实例配置文件
# 客户端参数配置
# CLIENT SECTION
# --------------------------------------------------------------------------
# 数据库连接端口，默认为 3306
[client]
port=3306
 [mysql]
# 客户端默认字符集
default-character-set=gbk

# 服务器参数配置
# SERVER SECTION
# --------------------------------------------------------------------------
 [mysqld]
# 服务器参数配置
# MySQL 服务程序 TCP/IP 监听端口，默认为 3306
port=3306
# 服务器安装路径
basedir="D:/Program Files/MySQL/MySQL Server 5.5/"
# 服务器中数据文件的存储路径，读者可以根据需要修改些参数
datadir="C:/ProgramData/MySQL/MySQL Server 5.5/Data/"
# 设置服务器端的字符集
character-set-server=utf8
# 设置默认的存储引擎，当创建表时若不指定存储类型，则为 INNODB
default-storage-engine=INNODB
# 设置 MySQL 服务器的最大连接数
max_connections=100
# 允许临时存放在缓存区里的查询结果的最大容量
query_cache_size=15M
# 服务器安全配置
section [mysqld_safe]
# 同时打开数据表的数量
table_cache=256
# 临时数据表的最大容量
tmp_table_size=18M
# 服务器线程缓存数
thread_cache_size=8
#*** MyISAM 指定参数***
# 重建索引时，MyISAM 允许的临时文件的最大容量
myisam_max_sort_file_size=100G
# MySQL 重建索引或加载数据文件到空表时，缓存区的大小
```

```
myisam_sort_buffer_size=35M
# 关键词缓存区大小，用来为 MyISAM 表缓存索引块
key_buffer_size=23M
# MyISAM 表全扫描的缓存区大小
read_buffer_size=64K
#排序操作时与磁盘间的数据缓存区大小
read_rnd_buffer_size=256K
#排序缓存区大小
sort_buffer_size=256K

#*** INNODB 指定参数***
# 缓存索引和行数据缓冲池大小
innodb_additional_mem_pool_size=2M
# 设置写入日志文件到磁盘上的时候，默认为 1 表示提交事务时写入
innodb_flush_log_at_trx_commit=1
# 设置日志数据缓存区大小
innodb_log_buffer_size=1M
# InnoDB 缓冲池大小
innodb_buffer_pool_size=42M
# InnoDB 日志文件大小
innodb_log_file_size=10M
# InnoDB 存储引擎最大线程数
innodb_thread_concurrency=8
```

用户可以根据实际应用需要修改对应的配置项，并重新启动 MySQL 服务即可。

1.2.4 MySQL 的使用

MySQL 安装完成后，需要启动 MySQL 服务，客户端才能正常登录到 MySQL 数据库服务器。

1. 启动和停止 MySQL 服务

服务是一种在 Windows 系统后台运行的程序，1.2.2 节中在安装时，已将 MySQL 安装为 Windows 服务，当 Windows 启动时，MySQL 服务也会随之启动。若用户需要手动配置服务的启动和停止，一般可以通过操作系统命令和 Windows 服务管理器来启动和停止 MySQL 服务。

（1）通过操作系统命令启动和停止 MySQL 服务

使用操作系统命令 net 可以启动或停止 MySQL 服务，其操作方法为单击 Windows "开始" 按钮，选择 "运行"，输入命令 "cmd" 后回车，打开 Windows 命令提示符窗口。

启动 MySQL 服务的命令如下。

```
net start mysql55
```

执行结果如图 1-24 所示。

停止 MySQL 服务的命令如下。

```
net stop mysql55
```

执行结果如图 1-25 所示。

图1-24　命令行启动MySQL服务　　　　　图1-25　命令行停止MySQL服务

学习提示：mysql55 是安装 MySQL 服务器时指定的服务器名称。如果读者的服务器名称为 mysqldb，那启动服务器就应输入 "net start mysqldb"。

（2）通过 Windows 服务管理器启动和停止 MySQL 服务

使用 Windows 的服务管理器单元可以启动和停止 MySQL 服务，操作方法为打开 Windows 控制面板，打开管理工具下的服务组件，在服务列表中找到 MySQL55，如图 1-26 所示，双击 MySQL55 服务名称，即可完成启动或停止 MySQL 服务。

图1-26　Windows服务启动或停止MySQL服务

2. 登录 MySQL 数据库

MySQL 服务启动后，就可以通过客户端登录 MySQL 服务器，利用相关命令就可以操作和管理服务器中管理的数据库及其对象。

在命令行窗口中，执行连接并登录 MySQL 的命令行格式如下。

```
mysql -h hostname -u username -p
```

语法说明如下。

● mysql 为登录命令名，存放在 MySQL 的安装目录的 bin 目录下。

● -h 表示后面的参数 hostname 为服务器的主机地址，当客户端与服务器在同一台机器上时，hostname 可以使用 localhost 或 127.0.0.1。

● -u 表示后面的参数 username 为登录 MySQL 服务的用户名。

● -p 表示后面的参数为指定用户的密码。

【例 1.1】 用户 root，登录 MySQL 服务。

打开 Windows 命令行窗口，输入如下代码。

```
mysql -h localhost -u root -p
```

系统提示 "Enter password"，输入对应密码，验证正确即可成功登录 MySQL 服务器，执行结果如图 1-27 所示。

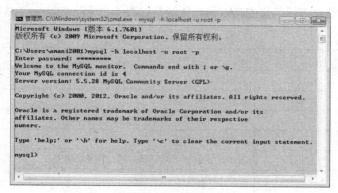

图1-27　利用相关命令登录MySQL

从图 1-27 中可以看出，密码验证成功后会加载 MySQL 服务器的欢迎和说明信息，并进入到命令提示符 "mysql>"，这表示登录已经成功，用户可以通过相关命令操作或管理 MySQL 服务器上的数据库及其对象。

使用命令行登录 MySQL 时，可以直接在 Windows 中执行"开始"→"运行"命令或是使用 MySQL 自带的 MySQL CommandLine Client 登录，操作方式与例 1.1 相同，这里不再赘述。

学习提示：当本地登录 MySQL 服务器时，可以省略主机名。例 1.1 的登录命令可以省略为 "mysql –u root -p"，读者可以尝试操作。

3. MySQL 的相关命令

在图 1-27 的说明信息中提示登录用户，可以输入 "help" 或 "\h" 命令查看帮助。

【例 1.2】查看 MySQL 命令帮助。

在 mysql 提示符后输入 "help"：

```
mysql> help
```

可以查看到 MySQL 的命令帮助信息，执行结果如图 1-28 所示。

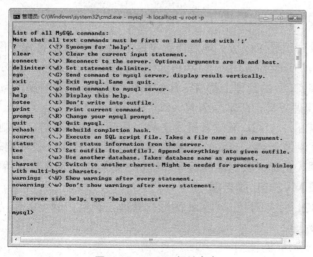

图1-28　MySQL相关命令

图 1-28 列出了 MySQL 的所有命令，这些命令可以用一个单词表示，也可以使用命令后相应的"\字母"的方式来表示。这些命令的具体说明如表 1-1 所示。

表 1-1　MySQL 相关命令

命令名	简写	说明
?	(\?)	显示帮助信息
clear	(\c)	清除当前输入语句
connect	(\r)	连接到服务器，可选参数为数据库和主机
delimiter	(\d)	设置语句分隔符
ego	(\G)	发送命令到 MySQL 服务器，并显示结果
exit	(\q)	退出 MySQL
go	(\g)	发送命令到 MySQL 服务器
help	(\h)	显示帮助信息
notee	(\t)	不写输出文件
print	(\p)	打印当前命令
prompt	(\R)	改变 MySQL 提示信息
quit	(\q)	退出 MySQL
rehash	(\#)	重建完成散列
source	(\.)	执行 SQL 脚本文件
status	(\s)	获取 MySQL 的状态信息
tee	(\T)	设置输出文件，并将信息添加到所有给定的输出文件
use	(\u)	切换数据库
charset	(\C)	切换字符集
warnings	(\W)	每一个语句之后显示警告
nowarning	(\w)	每一个语句之后不显示警告

1.2.5　MySQL 图形化管理工具 Navicat

MySQL 图形化管理工具可以极大地方便数据库的操作和管理。常用的图形化工具有 Navicat for MySQL、MySQL WorkBench、phpMyAdmin、MySQL Gui Tools、MySQL ODBCConnector 等。每种图形工具在 MySQL 的管理上都有一定的相似性，鉴于笔者的操作习惯，本书选用 Navicat 作为 MySQL 图形化管理工具，版本号为 Navicat Premium 11.2.7。

Navicat 是可视化的 MySQL 管理和开发工具，用于访问、配置、控制和管理 MySQL 数据库服务器中的所有对象及组件。Navicat 将多样化的图形工具和脚本编辑器融合在一起，为 MySQL 的开发和管理人员提供数据库的管理和维护、数据的查询及维护等操作。

1. Navicat 登录 MySQL 服务器

正确安装好 MySQL 服务器和 Navicat 图形化管理工具后，就可以使用 Navicat 来管理和操作 MySQL 数据库服务器。

【例 1.3】使用 Navicat 连接到 MySQL 服务器。

操作步骤如下。

（1）启动 Navicat

执行 Windows 桌面"开始"→"所有程序"→"Navicat Premium"→"Navicat Premium"
命令，打开 Navicat 的操作界面，如图 1-29 所示。操作界面由连接资源管理器、对象管理器及
对象等组成。

（2）连接到 MySQL 服务器

单击图 1-29 中"连接"按钮，选择"MySQL"，打开"新建连接"对话框，并输入要连接
的名称"myconn"，主机名（或 IP 地址）、端口号、用户名和密码，如图 1-30 所示。

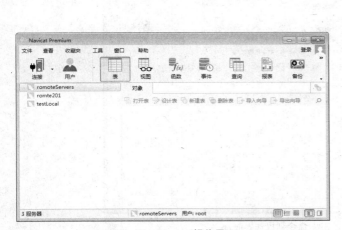

图1-29　Navicat操作界面

图1-30　"新建连接"对话框

（3）打开连接 myconn

单击图 1-30 中"连接测试"按钮，测试连接成功后，双击"myconn"连接，打开该连接
的 MySQL 服务器中管理的所有数据库，如图 1-31 所示。

图1-31　打开myconn连接

成功登录到 MySQL 服务器后，用户就可以使用 Navicat 管理和操作数据库、表、视图、查
询等对象。

学习提示：Navicat 安装包的下载地址为 Navicat 官网（http://www.navicat.com）。

2. Navicat 中使用命令列工具

除了强大的界面管理外，Navicat 也提供了命令列工具来方便用户使用命令操作。

【例 1.4】Navicat 中使用命令行操作 MySQL。

操作步骤如下。

（1）单击菜单项"工具"→"命令列界面"（或按 F6 键），打开 MySQL 命令列界面，如图 1-32 所示。

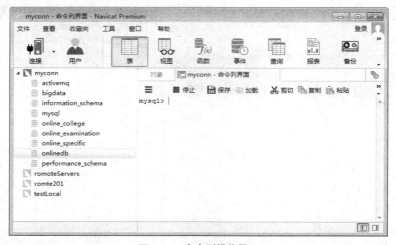

图1-32　命令列操作界面

（2）从图 1-32 中可以看到 MySQL 的命令提示符"mysql>"，用户可以输入相关命令进行操作。

（3）在命令行中输入如下代码。

```
mysql> use onlinedb;
```

执行结果如图 1-33 所示。该命令实现了切换 onlinedb 为当前数据库的操作。

图1-33　切换数据库的操作命令

学习提示：在 MySQL 中，每一行命令都要用分号";"作为结束。

3. Navicat 中使用查询编辑器

查询编辑器是一个文本编辑工具，主要用来编辑、调试或执行 SQL 命令。Navicat 提供了选项卡式的查询编辑器，能同时打开多个查询编辑器视图。

【例 1.5】Navicat 中执行查询命令，查看 MySQL 内置的系统变量。

操作步骤如下。

（1）在 Navicat 的主界面中单击"查询"按钮，在"对象"选项卡中单击"新建查询"，如图 1-34 所示，打开 MySQL 查询编辑器。

图1-34　创建查询

（2）在编辑点输入查看内置系统变量的命令如下。

```
SHOW VARIABLES;
```

查询编辑器会为每一行命令添加行号。单击查询编辑器中的"运行"可以执行当前查询编辑器中的所有命令；若只需要执行部分语句，可以选中要执行查询命令的语句，右击选择"运行已选择的"菜单命令，如图 1-35 所示。

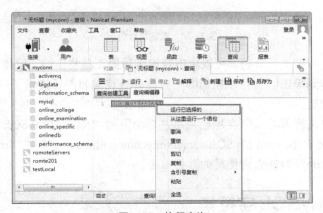

图1-35　执行查询

（3）单击"运行"，查询编辑器会分析查询命令，并给出运行结果，查询结果包括信息、结果、概况和状态四个选项，分别显示出该查询命令影响数据记录情况、结果集、每项操作所用时间和查询过程中系统变量的使用情况，并在结果状态栏中显示出查询用时及查询结果集的行数，如图 1-36 和图 1-37 所示。

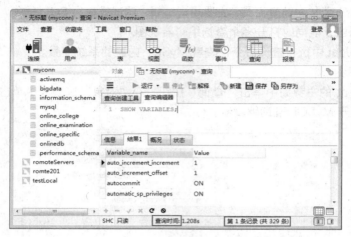

图1-36　查询结果列表

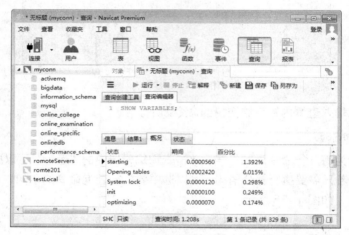

图1-37　查询执行概况

　　用户若要对查询命令进行分析，可以单击查询编辑器工具栏中的"解释"按钮，若要保存查询编辑器的查询文本则单击"保存"按钮即可。此外查询编辑器还提供了"美化 SQL"和"导出查询"结果集的功能。

　　学习提示：查询编辑器默认保存地址为用户目录下的"Navicat\MySQL\servers\"，笔者的存储路径为"C:\我的文档\Navicat\MySQL\servers\myconn\onlinedb"，其中"myconn"为访问服务器的连接名，"onlinedb"为该查询使用的数据库名。

任务 3　设置 MySQL 字符集

　　【任务描述】 MySQL 支持服务器、数据库、数据表和连接层四个层次的字符集，其默认字符集为拉丁文（latin1）。本任务详细介绍了 MySQL 中常用字符集，并结合实际应用阐述如何设置和选择合适的字符集。

1.3.1 MySQL 支持的常用字符集和校对规则

字符集是一套符号和编码的规则。MySQL 的字符集包括字符集（CHARACTER）和校对规则（COLLATION）两个概念，其中字符集是用来定义 MySQL 存储字符串的方式，校对规则则是定义了比较字符串的方式。MySQL 5.5 支持 39 种字符集和 100 多种校对规则。每个字符集至少对应一个校对规则。主要字符集如下。

（1）latin1：是系统启动时默认的字符集，它是一个 8 位的字符集，它把介于 128~255 之间的字符用于拉丁字母表中的特殊字符的编码，也因此而得名。默认情况下，当向表中插入中文数据、查询包括中文字符的数据时，可能出现乱码。

（2）utf8：也称为通用转换格式（8-bit Unicode Transformation Format），是针对 Unicode 字符的一种变长字符编码。它由 Ken Thompos 在 1992 年创建，用以解决国际上字符的一种多字节编码，对英文使用 8 位、中文使用 24 位来编码。utf-8 包含了全世界所有国家需要用到的字符，是一种国际编码，通用性强，在 Internet 应用中广泛使用。

（3）gb2312 和 gbk：gb2312 是简体中文集，而 gbk 是对 gb2312 的扩展，是中国国家编码。gbk 的文字编码采用双字节表示，即不论中文和英文字符都使用双字节，为了区分中英文，gbk 在编码时将中文每个字节的最高位设为 1。

【例 1.6】查看 MySQL 支持的字符集。

在命令行中输入 SHOW CHARACTER SET 命令即可查看 MySQL 支持的字符集和对应的校对规则。

```
mysql> SHOW CHARACTER SET ;
```

执行结果如图 1-38 所示。图中列出了 MySQL 支持的每一种字符集的名称、描述、默认的校对规则和字符最大长度。

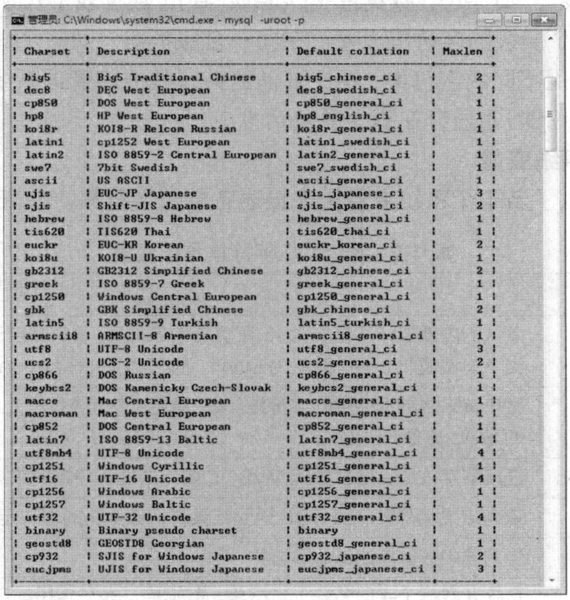

Charset	Description	Default collation	Maxlen
big5	Big5 Traditional Chinese	big5_chinese_ci	2
dec8	DEC West European	dec8_swedish_ci	1
cp850	DOS West European	cp850_general_ci	1
hp8	HP West European	hp8_english_ci	1
koi8r	KOI8-R Relcom Russian	koi8r_general_ci	1
latin1	cp1252 West European	latin1_swedish_ci	1
latin2	ISO 8859-2 Central European	latin2_general_ci	1
swe7	7bit Swedish	swe7_swedish_ci	1
ascii	US ASCII	ascii_general_ci	1
ujis	EUC-JP Japanese	ujis_japanese_ci	3
sjis	Shift-JIS Japanese	sjis_japanese_ci	2
hebrew	ISO 8859-8 Hebrew	hebrew_general_ci	1
tis620	TIS620 Thai	tis620_thai_ci	1
euckr	EUC-KR Korean	euckr_korean_ci	2
koi8u	KOI8-U Ukrainian	koi8u_general_ci	1
gb2312	GB2312 Simplified Chinese	gb2312_chinese_ci	2
greek	ISO 8859-7 Greek	greek_general_ci	1
cp1250	Windows Central European	cp1250_general_ci	1
gbk	GBK Simplified Chinese	gbk_chinese_ci	2
latin5	ISO 8859-9 Turkish	latin5_turkish_ci	1
armscii8	ARMSCII-8 Armenian	armscii8_general_ci	1
utf8	UTF-8 Unicode	utf8_general_ci	3
ucs2	UCS-2 Unicode	ucs2_general_ci	2
cp866	DOS Russian	cp866_general_ci	1
keybcs2	DOS Kamenicky Czech-Slovak	keybcs2_general_ci	1
macce	Mac Central European	macce_general_ci	1
macroman	Mac West European	macroman_general_ci	1
cp852	DOS Central European	cp852_general_ci	1
latin7	ISO 8859-13 Baltic	latin7_general_ci	1
utf8mb4	UTF-8 Unicode	utf8mb4_general_ci	4
cp1251	Windows Cyrillic	cp1251_general_ci	1
utf16	UTF-16 Unicode	utf16_general_ci	4
cp1256	Windows Arabic	cp1256_general_ci	1
cp1257	Windows Baltic	cp1257_general_ci	1
utf32	UTF-32 Unicode	utf32_general_ci	4
binary	Binary pseudo charset	binary	1
geostd8	GEOSTD8 Georgian	geostd8_general_ci	1
cp932	SJIS for Windows Japanese	cp932_japanese_ci	2
eucjpms	UJIS for Windows Japanese	eucjpms_japanese_ci	3

图1-38 MySQL 5.5支持的字符集及默认校对规则

在 MySQL 中，字符集校对规则遵从命名规范，以字符序对应的字符集名称开头，以_ci（表示大小写不敏感）、_cs（表示大小写敏感）或_bin（表示二进制）结尾。

例如：字符集名称为"utf8"，描述为"UTF-8 Unicode"，对应的校对规则为"utf8_general_ci"（表示不区分大小写，字符"a"和"A"在此编码下等价），最大长度为 3 字节。

【例 1.7】查看 uft8 相关字符集的校对规则。

在命令行中输入以下命令即可查看 uft8 相关字符集的校对规则。

```
mysql> SHOW COLLATION LIKE 'utf8%' ;
```

执行结果如图 1-39 所示。

```
mysql> SHOW COLLATION LIKE 'utf8%';
+--------------------+---------+-----+---------+----------+---------+
| Collation          | Charset | Id  | Default | Compiled | Sortlen |
+--------------------+---------+-----+---------+----------+---------+
| utf8_general_ci    | utf8    |  33 | Yes     | Yes      |       1 |
| utf8_bin           | utf8    |  83 |         | Yes      |       1 |
| utf8_unicode_ci    | utf8    | 192 |         | Yes      |       8 |
| utf8_icelandic_ci  | utf8    | 193 |         | Yes      |       8 |
| utf8_latvian_ci    | utf8    | 194 |         | Yes      |       8 |
| utf8_romanian_ci   | utf8    | 195 |         | Yes      |       8 |
| utf8_slovenian_ci  | utf8    | 196 |         | Yes      |       8 |
| utf8_polish_ci     | utf8    | 197 |         | Yes      |       8 |
| utf8_estonian_ci   | utf8    | 198 |         | Yes      |       8 |
| utf8_spanish_ci    | utf8    | 199 |         | Yes      |       8 |
```

图1-39　uft8相关字符集的校对规则

其中 Collation 为校对规则，Charset 为字符集，Default 表示该校对规则是否为默认规则，Compiled 表示该校对规则所对应的字符集是否被编译到 MySQL 数据库，Sortlen 表示内存排序时，该字符集的字符要占用多少个字节。

1.3.2　设置 MySQL 字符集

MySQL 支持服务器（Server）、数据库（Database）、数据表（Table）、字段（Field）和连接层（Connection）五个层级的字符集设置。在同一台服务器、同一个数据库、甚至同一个表的不同字段都可以指定使用不同的字符集，相比其他的关系数据库管理系统，在同一个数据库只能使用相同的字符集，MySQL 明显存在更大的灵活性。

1. 描述字符集的系统变量

MySQL 数据库提供了若干个系统变量用来描述各层级字符集，如表 1-2 所示。

表 1-2　MySQL 字符集系统变量

系统变量名	说明
character_set_server	默认的内部操作字符集，标识服务器的字符集。服务器启动时通过该变量设置字符集，当未设置值时，系统默认为 latin1。该变量为 create database 命令提供默认值
character_set_client	客户端来源数据使用的字符集，该变量用来决定 MySQL 如何解释客户端发到服务端的 SQL 命令
character_set_connection	连接层字符集。用来决定 MySQL 如何处理客户端发来的 SQL 命令
character_set_results	查询结果字符集。当 SQL 返回结果时，该变量的值决定了发给客户端的字符编码
character_set_database	当前选中数据库的默认字符集
character_set_system	系统元数据（字段名等）字符集。数据库、表和字段都用这个字符集

以 collation_开头的同表 1-2 中对应的变量，用来描述相应字符的校对规则。此外，表和列的字符集没有相应的系统变量，但用户在创建表和字段时，可以使用 CHARACTER SET 显式为表和字段设定相应的字符集。

在 MySQL 中，字符集转换过程可以描述如下。

（1）当 MySQL Server 收到请求时，将请求数据从 character_set_client 转换为 character_set_connection。

（2）在服务器进行内部操作前，将请求数据从 character_set_connection 转换为内部操作的字符集，其确定方法如下：

• 使用每个数据字段的 character set 设定值；

• 若上述值不存在，则使用对应数据表的 default character_set 设定值（MySQL 扩展，非 SQL 标准）；

• 若上述值不存在，则使用对应数据库的 default character_set 设定值；

• 若上述值不存在，则使用 character_set_server 设定值。

（3）将操作结果从内部操作字符集转换为 character_set_results。

MySQL 各层级间字符集的依存关系可以描述为服务器级的字符集决定客户端、连接级、结果级和数据库级的字符级，数据库的字符集决定表的字符集，表的字符集决定字段的字符集。

2. 设置和修改默认字符集

要实现各层级字符集的设置和管理，可以通过修改配置文件相关属性或设置相关系统变量来实现默认字符集的修改。

【例 1.8】修改配置文件 my.ini，设置客户端和服务器的默认字符集为 utf8。

操作步骤如下。

（1）打开 MySQL 安装目录下的 my.ini 文件，分别修改 "client" 和 "server" 的 default-character-set 的值为 utf8，如图 1-40 所示。

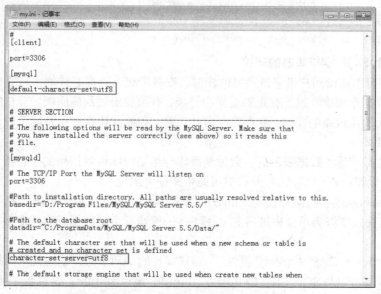

图1-40 修改my.ini中客户端和服务器端的字符集

（2）保存修改结果，重新启动 MySQL 服务，使修改生效。

（3）在命令行中输入查看各字符集变量的命令如下。

```
mysql> SHOW VARIABLES LIKE 'character%' ;
```

执行结果如图 1-41 所示。此时 MySQL 数据库中的字符集均修改为 utf8。

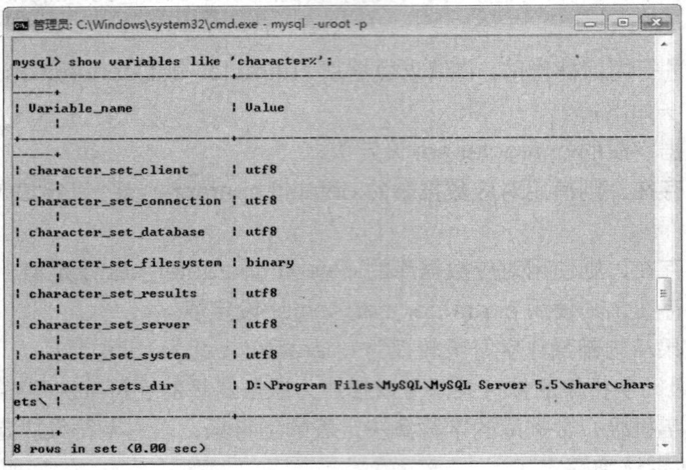

图1-41　查看字符集变量的值

【例 1.9】使用 MySQL 命令修改字符集。

MySQL 的 SET 命令可以修改变量的值。修改当前 MySQL 服务器中各字符集的 SQL 命令如下。

```
mysql> SET character_set_client = utf8 ;
mysql> SET character_set_connection = utf8 ;
mysql> SET character_set_database = utf8 ;
mysql> SET character_set_results = utf8 ;
mysql> SET character_set_server = utf8 ;
```

3. 使用 MySQL 字符集时的建议

MySQL 字符集在给用户带来灵活度的同时，在各层级上选择怎样的字符级也困扰着数据库操作员。若在数据库创建阶段没有正确选择字符集，有可能出现乱码问题。若在应用后期更换字符集，会产生代价比较高的操作，并存在一定的风险。因此建议在应用开始阶段，就选择好合适的字符集，主要如下。

（1）在建立数据库、数据表及进行数据库操作时尽量显式设定使用的字符集，而不是依赖于 MySQL 的默认设置，否则 MySQL 升级时可能带来很大困扰。

（2）数据库和连接字符集都使用"latin1"字符集时，虽然大部分情况下都可以解决乱码问题，但缺点是无法以字符为单位来进行 SQL 操作，一般情况下将数据库和连接字符集都置为 utf8 是较好的选择。

（3）使用 mysql CAPI（mysql 提供 C 语言操作的 API）时，初始化数据库句柄后马上用 mysql_options 设定 MYSQL_SET_CHARSET_NAME 属性为 utf8，这样就不用显式地用 SET NAMES 语句指定连接字符集，且用 mysql_ping 重连断开的长连接时也会把连接字符集重置为

utf8。

（4）建议在服务器级、结果级、客户端、连接级、数据库级、表级和字段级的字符集都统一为一种字符集，常设为 utf8。

习题

1. 单项选择题

（1）数据库系统的核心是（　　）。

　　A. 数据　　　　　　　　B. 数据库　　　　　C. 数据库管理系统　　　D. 数据库管理员

（2）数据库管理系统是（　　）。

　　A. 操作系统的一部分　　　　　　　　B. 在操作系统支持下的系统软件

　　C. 一种编译系统　　　　　　　　　　D. 一种操作系统

（3）用二维表来表示的数据库称为（　　）。

　　A. 面向对象数据库　　　　　　　　　B. 层次数据库

　　C. 网状数据库　　　　　　　　　　　D. 关系数据库

（4）SQL 语言具有（　　）的功能。

　　A. 数据定义、数据操纵、数据管理　　B. 数据定义、数据操纵、数据控制

　　C. 数据规范化、数据定义、数据操纵　D. 数据规范化、数据操纵、数据控制

（5）负责数据库中查询操作的数据库语言是（　　）。

　　A. 数据定义语言　　　　　　　　　　B. 数据管理语言

　　C. 数据操纵语言　　　　　　　　　　D. 数据控制语言

（6）以下关于 MySQL 的说法错误的是（　　）。

　　A. MySQL 是一种关系型数据库管理系统

　　B. MySQL 是一种开源软件

　　C. MySQL 完全支持标准的 SQL 语句

　　D. MySQL 服务器工作在客户端/服务器模式下

（7）MySQL 系统的默认配置文件是（　　）。

　　A. my.ini　　　　　　　　　　　　　B. my-larger.ini

　　C. my-huge.ini　　　　　　　　　　　D. my-small.ini

2. 简述题

（1）简述什么是数据库、数据库管理系统、数据库系统及它们之间的关系。

（2）简述修改 MySQL 配置文件的方法。

项目实践

1. 实践任务

（1）安装、配置和使用 MySQL。

（2）正确设置 MySQL 数据库的字符集。

2．实践目的

（1）能正确安装 MySQL 数据库服务器。

（2）能正确配置 MySQL 数据库服务器。

（3）能使用操作系统命令正确启动或关闭 MySQL 服务。

（4）能使用 Windows 服务启动或关闭 MySQL 服务。

（5）能使用命令行工具操作 MySQL 服务器。

（6）能使用 Navicat 工具操作 MySQL 服务器。

（7）能正确设置 MySQL 指定层级的字符集。

3．实践内容

（1）下载 MySQL 5.5 安装包，在 Windows 平台下安装 MySQL 5.5。

（2）利用配置向导完成 MySQL 服务器配置。

（3）使用 net 命令启动和关闭 MySQL 服务器。

（4）打开 Windows 服务组件，将 MySQL 服务器改为自动启动。

（5）分别使用命令行和 Navicat 登录和退出 MySQL 服务器。

（6）使用"SHOW STATUS;"命令查看 MySQL 服务器的状态信息。

（7）使用"SHOW DATABASES;"命令查看 MySQL 服务器下的默认数据库。

（8）使用"USE mysql"命令切换"mysql"为当前数据库。

（9）修改"my.ini"文件，将服务器端和客户端的字符集均设置为"gb2312"。

2 Chapter

项目二
网上商城系统数据库建模

　　一个成功的应用管理系统，是由 50%的业务+50%的软件所组成，而 50%的成功软件又是由 25%的数据库+25%的程序所组成。因此，一个应用管理系统的成功与否，系统数据库设计的好坏是关键，它将直接影响到系统的功能性和可扩展性。

　　数据库设计（Database Design）是指对于给定的应用环境，构造最优的数据模式，建立数据库及其应用系统，使之能够有效地存储数据，满足各类用户的应用需求。数据库建模是指在数据库设计阶段，对现实世界进行分析和抽象，进而确定应用系统的数据库结构。本项目通过分析网上商城系统的需求，结合数据库设计理论，使用系统建模工具 PowerDesigner 演绎网上商城系统的数据库设计过程。

【学习目标】
- 理解网上商城的系统需求
- 理解数据库设计的一般过程
- 会根据系统需求抽象实体与实体间的关系
- 会进行关系代数的选择、投影及连接运算
- 了解数据库设计的规范化
- 会使用 PowerDesigner 进行数据库建模

任务 1　理解系统需求

【任务描述】B2C 是电子商务的典型模式，是企业通过 Internet 开展的在线销售活动，它直接面向消费者销售产品和服务。消费者通过网络在网上选购商品和服务、发表相关评论及电子支付等。本任务通过对网上商城系统需求的分析，使读者对网上商城系统有初步了解。

2.1.1　网上商城系统介绍

1. 系统概述

B2C（Business-to-Customer，商家对顾客）是电子商务的典型模式，是企业通过 Internet 开展的在线销售活动，它直接面向消费者销售产品和服务。消费者在网上选购商品和服务、发表相关评论及电子支付等。由于这种模式节省了客户和企业的时间和空间，大大提高了交易效率，是目前广泛流行的商品交易模式。

B2C 网上商城系统通常包括用户购物和信息管理两大功能。用户购物主要是前台商品展示和用户购物的行为活动，而后台则是管理员维护商品信息、会员信息及系统设置等功能。

2. 系统面向的用户群体

系统面向商城管理员、会员、游客三类用户。

2.1.2　系统功能说明

1. 前台用户购物主要包括的功能模块

商品展示：游客和会员可以通过商品展示列表了解商品基本信息，可以通过商品详细页面获知商品的详细情况，可以根据商品名称、商品类别、商品编号、价格、销售量等条件进行商品的查询。

用户管理：在实际应用中，游客只能浏览商品信息，不能进行购买活动。游客可以通过注册成为系统的会员。会员成功登录系统后，可以进行商品购买活动，也可以查看和维护个人信息，购物结束后可以注销账号。

商品购买：会员在浏览商品的过程中，可以将商品添加到自己的购物车中，会员在确认购买商品前，可对购物车中的商品进行修改和删除，确认购买后，系统将生成订单，会员可以查看自己的订单信息，可以对购买的商品进行评价。

留言板：用户可以通过留言板对商城服务情况和热点信息进行交流和讨论。

2. 后台信息管理主要包括的功能模块

维护管理员信息：系统管理员可以根据需要添加、修改和删除一般管理员。

维护商品信息：管理员维护商品类别，根据需要添加、修改、删除商品信息。

维护会员信息：管理员维护会员信息、统计会员的购买情况。

维护订单：管理员可以查询、撤销订单或对订单数据进行统计。

其他管理功能：包括系统设置、系统数据备份和恢复等。

3. 系统用例图

根据功能描述和业务分析 B2C 网上商城用例图如图 2-1 所示。系统主要功能如表 2-1 所示。

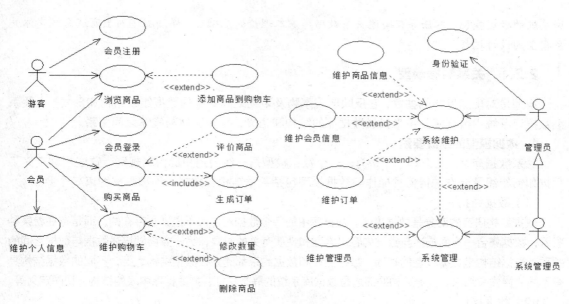

图2-1 B2C网上商城用例图

表 2-1 网上商城系统主要功能

功 能	子 功 能	功 能 细 化	角 色
商品管理	商品信息维护	设置和管理商品信息	管理员
		查询商品信息	
商品类别管理	商品类别信息维护	设置和管理商品类别信息	管理员
		查询商品类别信息	
会员管理	会员信息维护	管理会员信息	会员
		查询会员信息	
商品购买	购物车	购物车的管理	会员
		查询购物车中的商品	
		计算购物车中商品价格	
提交订单	用户维护订单	提交订单	会员
		撤销订单	
		查询历史	
商品评价	评价商品	评价商品	会员
		查看商品评价信息	
订单管理	管理员维护订单	撤销订单	管理员
		查询订单	
		订单数据统计	
浏览商品	浏览商品	查看商品及评价信息	游客

要完成系统的数据库设计，还需要充分地了解系统需求并进行合理的抽象。

任务 2 建立系统数据模型

【任务描述】要实现网上商城系统的数据库管理，必须在系统需求分析的基础上建立网上商城系统的数据模型。本任务在阐述关系数据库基本理论的基础上，详细描述网上商城系统实体关系模型的设计过程。

2.2.1　关系数据模型

模型是对现实世界的抽象，它反映客观事物及事物之间关系的数据组织结构和形式。在关系型数据库系统中数据模型用来描述数据库的结构和语义，反映实体与实体之间关系。

1. 数据模型的组成要素

关系数据库之父 E.F.Codd 认为，一个数据模型是一组向用户提供的规则，这些规则定义了数据如何组织及允许进行何种操作。数据模型包括数据结构、数据操作和数据约束 3 个要素。

（1）数据结构

数据结构研究的对象是数据集合。数据库中的每个数据对象都不是独立存在的，而是存在着某种联系，数据集合一方面描述与数据内容、类型和性质有关的对象，另一方面则描述数据与数据之间的关系。数据结构是数据模型的基础，数据操作和数据约束都建立在数据结构之上，不同的数据结构具有不同的操作和约束。数据结构的描述是数据库系统的静态特征，如数据库中表的结构、视图定义等。

（2）数据操作

数据操作主要是对数据库中的每个数据对象是否允许执行的操作集合。数据操作描述了在相应的数据结构上的操作类型和操作方式。数据操作描述的是系统的动态特征，主要包括数据的更新和检索等。

（3）数据约束

数据约束是用来描述数据结构内数据间完整性规则的集合。完整性规则是数据及其关系所具有的制约和储存规则，用来限定符合数据库的语法、关系和它们间的制约与依存及数据动态的规则，以保证数据的正确性、有效性和兼容性。

2. 数据模型的分类

根据不同的用户视角，数据模型从面向用户到物理实现，可以分为概念数据模型、逻辑数据模型和物理数据模型。

（1）概念数据模型

概念数据模型是面向用户的数据模型，是用户容易理解的现实世界特征的数据抽象。概念数据模型能够方便、准确地表达现实世界中的常用概念，是数据库设计人员与用户之间进行交流的语言。最常用的概念模型是实体—关系模型（Entity–Relationship Model，E–R 模型），概念模型中主要对象如下。

- 实体（Entity）：是客观存在的可以相互区分的事物，如一件商品、一个用户、一名学生等。
- 属性（Attribute）：每个实体都拥有一系列的特性，每个特性可以看作是实体的一个属性，如商品的编号、名称、价格，会员的用户名、密码、性别等。
- 标识符（Identifier）：能够唯一标识实体的属性或属性集。例如，可以使用商品编号标识一件商品，用会员 ID 标识一个用户。
- 实体集（Entity Set）：具有相同属性的实体集合，如所有商品、所有会员、所有类别等。

（2）逻辑数据模型

逻辑数据模型是用户在数据库中所看到的数据模型，它通常由概念数据模型转换得到。逻辑数据模型主要包括如下几个部分。

● 字段（Field）：用来表示概念模型中实体的属性，它是数据库中可以命名的最小信息单位。每个属性对应一个字段。

● 记录（Record）：用来表示概念模型中的一个实体。

● 关键字（Keyword）：能够唯一标识记录集中每个记录的字段或字段集，对应于概念模型中的实体标识符。

● 表（Table）：相同结构的记录集合构成一个数据表，每个数据表对应于概念模型中的实体集。

（3）物理数据模型

物理数据模型描述数据在物理存储介质上的组织结构，它与具体的 DBMS 相关，也与操作系统和硬件相关，是物理层次上的数据模型。每种逻辑数据模型在实现时都有其对应的物理数据模型。

在数据库应用系统中，上述 3 种数据模型的关系如图 2-2 所示。

图2-2　数据模型的关系

2.2.2　实体和关系

1. 实体集

实体是一个数据对象，是客观存在且相互区分的事物。在网上商城系统中，如商品类别、商品、会员等。具有相同属性实体的所有实例集合就构成了实体集。

例如，"迷彩帽"是商品实体集中的一个实例，通过对商品实体的名称、价格、库存数据、商品描述信息等属性的描述，当属性值越多时，所描述的实体越清晰。在 E-R 关系模型中，实体用矩形表示，如图 2-3 所示。

一个实体集中通常有多个实例。例如，数据库中存储的每个用户都是会员实体集中的实例。如表 2-2 中描述了会员实体集的两个实例。

表 2-2　实体集和实例

会员实体	实例 1	实例 2
用户名	Jack2001	HelloKetty
性别	男	女
联系电话	13809112312	17134324389
会员积分	200	120

实体通过一组属性来表示。属性是实体集中每个成员所拥有的特性，不同的实体其属性值不同。在 E-R 模型中，实体属性用椭圆表示。属性属于哪个实体，则与哪个实体用实线相连，如图 2-4 所示。

图2-3　实体表示 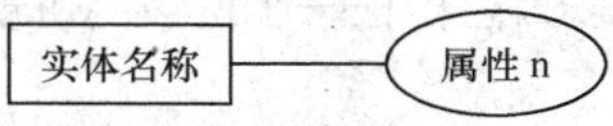　　　　　　　　图2-4　实体属性

例如，商品实体集的属性有商品编号、名称、价格、库存数量、销售量、所在城市、上架时间等，表 2-3 描述了商品实体集的部分数据。

表2-3　商品实体集

商品编号	商品名称	价格	库存数量	销售量	所在城市	上架时间
001	迷彩帽	63	1500	29	长沙	2017-05-07
003	牛肉干	94	200	61	重庆	2017-05-07
004	零食礼包	145	17900	234	济南	2017-05-07
005	运动鞋	400	1078	200	上海	2017-05-08

其中，商品编号属性是商品的唯一标识，用于指定唯一的一件商品，其实体属性如图2-5所示。

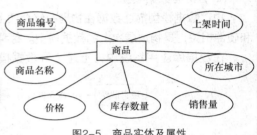

图2-5　商品实体及属性

2. 关系集

关系是指多个实体间的相互关联。例如，商品"迷彩帽"和商品类别"服饰"之间的联系，该联系指明商品"迷彩帽"属于"服饰"类别。关系集（Relationship Set）是同类联系的集合，是 n（n≥2）个实体集上的数学关系。在 E-R 模型中，关系实体用菱形表示，描述两个实体间的一个关联，如图 2-6 描述了商品实体和会员实体间的关系。

从图 2-6 中可以看出，会员实体通过添加购物车与商品实体间建立了关系，它们间的关系集称为"添加购物车"。"添加购物车"除了应标识出用户名和商品编号外，还可以包括购买数量等属性。因此，关系同实体一样也具有描述性的属性，"添加购物车"关系及其属性如图 2-7所示。

图2-6　关系表示

图2-7　关系属性表示

3. 关系

现实世界中，事物内部及事物之间都存在一定的联系，这些联系在信息世界中反映为实体内部的联系和实体间的关系。实体内部的联系通常是指实体属性之间的关系；实体间的关系则是指不同实体集之间的关系。实体间的关系通常有一对一、一对多和多对多 3 种。

（1）一对一关系

对于实体集 A 中的每个实体，如果实体集 B 中至多只有一个实体与之联系，反之亦然，则称实体集 A 和实体集 B 具有一对一的关系，记为 1:1，如图 2-8 所示。

例如，在学生管理系统中，存在着班级实体和学生实体，一个班级只有一个学生作为班长，而一个学生最多只能担任一个班级的班长，这时，班级和班长间就可以看作是一对一的关系。

（2）一对多关系

对于实体集 A 中的每个实体，实体集 B 中有 n 个实体（n≥1）与之联系，反之，对于实体集 B 中的每个实体，实体集中至多只有一个实体与之联系，则称实体集 A 与实体集 B 之间为一对多的关系，记为 1:n，如图 2-9 所示。

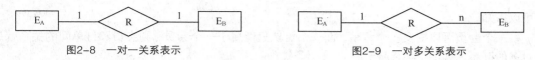

图2-8 一对一关系表示　　　　　　　　　　图2-9 一对多关系表示

例如，在网上商城系统中，一件商品属于某一个类别，一个会员可以有多个订单。而在学生管理系统中，一个学生只属于一个班级，而一个班级可以包含多个学生；一个班级属于某一个专业，而一个专业可以有多个班级。

在关系数据库系统中，一对多的关系主要体现在主表和从表的关联上，通过外键来约束实体间的关系。以商品类别和商品实体为例，每一个商品都会属于某一个类别，在商品实体中都会有类别 ID 用来标识商品所属类别，也就是说如果商品类别不存在，那商品的存在就没有意义。

（3）多对多关系

对于实体集 A 中的每个实体，实体集 B 中有 n 个实体（n≥1）与之联系，反之，对于实体集 B 中的每个实体，实体集 A 中也有 m 个实体（m≥1）与之联系，则称实体集 A 与实体集 B 之间为多对多的关系，记为 m:n，如 图 2-10 所示。

在网上商城系统中，一个用户可以购买多件商品，一件商品可以被多个用户购买；一个订单里可以包含多件商品，而一个商品又可以被包含在多个

图2-10 多对多关系表示

订单中。在学生管理系统中，一个学生可以选多门课程，而一门课程可以被多个学生选择；一位教师可以讲授多门课程，而一门课程也可以由多个教师讲授。

在关系数据库系统中，通过表和外键约束不能表示多对多的关系，所以必须通过中间表来组织这种关系，建立这种联系的中间表常被称为关系表或链接表。

2.2.3 建立 E-R 模型

数据模型中最基本的模型是概念模型，它是对客观世界的抽象。在进行数据库应用系统的开发过程中，数据库设计的第一步就是进行概念模型的设计，而概念模型最常用的表示方法为 E-R 模型。E-R 模型使用图形化来表示应用系统中的实体与关系，是软件工程设计中的一个重要方法，由于 E-R 模型接近人类的思维方式，容易理解并且与计算机无关，所以用户容易接受。

在对网上商城系统需求理解的基础上，对该系统进行 E-R 模型的设计，步骤如下。

1. 标识实体

建立 E-R 模型的最好方法是先确定系统中的实体。实体通常由系统中的文档、报表或需求调研中的名词，如人物、地点、概念、事件或设备等表述。通过对系统的业务分析可以得到网上商城系统中的实体，如图 2-11 所示。

图2-11 网上商城系统中抽象的实体

2. 标识实体间的关系

确定应用系统中存在的实体后，接着就是确定实体之间的关系。标识实体间的关系时，可以根据需求说明来完成。一般来说，实体间的关系由动词或动词短语来表示。例如，在网上商城系统中可以找出如下动词短语：商品属于商品类别、会员添加商品到购物车、会员提交订单等。

事实上，如果用户的需求说明中记录了这些关系，则说明这些关系对于用户而言是非常重要的，因此在模型中必须包含这些关系。在网上商城系统中，根据用户的需求说明或与用户沟通讨论可以得知。

- 一个会员可以提交多个订单，而一个订单只能属于一个会员，则会员和订单间的关系就是一对多的联系，如图 2-12 所示。
- 一个商品类别可以包含多个商品，一件商品只能属于一种类别，则商品和商品类别间的关系也是一对多的联系，如图 2-13 所示。

图2-12　订单和会员实体间的关系　　　　　图2-13　商品类别和商品实体间的关系

- 一个会员可以将多件商品添加到购物车，一件商品可以被放在多个购物车中。因此会员和商品间就是多对多的关系，记为 m : n，如图 2-14 所示。
- 一个订单里可以包含多件商品，而一个商品又可以被包含在多个订单中。因此商品和订单间也是多对多的关系，如图 2-15 所示。

图2-14　会员和商品实体间的关系　　　　　图2-15　商品和订单实体间的关系

表 2-4 列举了网上商城系统中主要实体间的关系类型。

表 2-4　实体类的关系

实体类	关系类型	实体类
会员	多对多（m:n）	商品
商品	多对多（m:n）	订单
会员	一对多（1:n）	订单
商品类别	一对多（1:n）	商品

明确实体间的关系后，在数据库应用系统设计中还需进一步细化，找出关系中具有多重性的值及其约束。由于篇幅关系，本书不作进一步的阐述。

3. 标识实体的属性

属性是实体实例的特性或性质。标识完实体和实体间的关系后，就需标识实体的属性，也就是说，要明确需要对实体的哪些数据进行保存。与标识实体类相似，标识实体属性时先要在用户需求说明中查找描述性的名词，当这个名词是特性、标志或确定实体类的特性时即可被标识成为实体的属性。在网上商城系统中，根据用户的需求说明或与用户沟通讨论可知。

- 会员作为网上商城系统中的主体，需要储存的属性包括用户名、密码、性别、联系电话、用户图像、会员积分、注册时间等信息。在进行概念模型设计时，这些信息就可以看成会员实体的属性，如图 2-16 所示。
- 商品实体的属性包括商品编号、名称、价格、库存数量、销售量、所在城市、上架时间、是否热销等。
- 商品类别实体的属性包括类别 ID、类别名称等。
- 订单实体的属性包括下单时间、订单金额等。

4. 确定主关键字

每一个实体必须要有一个属性用来唯一地标识该实体以区分其他实体的特性，这种属性称为关键字。关键字的值在实体集中必须是唯一的，且不能为空，它唯一地标识了实体集中的一个实例。当实体集中没有关键字时，必须给该实体集添加一个属性，使其成为该项实体集的关键字。例如，给实体集添加一个 ID 属性，ID 属性就成为该实体的关键字。

在实体的属性集中，可能有多个属性能够用来唯一地标识实体，例如，会员实体中，属性用户名和身份证号都是唯一的，那么这些属性就称为候选关键字。任意一个选作实体关键字的属性称为主关键字。主关键字也称为主键，候选关键字称为候选键。

学习提示：实际应用中，关系模式设计时，会为每一个实体和关系新设一个 ID 列，用于标识唯一的每条记录，而不是用对象的具体属性来表示。

在实体属性图中，在主关键字上加下划线。如图 2-17 所示，属性会员 ID 作为会员实体的主关键字。

图2-16　会员实体的属性　　　　　　　图2-17　会员ID作为主关键字

通过对以上知识的学习和理解，根据网上商城系统的需求说明，就可以画出该系统的 E-R图，如图 2-18 所示。

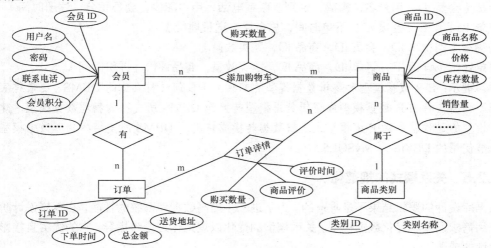

图2-18　网上商城系统E-R图

学习提示：E-R 图是数据库设计中最早使用的、而且也是最为重要的设计工具。

2.2.4　逻辑结构设计

E-R 模型的建立仅完成了系统实体和实体关系的抽象。在关系数据库设计过程中，为了创建用户所需的数据库，还需要将实体和实体关系转换成对应的关系模式，也就是建立系统逻辑数据模型。

逻辑数据模型是用户在数据库中所看到的数据模型，它由概念数据模型转换得到。转换原则如下。

（1）实体转换原则

将 E–R 模型中的每一个实体转换成一个关系，即二维表；实体的属性转换为关系的字段，实体的标识符转换成关系模式中的主关键字。

（2）关系转换原则

由于实体间存在一对一、一对多和多对多的关系，所以实体间关系在转换成逻辑模型时，不同的关系作不同的处理。

● 若实体间联系为 1：1 时，可以在两个实体类型转换成两个关系模式中任意一个关系模式中加入另一个关系模式的主关键字作为实体联系的属性。

● 若实体间联系为 1：n 时，则在 n 端实体类型转换的关系模式中加入 1 端实体类型的关键字实体联系的属性。

● 若实体间联系为 n：m 时，则要将实体间联系也转换成关系模式，其属性为两端实体类型的关键字。

根据网上商城系统的 E–R 模型和转换原则，其中会员、商品、商品类别和订单等实体及添加购物车和订单详情的关系模式设计如下。

商品类别（类别ID，类别编号）。

商品（商品ID，商品类别 ID，商品编号，名称，价格，库存数量，已售数量，所在城市，上架时间，是否热销）。

会员（会员ID，用户名，密码，性别，联系电话，用户图像，会员积分，注册时间）。

订单（订单ID，会员 ID，下单时间，总金额，送货地址）。

购物车（购物车ID，会员 ID，商品 ID，购买数量）。

订单详情（详情ID，订单 ID，商品 ID，购买数量，商品评价，评价时间）。

学习提示：E-R 数据模型和逻辑数据模型的都独立于任何一种具体的 DBMS，要最终实现用户数据库，需要将 E-R 数据模型或逻辑数据模型转换为 DBMS 所支持的物理数据模型。建立物理数据模型的过程就是将 E-R 模型或逻辑数据转换成特定的 DBMS 所支持的物理数据模型的过程。本书使用的 DBMS 为 MySQL5.5

2.2.5　关系模式的规范化

数据库设计的逻辑结果不是唯一的。为了进一步提高数据库系统的性能，在逻辑设计阶段应根据应用需求调整和优化数据模型。关系模型的优化以规范化理论为指导，它的优劣直接影响数据库设计的成败。

在关系数据库中，规范化理论称为范式。范式是符合某一级别的关系模式集合。关系数据库中的关系必须满足一定的要求，即满足不同的范式。在关系数据库原理中规定了以下几种范式：第一范式（1NF）、第二范式（2NF）、第三范式（3NF）、Boyee-Codd 范式（BCNF）、第四范式（4NF）、第五范式（5NF）和第六范式（6NF）。在进行关系数据库设计时，至少要符合 1NF 的要求，在 1NF 的基础上进一步满足更多要求的称为 2NF，其余范式依此类推。一般来说，数据库设计时，只需满足第三范式就行了。

1. 第一范式

在任何一个关系数据库中，第一范式是对关系模式的最低要求，不满足第一范式的数据库就不是关系型数据库。

第一范式是指数据库表的每一列都是不可分割的基本数据项，同一列中不能有多个值，即实体中的某个属性不能有多个值或者不能有重复的属性。如果出现重复的属性，就需要定义一个新的实体，新的实体由重复的属性构成，新实体与原实体之间为一对多关系。在第一范式中，表的每一行只包含一个实例的信息。简而言之，第一范式就是无重复的列。如表 2-5 所示的商品信息表，每一件商品都占商品信息表中的一行，且在表中无重复列，表中的每一列都是不可分割的最小数据项。

表 2-5　符合 1NF 的商品信息表

商品 ID	商品编号	商品名称	价格	类别 ID	类别名称
1	1001	迷彩帽	63	1	服饰
2	2001	牛肉干	94	2	零食
3	2002	零食礼包	145	2	零食
4	3005	运动鞋	400	1	服饰

虽然表 2-5 符合 1NF 范式，但在表中商品类别存在大量重复的数据，当对商品类别名称进行修改时，需要修改表 2-5 中所有相关商品的类别，有可能引发更新和删除上的异常，因此在关系数据库中这种表也是不符合规范的。

2. 第二范式

第二范式是在第一范式的基础上建立起来的，即满足第二范式必须先满足第一范式。第二范式要求数据库表中的每个实例或行必须能被唯一地区分。在第二范式中，要求实体的属性完全依赖于主关键字。所谓完全依赖，是指不能存在仅依赖主关键字一部分的属性，如果存在依赖关键字一部分的属性，那么这个属性和主关键字的这一部分应该分离出来形成一个新的实体，新实体与原实体之间是一对多的关系。为实现区分，通常需要为表加上一个列，以存储各个实例的唯一标识。简单地说，第二范式就是属性完全依赖于主关键字。

在网上商城系统中，会员和商品间存在"添加购物车"关系，假定购物车关系为（会员 ID、用户名、商品编号、商品名称、价格、购买数量），如表 2-6 所示。

表 2-6　不符合 2NF 的购物车表

会员 ID	用户名	商品 ID	商品编号	商品名称	价格	购买数量
1	Jack2001	1	1001	迷彩帽	63	1
1	Jack2001	3	2001	牛肉干	94	3
2	HelloKetty	1	2002	迷彩帽	63	1
2	HelloKetty	3	3005	牛肉干	94	2
3	Lily	1	1001	牛肉干	94	10

从表 2-6 中可以看出，会员 ID 不能唯一标识一行记录，且属性值存在如下关系：

{会员 ID，商品 ID}→{用户名，商品编号，商品名称，价格，购买数量}

这时需要通过会员 ID 和商品 ID 作为复合主关键字，决定非主关键字的情况。因此，该购物车表不符合第二范式的要求，在实际操作中会出现如下问题。

● 数据冗余：如同一件商品被 n 个用户购买，则商品 ID，商品编号，商品名称，价格就要重复 n−1 次；当一个会员购买 m 件商品时，其用户名就要重复 m−1 次；

● 更新异常：若某件商品的价格要进行折扣销售，则整个表中该商品的价格都要进行修改，否则会出现同一件商品价格不同的情况。

对上述购买关系进行拆分后可形成如下 3 个关系。

● 会员：Users（会员 ID，用户名）

● 商品：Goods（商品 ID，商品编号，商品名称，价格）

● 购物车：Scar（会员 ID，商品 ID，购买数量）

修改后符合第二范式的购买关系如表 2−7 所示。

表 2-7　符合 2NF 的会员购买商品模式

会员 ID	用户名
1	Jack2001
2	HelloKetty
3	Lily

商品 ID	商品编号	商品名称	价格
1	1001	迷彩帽	63
3	2001	牛肉干	94

会员 ID	商品 ID	购买数量
1	1	1
1	3	3
2	1	1
2	3	2
3	1	10

修改后的关系模式有效消除了数据冗余以及更新、插入和删除异常。

学习提示：实际应用中，为了方便会为购物车这一关系添加一个购物车 ID 列，使之唯一标识购物车中商品的购买。

3．第三范式

第三范式是在第二范式的基础上建立起来的，即满足第三范式必须满足第二范式。第三范式要求关系表中不存在非关键字对任一候选关键字的传递函数依赖。传递函数依赖是指如果存在"A→B→C"的决定关系，则 C 传递函数依赖于 A。也就是说，第三范式要求关系表不包含其他表中已包含的非主关键字段信息。

例如，在网上商城系统中，商品信息表中列出其所属类别 ID 后，就不能将类别名称信息再加入商品信息表。如果不存在类别信息表，那么根据第三范式也应该建立相应的表，否则就会出现数据的冗余。如表 2−5 所示，它是不符合第三范式的商品信息表，此表中类别名称传递依赖于商品编号。

从表 2−5 中可以看出，在此关系模式中存在如下关系。

{商品 ID}→{商品编号，商品名称，价格，类别 ID，类别名称}

商品 ID 作为该关系中的唯一关键字，符合第二范式的要求，但不符合第三范式，因为还存在{商品 ID }→{类别 ID}→{类别名称}的关系。

即存在非关键字段"类别名称"对关键字"商品 ID"的传递依赖，这种情况下也会存在数据冗余、更新异常、插入异常和删除异常。

- 数据冗余：一个类别有多种商品，类别名称会重复 n−1 次。
- 更新异常：若要更改某类别名称，则表中所有该类别的类别名称的值都需要更改，否则就会出现一件商品对应多种类别。
- 插入异常：若新增了一种商品类别，如果还没有指定到商品，则该类别名称无法插入到数据库中。
- 删除异常：当要删除一种商品类别时，那就应该删除它在数据库中的记录，而此时与其相关的商品信息也会被删除。

如要消除以上问题，就需要对关系进行拆分，去除非主关键字的传递依赖关系

对上述商品关系进行拆分后可形成如下 2 个关系。

- 商品：Goods（商品 ID，商品编号，商品名称，价格，类别 ID）
- 商品类别：GoodsType（类别 ID，类别名称）

拆分后的关系模式如表 2-8 所示。

表 2-8　符合 3NF 的商品、商品类别关系模式

商品ID	商品编号	商品名称	价格	类别ID	类别ID	类别名称
1	1001	迷彩帽	63	1	1	服饰
2	2001	牛肉干	94	2	2	零食
3	2002	零食礼包	145	2		
4	3005	运动鞋	400	1		

范式具有避免数据冗余、减少数据库占用的空间、减轻维护数据完整性的工作量等优点，但是随着范式的级别升高，其操作难度越来越大，同时性能也随之降低。因此，在数据库设计中，寻求数据可操作性和可维护性之间的平衡，对数据库设计者而言是比较困难的。

2.2.6　关系代数

数据模型的建立是在对现实世界抽象的基础上优化数据存储，其目的是为了使用数据。在关系数据模型中，使用关系代数来建立数据操纵的模型。关系代数是一种抽象的查询语言，是关系数据操纵语言的传统表达方式，它用关系运算来表达数据查询。

1. 关系运算符

关系代数的运算对象是关系，运算结果也是关系，其操作运算符包括传统集合运算符、专门的关系运算符、比较运算符和逻辑运算符，如表 2-9 所示。

表 2-9　关系代数运算符

类别	运算符	说明	类别	运算符	说明
传统集合运算符	∩	交	比较运算符	>	大于
	∪	并		≥	大于等于
	−	差		<	小于

类别	运算符	说明	类别	运算符	说明
传统集合运算符	×	笛卡儿积	比较运算符	≤ = ≠	小于等于 等于 不等于
专门关系运算符	σ π ⋈ ÷	选择 投影 连接 除	逻辑运算符	∧ ∨ ¬	与 或 非

其中，集合运算将关系看成元组的集合，其运算是针对行进行的，而专门关系运算符不仅操作行也可以操作列。

2. 传统的集合运算

传统的集合运算是双目运算，包括并、交、差和笛卡儿积运算。

（1）关系的并

关系 R 和 S 的并是由关系 R 和关系 S 的所有元组合并，再删去重复的元组，组成的新关系，记为 $R \cup S$。

$$R \cup S = \{ t | t \in R \lor t \in S \}$$

（2）关系的差

关系 R 和 S 的差是由属于 R 但不属于 S 的所有的元组组成的集合，即关系 R 中删除与关系 S 中相同的元组，组成的新关系，记为 $R - S$。

$$R - S = \{ t | t \in R \land t \notin S \}$$

（3）关系的交

关系 R 和 S 的交是由既属于 R 又属于 S 的元组组成的集合，即在两个关系 R 与 S 中取相同的元组组成新的关系，记为 $R \cap S$。

$$R \cap S = \{ t | t \in R \land t \in S \}$$

（4）笛卡儿积

设关系 R 和 S 分别有 n 和 m 列，若关系 R 中有 i 行，关系 S 中有 j 行，则关系 R 和 S 的笛卡儿积是由 $n+m$ 列且有 $i \times j$ 行集合组成的新关系，记为 $R \times S$。

$$R \times S = \{ (t_r, t_s) | t_r \in R \land t_s \in S \}$$

【例 2.1】设有 3 个关系 R、S 和 T，如图 2-19 所示。分别求出 $R \cup S$、$R - S$、$R \cap S$ 和 $R \times T$ 的运算结果。

R

A	B
a	b
a	c
c	a

S

A	B
a	c
b	a
c	b

T

B	C
a	a
b	c

图2-19　关系 R、S 和 T

运算结果如图 2-20 所示。

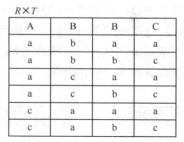

图2-20　传统集合运算

3. 专门的关系运算

专门的关系运算包括选择、投影、连接和除等运算。

（1）选择运算

从关系中找出满足给定条件的元组称为选择。其中的条件是以逻辑表达式给出的，值为真的元组将被选取，这种运算是从行的角度抽取元组。经过选择运算得到的结果元组组成新的关系，其关系模式不变，但元组的数目小于等于原来关系中元组的个数，是原关系的子集。选择运算记为 $\sigma_F(R)$。

$$\sigma_F(R) = \{t \mid t \in R \wedge F(t) = TRUE\}$$

其中，R 为一个关系，F 为逻辑函数，函数 F 中可以包含比较运算符和逻辑运算符。

在网上商城系统中，会员关系 Users 如表 2-10 所示。

表 2-10　会员（Users）关系

会员 ID	用户名	性别	QQ	会员积分
1	Jack2001	男	2155789634	213
2	Anny	女	1515645	79
3	小新	男	24965752	85
4	Lily	女	36987452	163
5	范珍珍	女	98654287	986

【例 2.2】查询会员（Users）关系中，性别为"男"的会员信息。

其关系运算表达式可以描述为 $\sigma_{性别='男'}(Users)$ 或 $\sigma_{3='男'}(Users)$，其中 3 表示为关系中的第 3 列。运算结果如表 2-11 所示。

表 2-11　选择运算

会员 ID	用户名	性别	QQ	会员积分
1	Jack2001	男	2155789634	213
3	小新	男	24965752	85

（2）投影运算

从关系模式中挑选若干属性组成新的关系称为投影。这是从列的角度进行运算，相当于对关系进行垂直分解。投影后的新关系所包含的属性少于或等于原关系，若新关系中包含重复元组，则要删除重复元组。投影运算记为 $\pi_x(R)$。

$$\pi_x(R) = \{ t[x] | t \in R \}$$

其中，R 是一个关系，x 是 R 中的属性列。

【例 2.3】查询会员（Users）的用户名、性别和会员积分。

其关系运算表达式可以描述为 $\pi_{用户名,性别,会员积分}(Users)$ 或 $\pi_{2,3,5}(Users)$。

运算结果如表 2-12 所示。

表 2-12　投影运算

用户名	性别	会员积分
Jack2001	男	213
Anny	女	79
小新	男	85
Lily	女	163
范珍珍	女	986

【例 2.4】查询积分在 100 以上的会员的用户名、性别和会员积分。

其关系运算表达式可以描述如下。

$$\pi_{用户名,性别,会员积分}(\sigma_{会员积分\geq100}(Users)) 或 \pi_{2,3,5}(\sigma_{5\geq100}(Users))$$

运算结果如表 2-13 所示。

表 2-13　选择投影混合运算

用户名	性别	会员积分
Jack2001	男	213
Lily	女	163
范珍珍	女	986

（3）连接运算

连接运算是从两个关系的笛卡儿积中选择属性值满足一定条件的元组，筛选过程通过连接条件来控制，连接是对关系的结合。连接运算通常分为 θ 连接和自然连接。

① θ 连接

θ 连接是从关系 R 和 S 的笛卡儿积中选取属性值满足条件运算符 θ 的元组，其关系运算定义如下。

$$R \underset{A\,\theta\,B}{\bowtie} S = \{ (t_r,t_s) | t_r \in R \wedge t_s \in S \wedge t_r[A]\,\theta\,t_s[B] \}$$

其中，A 和 B 是关系 R 和 S 中第 A 列和第 B 列的值或列序号。当 θ 为符号"="时，该连接操作称为等值连接。

② 自然连接

自然连接是去除重复属性的等值连接，它是连接运算的特例，是最常用的连接运算。其关系运算定义如下。

$$R \bowtie S = \{ (t,t_s) | t \in R \wedge t_s \in S \wedge t[A] = t_s[A] \}$$

其中关系 R 和 S 具有同名属性 A。

在网上商城系统中，有商品类别（GoodsType）和商品（Goods）两个关系，如表 2-14 和表 2-15 所示。

表 2-14 商品（Goods）关系

商品ID	商品编号	商品名称	价格	类别ID
1	1001	迷彩帽	63	1
2	2001	牛肉干	94	2
3	2002	零食礼包	145	2
4	3005	运动鞋	400	1

表 2-15 商品类别（GoodsType）关系

类别ID	类别名称
1	服饰
2	零食

【例 2.5】查询类别为服饰的商品信息。

设 Goods 关系为 R，GoodsType 关系为 S，由于两个关系中有共同的属性类别 ID，则进行的连接运算为自然连接，其关系运算表达式可以描述如下。

$$\sigma_{类别名称='服饰'}(R \bowtie S)$$

其运算结果如表 2-16 所示。

表 2-16 自然连接运算

商品ID	类别ID	商品编号	商品名称	价格	类别名称
1	1	1001	迷彩帽	63	服饰
4	1	3005	运动鞋	400	服饰

【例 2.6】查询类别为服饰的商品信息，列出商品编号、商品名称、价格和类别名称。

设 Goods 关系为 R，GoodsType 关系为 S，其关系运算表达式可以描述如下。

$$\pi_{商品编号,商品名称,价格,类别名称}(\sigma_{类别名称='服饰'}(R \bowtie S))$$

其运算结果如表 2-17 所示。

表 2-17 选择、投影和自然连接运算

商品编号	商品名称	价格	类别名称
1001	迷彩帽	63	服饰
3005	运动鞋	400	服饰

（4）除法运算

在关系代数中，除法运算可理解为笛卡儿积的逆运算。设被除关系 R 有 m 元关系，除关系 S 有 n 元关系，那么它们的商为 $m-n$ 元关系，记为 $R \div S$。其中在 R 中每个元组 i 与 S 中每个元组 j 组成的新元组必在关系 R 中。

【例 2.7】设有如下关系 R 和 S，如图 2-21 所示。求 $R \div S$ 的运算结果。

R

A	B	C	D
2	1	a	c
2	2	a	d
3	2	b	d
3	2	b	c
2	1	b	d

T

C	D	E
a	c	5
a	c	2
b	d	6

图2-21 除法运算示例

$R \div S$ 的运算结果如表 2-18 所示。

表 2-18　除法运算结果

A	B
2	1

商的构成原则是将被除关系 R 中的 $m-n$ 列，按其值分成若干组，检查每一组的 n 列值的集合是否包含除关系 S，若包含则取 $m-n$ 列的值作为商的一个元组，否则不取。

任务 3　使用 PowerDesigner 建立系统模型

【任务描述】在网上商城系统概念数据和逻辑模型设计完成后，需要将模型转换成相应的物理数据模型，并生成数据库。PowerDesigner 是现今数据库建模市场中最为流行的工具之一，通过它能够方便地实现概念模型、物理模型和数据库之间的转换。

2.3.1　PowerDesigner 简介

PowerDesigner 是 Sybase 公司的 CASE 工具集，使用它可以方便地对管理信息系统进行分析设计。PowerDesigner 几乎包含了数据库模型设计的全过程，是 Sybase 发布的最新的软件分析设计工具，也是目前最为流行的软件分析设计工具之一。

利用 PowerDesigner 可以制作数据流程图、概念数据模型、物理数据模型，可以生成多种客户端开发工具的应用程序，还可为数据仓库制作结构模型，也能对团队设计模型进行控制。PowerDesigner 系列产品提供了一个完整的建模解决方案，业务或系统分析人员、设计人员、数据库管理人员和开发人员可以对其裁剪以满足他们特定的需要。其模块化的结构更为购买和扩展提供了极大的灵活性，开发单位可以根据项目的规模和范围购买部分模块。

PowerDesigner 包含 6 个集成模块，允许开发机构根据实际需求灵活选用。

（1）DataArchitect

DataArchitect 是一个强大的数据库设计工具。使用 DataArchitect 可利用实体-关系图为系统创建概念数据模型，根据概念数据模型产生基于某一特定数据库管理系统的物理数据模型；通过优化物理数据模型，产生特定 DBMS 创建数据库。另外，DataArchitect 还可根据已存在的数据库反向生成物理数据模型、概念数据模型及创建数据库的 SQL 脚本。

（2）ProcessAnalyst

用于数据分析或数据发现。ProcessAnalyst 可以用一种非常自然的方式描述数据项，从而能够描述复杂的处理模型以反映它们的数据库模型。

（3）AppModeler

用于物理数据库的设计、应用对象以及与数据密切相关的构件的生成。AppModeler 允许开发人员针对开发环境（Sybase 公司的产品、Microsoft 公司的相关产品等）快速生成应用对象或构件。

（4）MetaWorks

通过模型的共享支持高级团队工作的能力。MetaWorks 提供了所有模型对象的一个全局的层次结构的浏览视图，以确保贯穿整个开发周期的一致性和稳定性。

（5）WarehouseArchitect

用于数据仓库和数据集市建模和实现。WarehouseArchitect 提供了针对所有主流的 DBMS（如 Sybase、Oracle 和 SQL Server 等）的仓库处理支持。

（6）Viewer

用于以只读的、图形化方式访问模型和源数据信息。Viewer 提供了对 Powerdesigner 所有模型（包括概念模型、物理模型和仓库模型）信息的只读访问。

2.3.2 PowerDesigner 支持的模型

（1）概念数据模型（CDM）

CDM（Conceptual Data Model）是面向数据库用户的现实世界模型，主要用来描述世界的概念化结构，它使数据库的设计人员在设计的初始阶段摆脱计算机系统及 DBMS 的具体技术问题，集中精力分析数据及数据之间的联系。

（2）物理数据模型（PDM）

PDM（Physical Data Model）是面向计算机物理表示的模型，描述了数据在储存介质上的组织结构，它不但与具体的 DBMS 有关，而且还与操作系统和硬件有关。

（3）面向对象模型（OOM）

一个 OOM（Object Oriented Model）包含一系列包、类、接口和它们之间的关系。这些对象一起形成一个软件系统所有的（或部分）逻辑设计视图的类结构。一个 OOM 本质上是软件系统的一个静态的概念模型。

（4）业务程序模型（BPM）

BPM（Business Program Model）描述业务的各种不同内在任务和内在流程，且客户如何以这些任务和流程互相影响。BPM 是从业务合伙人的观点来看业务逻辑和规则的概念模型，使用一个图表描述程序、流程、信息和合作协议之间的交互作用。

CDM、PDM 和 OOM 之间的关系如图 2-22 所示。

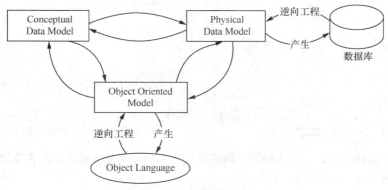

图2-22　CDM、PDM和OOM关系图

2.3.3 建立概念数据模型

建立概念数据模型的实质就是在 PowerDesigner 工具中绘制实体关系图。

【例2.8】根据"网上商城系统"的分析结果，绘制该系统的概念数据模型。

操作步骤如下。

（1）启动 PowerDesigner，创建工作空间

右击工作空间 Workspace，选择"new"→"Folder"命令，创建一个名为"网上商城系统概念数据模型"的文件夹，如图 2-23 所示。

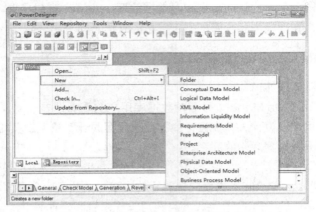

图2-23　PowerDesigner新建项目文件夹

（2）创建概念数据模型

右击"网上商城系统数据模型"文件夹，再单击菜单项"New"，然后选择"Conceptual Data Model"命令，弹出如 图 2-24 所示对话框，在"Model Name"文本框中输入模型名为 onlinedb_cdm，然后单击"确定"按钮进入模型设计界面，如图 2-25 所示。

图2-24　新建CDM模型对话框

图2-25　CDM模型设计界面

单击悬浮工具栏中的 Entity 按钮，再在主设计面板中单击，系统将会在主设计面板中增加一个实体，如图 2-26 所示。

（3）添加概念模型实体对象

根据对网上商城系统的实体集分析，在网上商城系统中抽象出的实体有会员、商品、商品类别、订单和系统管理员共 5 个实体。下面以商品实体为例，介绍实体的创建过程。

① 双击图 2-26 中的实体方框，打开如图 2-27 所示的对话框。设置概念模型中实体显示名称（Name）为"商品信息表"，对应的实体代码（Code）名称为"Goods"，注释（Comment）

等相关信息。

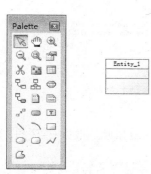

图2-26　新建实体

图2-27　实体属性编辑

② 选中 Attributes 属性选项卡，在其中设置实体的属性，为商品实体添加商品 ID、商品编号、商品名称、商品价格、库存数量等属性及其数据类型，如图 2-28 所示。

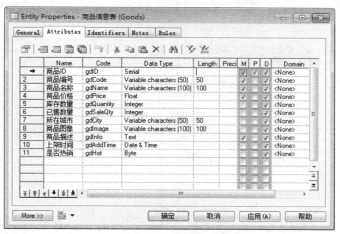

图2-28　实体属性设置

③ 从图 2-28 中可以看出，每个实体属性还需设置该属性是否必须有值以及是否为主关键字。该设置可通过属性后面的 M 列和 P 列复选框来表示，其中，选中 M 表示不能为空，选中 P 表示该属性为唯一标识实体的主关键字。

④ 单击"确定"按钮，完成商品属性设置。

⑤ 采用同样的方法，添加网上商城系统中的其他实体。

（4）创建实体间的关系

所有实体添加完毕后，接着要添加实体之间的关系。下面以会员和商品两个实体为例阐述实体间关系的创建过程。其中，会员和商品实体间的关系为多对多。

① 单击图 2-26 浮动工具栏中的 Relationship 按钮，然后选中主设计面板中的会员实体并将其拖动至商品实体上，这时，设计器将会为会员和商品实体之间建立关系，如图 2-29 所示。

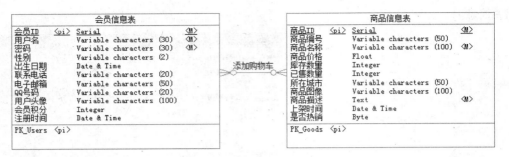

图2-29　建立实体间的关系

② 双击 Relationship_1 关系名，打开关系属性对话框，如图 2-30 所示。根据 E-R 图，填写关系名为"添加购物车"。

③ 选择"Cardinalities"选项卡，切换到关系类型设置界面。由于会员和商品之间是多对多的关系，因而选择"Many-Many"，如图 2-31 所示。除设置多对多的关系外，还可以设置实体是否必须，如会员实体可以对应 $0\cdots n$ 个商品，而商品对应的会员也可以是 0 个。

图2-30　关系属性对话框

图2-31　设置实体间的关系类型

④ 单击"确定"按钮回到设计界面。由于会员和商品实体间的关系是多对多，在概念模型转换成物理模型时，就要先将这种关系转换成实体。选中会员和商品实体间的关系，单击鼠标右键，弹出如图 2-32 所示的快捷菜单，选择"Change to Entity"命令，就可将两个实体间的关系转换成实体对象。

⑤ 根据网上商城系统的 E-R 图，用同样的方法可以为其他实体添加关系，完成系统概念数据模型的设计，如图 2-33 所示。

图2-32　关系转换实体

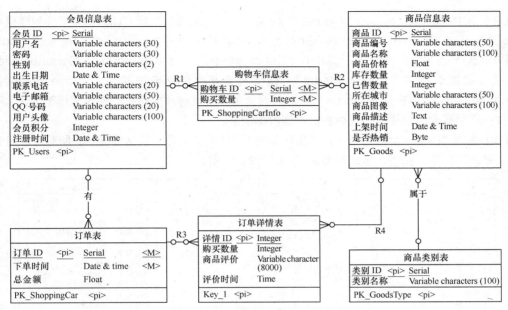

图2-33　网上商城系统概念数据模型

2.3.4　建立物理数据模型

物理数据模型是针对具体数据库实现的一种模型，本书中使用 PowerDesigner 15.1 支持的 MySQL 的版本最高只到 MySQL5.0，因此，这里在建立物理模型时仍按 MySQL5.0 导出，但这丝毫不会影响系统数据库的建模。

数据库系统的概念模型建立后，使用 PowerDesigner 15.1 就可以将其映射到对应的物理数据模型中。物理数据模型表现的是表与表之间的关系，将概念模型转换成物理模型的过程就是将实体转换成表、关系转换为中间表或外键约束的过程。

【例 2.9】将【例 2.8】创建的概念数据模型转换成物理数据模型。

操作步骤如下：

（1）打开 "onlinedb_cdm" 概念模型，选择 "Tools" → "Generate Physical Data Model" 命令，弹出生成物理模型选项对话框，如图 2-34 所示。

图2-34　生成物理模型对话框

（2）选中"Generate new Physical Data Model"单选项，选择"DBMS"下拉列表框中的"MySQL5.0"选项，选中"Share the DBMS definition"单选项，并将其命名为"onlinedb_ pdm"。

（3）选择"Detail"选项卡，其中有"Check Model""Save Generation Dependencies"等选项。如果选择了"Check Model"，模型将会在生成之前被检查。"Save Generation Dependencies"选项决定 PowerDesigner 是否为每个模型的对象保存对象识别标签，该选项用于合并由相同概念数据模型生成相应的物理数据模型。

（4）选择"Selection"选项卡，列出所有的 CDM 中的对象，默认情况下，所有对象将会被选中。单击"确定"按钮，生成如图 2-35 所示 PDM 图。

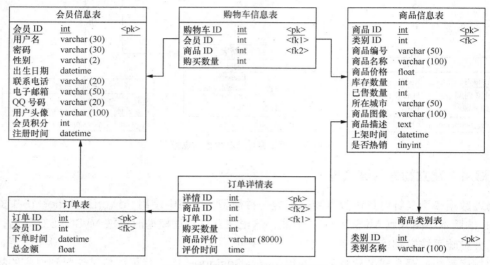

图2-35　网上商城系统物理模型图

从生成的物理模型图中可以看出，概念模型中的实体均转换成了表；概念模型中的多对多的关系转换成了关系表，例如，会员和商品实体间的添加购物车关系，转换成了购物车信息表；一对多的关系转换成为 fk 约束，例如，商品表中增加了类别 ID 列。这时用户可以根据需求分析对物理模型进行修正，如为购物车信息表添加"购物车 ID"字段，订单详情表中添加了"详情 ID"字段。

按照上述方法，可以实现网上商城系统物理模型的设计。物理模型应能完整地表示 E-R 图中的所有信息。

2.3.5　物理数据模型与数据库的正逆向工程

PowerDesigner 支持从数据库物理数据模型转换到数据库表的建立，同样也可以根据现有数据库生成物理数据模型，也就是数据库的正向工程和逆向工程。

1．正向工程

正向工程是指能直接从 PDM 中产生一个数据库或产生一个能在用户 DBMS 环境中运行的数据库脚本，操作步骤如下。

（1）选择"Database"→"Generate Database"命令，弹出 PDM 生成选项对话框，如图 2-36 所示。

（2）选择"Generation Type"类型。如果为"Script generation"，采用脚本的方式生成数

据库；如果类型选择为"Direct generation"，则将指定 ODBC 方式，可以直接连接到数据库，从而直接产生数据库表以及其他数据库对象。

2. 逆向工程

数据库逆向工程是指从现有 DBMS 中的用户数据库或现有数据库 SQL 脚本中生成 PDM 物理模型的过程。

操作步骤如下。

（1）选择"Database"→"Reverse Engineer Database"命令，弹出逆向工程对话框，如图 2-37 所示。

图2-36 生成数据库属性设置

图2-37 逆向工程生成PDM模型

（2）选中"Using script files"选项，逆向工程将从指定的脚本程序中生成对应的 PDM 对象。选中"Using a data source"选项，则可将指定的 ODBC 生成对应的 PDM 对象。

习题

1. 单项选择题

（1）用二维表表示实体与实体间联系的数据模型称为（   ）。

    A. 面向对象模型　　B. 层次模型　　　C. 关系模型　　　　　　D. 网状模型

（2）E-R 模型图提供了表示信息世界中的实体、实体属性和（   ）的方法。

    A. 数据　　　　　　B. 模式　　　　　C. 联系　　　　　　D. 表

（3）在数据库设计中，E-R 模型是进行（   ）的主要工具。

    A. 需求分析　　　　B. 概念设计　　　C. 逻辑设计　　　　D. 物理设计

（4）数据库设计过程不包括（   ）。

    A. 算法设计　　　　B. 概念设计　　　C. 逻辑设计　　　　D. 物理设计

（5）一间宿舍可住多个学生，则实体宿舍和学生之间的联系是（   ）。

    A. 一对一　　　　　B. 一对多　　　　C. 多对一　　　　　D. 多对多

（6）公司中有多个部门和多名职员，每个职员只能属于一个部门，一个部门可以有多名职员，则实体部门和职员间的联系是（   ）。

    A. 一对一　　　　　B. 一对多　　　　C. 多对一　　　　　D. 多对多

（7）一个工作人员可以使用多台计算机，而一台计算机可被多个人使用，则实体工作人员与实体计算机之间的联系是（　　）。

　　A．一对一　　　　　B．一对多　　　　　C．多对一　　　　　D．多对多

（8）将 E–R 图转换为关系模式时，实体和联系都可以表示为（　　）。

　　A．属性　　　　　　B．键　　　　　　　C．关系　　　　　　D．域

（9）在 E–R 图中，用来表示实体联系的图形是（　　）。

　　A．椭圆形　　　　　B．矩形　　　　　　C．菱形　　　　　　D．三角形

（10）在关系数据库中，能够唯一地标识一个记录的属性或属性的组合，称为（　　）。

　　A．主码　　　　　　B．属性　　　　　　C．关系　　　　　　D．域

（11）设有表示学生选课的三张表，学生 S（学号，姓名，性别，年龄，身份证号），课程 C（课号，课名），选课 SC（学号，课号，成绩），则表 SC 的关键字（键或码）为（　　）。

　　A．课号，成绩　　　　　　　　　　B．学号，成绩

　　C．学号，课号　　　　　　　　　　D．学号，姓名，成绩

（12）有三个关系 R、S 和 T 如下：

R	
A	B
m	1
n	2

S	
B	C
1	3
3	5

T		
A	B	C
m	1	3

由关系 R 和 S 通过运算得到关系 T，则所使用的运算为（　　）。

　　A．笛卡儿积　　　B．交　　　　　　C．并　　　　　　D．自然连接

（13）现有表示患者和医疗的关系如下：$P(P\#, Pn, Pg, By)$，其中 $P\#$ 为患者编号，Pn 为患者姓名，Pg 为性别，By 为出生日期；$Tr(P\#, D\#, Date, Rt)$，其中 $D\#$ 为医生编号，$Date$ 为就诊日期，Rt 为诊断结果。检索在 1 号医生处就诊且诊断结果为感冒的病人姓名的表达式是（　　）。

　　A．$\pi_{Pn}(\pi_{P\#}(\sigma_{D\#=1 \wedge Rt='感冒'}(Tr)) \bowtie P)$

　　B．$\pi_{P\#}(\sigma_{D\#=1 \wedge Rt='感冒'}(Tr))$

　　C．$\sigma_{D\#=1 \wedge Rt='感冒'}(Tr)$

　　D．$\pi_{Pn}(\sigma_{D\#=1 \wedge Rt='感冒'}(Tr))$

（14）关系数据库规范化的目的是为了解决关系数据库中的（　　）。

　　A．插入、删除异常及数据冗余问题

　　B．查询速度低的问题

　　C．数据操作复杂的问题

　　D．数据安全性和完整性保障的问题

（15）第二范式是在第一范式的基础上消除了（　　）。

　　A．非主属性对键的部分函数依赖　　　B．非主属性对键的传递函数依赖

　　C．非主属性对键的完全函数依赖　　　D．多值依赖

（16）设计关系数据库时，设计的关系模型至少要求满足（　　）。

　　A．1NF　　　　　　B．2NF　　　　　　C．3NF　　　　　　D．BCNF

2. 简述题

（1）简述数据库设计的基本步骤？每个阶段的主要任务是什么？

（2）什么是数据库的概念设计，其主要特点和设计策略是什么？

（3）试述 E-R 模型转换为关系模型的转换规则。

项目实践

1. 实践任务

管理信息系统数据库需求分析。从以下任务中选取一组（或自拟应用），进行数据库需求分析和设计。

（1）现需要开发一个程序设计语言在线评测系统。该系统是对用户提交的某种类别的程序源文件进行全自动评分，实现完全无纸化考试，减少阅卷工作量，提高评阅过程的公正性和准确性。系统面向程序语言学习者和管理员两类用户。主要功能包含用户管理、试题类别管理、试题管理和自动评分及积分管理。

● 用户管理包括用户注册、用户登录、用户信息维护等功能。其中用户注册可以收集用户相关数据（如用户名、密码、性别、年龄、职业、微信号或 QQ 号、电子邮箱、手机号、专长等）。

● 管理员可以对试题和试题类别进行管理，其中试题类别主要维护类别名称、类别描述等，而试题管理主要管理试题描述、试题类别、试题难度系数、试题输入输出样例、试题测试数据组（至少为 5 组数据）。

● 登录用户可以对某一试题进行解答并提交程序源代码，系统自动评测后给出相应的消息（通过或不通过），根据难度系数，每做对一道试题进行相应积分，高难度试题积 5 分、中等难度试题积 3 分、容易试题积 1 分，做错不扣分。

（2）现有程序员训练营项目，该项目旨在为程序员提供各种技术的视频教学服务。面向用户包括学习者、授课讲师、管理员。系统需求描述如下。

● 用户可以通过邮箱或手机号登录系统。用户信息包括用户名、邮箱、手机号、学习兴趣等。

● 为了给学习用户提供精准的学习服务，训练营将现有软件开发技术分为若干方向进行管理，如前端开发、后端开发、移动开发、数据库、云计算或大数据等。

● 在技术方向下又根据技术进行分类管理，如 HTML5、CSS3、Node.js、JavaScript、Java、C#、C\C++、PHP、Android、MySQL、SQLServer 等。

● 在线提供的学习资源按课程进行组织，每门课程包括课程名称、课程描述、技术分类（一门课程可以属于多个分类）、学习人数、难度级别（课程按难度分为高、中、低难度）、价格、授课讲师。

● 每门课程分成若干章节，每一章又分为若干小节，每小节有一个视频资源。学习者可以对已学习的课程进行评论或提问，登录用户可以对评论或提问内容进行回复。

2. 实践目的

（1）了解数据库设计与开发的基本步骤。

（2）能读懂概念数据模型和物理数据模型。

（3）能根据系统需求绘制系统概念数据模型（E-R 模型）和物理数据模型。

（4）会使用 PowerDesigner 工具绘制数据模型。

3. 实践内容

根据个人兴趣，以 3~5 人为一组，选取一个任务进行数据库设计。

（1）完成系统功能结构图和用例图的绘制。

（2）分析系统中的实体，标识实体间的关系，绘制 E–R 模型。

（3）根据 DBMS 的要求，将 E–R 模型转换成物理数据模型。

（4）撰写数据库设计说明书（设计说明书格式参见附录 B）。

3 Chapter

项目三
操作网上商城数据库与数据表

数据库（Database）是存储数据的仓库，数据表是数据库中存储数据的基本单位。软件开发中，学会数据库和数据表的基本操作，是实现轻松管理数据的基础。数据库和数据表的基本操作主要包括创建、修改、删除、查看等。

本项目将以网上商城数据库系统为例，讲解在 MySQL 数据库系统中创建和维护操作数据库及数据表。

MySQL

【学习目标】
- 会创建和维护数据库
- 了解 MySQL 数据库存储引擎
- 会创建和维护数据表
- 能为表中的列设计合理的约束
- 会使用 SQL 语句插入、更新、删除数据表中的数据

任务 1　创建和维护数据库

【任务描述】完成网上商城数据库的逻辑设计后，接下来的工作是在 MySQL 数据库管理系统中创建该数据库，并实现相应的配置和管理工作。本节将介绍使用 Navicat 可视化界面和命令行方式实现数据库的创建和维护。

3.1.1　创建和查看数据库

1. 使用 Navicat 创建数据库

【例 3.1】使用 Navicat 工具，创建名为 onlinedb 的数据库。
操作步骤如下：

（1）启动 Navicat 工具，右击已连接的服务器节点"myconn"，选择新建数据库命令，如图 3-1 所示。

（2）单击"确定"按钮，打开"新建数据库"对话框，在对话框中输入数据库的逻辑名称"onlinedb"，字符集选择"gb2312"，排序规则选择"gb2312_chinese_ci"，如图 3-2 所示。

（3）单击"确定"按钮，完成"onlinedb"数据库的创建。

创建完成后，刷新 Navicat "对象资源管理器"，可以查看到名为"onlinedb"数据库，如图 3-3 所示。

图3-1　新建数据库

学习提示：在"新建数据库"对话框中，数据库名为必填数据，字符集和排序规则可以不作设置，此时系统自动将数据库的字符集和排序规则设为默认值。

图3-2　新建数据库对话框

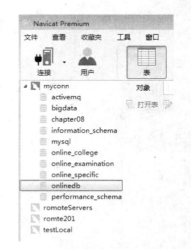

图3-3　显示myconn连接中的数据库列表

2. 使用 SQL 语句创建数据库

MySQL 中，创建数据库还可以使用 SQL 语句，其基本语法如下。

```
CREATE DATABASE 数据库名
[DEFAULT] CHARACTER SET 编码方式
| [DEFAULT] COLLATE 排序规则 ;
```

语法说明如下：

- CREATE DATABASE 是 SQL 语言中用于创建数据库的命令；
- 数据库名：表示待创建的数据库名称，该名称在数据库服务器中是唯一的；
- [DEFAULT] CHARACATER SET：指定数据库的字符集名称；
- [DEFAULT] COLLATE collation_name：指定数据库的排序规则名称。

【例 3.2】使用 SQL 语句，创建名为 onlinedb 的数据库，默认字符集设置为 gb2312，排序规则设置为 gb2312_chinese_ci，显示结果如下。

```
mysql> CREATE DATABASE onlinedb CHARACTER SET gb2312 COLLATE gb2312_chinese_ci;
Query OK, 1 row affected (0.01 sec)
```

在执行结果的提示信息中，"Query OK" 表示执行成功，"1 row affected" 表示 1 行受到影响。

为了检验 onlinedb 数据库是否创建成功，命令提示行下可以使用 SQL 语句来查看数据库服务器中的数据库列表，其语法形式如下。

```
SHOW DATABASES;
```

【例 3.3】使用 SHOW DATABASES 语句，查看数据库服务器中存在的数据库，执行结果如下。

```
mysql> SHOW DATABASES;
+--------------------+
| Database           |
+--------------------+
| information_schema |
| mysql              |
| onlinedb           |
| performance_schema |
| temp               |
| test               |
+--------------------+
6 rows in set (0.06 sec)
```

执行结果提示信息中，"6 rows in set" 表示集合中有 6 行，说明数据库系统中有 6 个数据库，除 onlinedb 和 temp 为用户创建的数据库外，其他数据库都是 MySQL 安装完成后自动创建的系统数据库。

若想查看指定数据库的信息，可以使用 SHOW 语句，其基本语法如下。

SHOW CREATE DATABASE 数据库名;

【例 3.4】使用 SHOW 语句，查看数据库 onlinedb 的信息，执行结果如下。

```
mysql> SHOW CREATE DATABASE onlinedb;
+----------+------------------------------------------------------------+
| Database | Create Database                                            |
```

```
+----------+------------------------------------------------------------+
| onlinedb | CREATE DATABASE `onlinedb` /*!40100 DEFAULT CHARACTER SET gb1312 */|
+----------+------------------------------------------------------------+
1 row in set (0.00 sec)
```

从执行结果可以看出，onlinedb 数据库的默认编码为 gb2312。

3.1.2 修改数据库

数据库创建成功后，可以使用 ALTER DATABASE 语句修改数据库。基本语法如下。

```
ALTER DATABASE 数据库名
[DEFAULT] CHARACTER SET 编码方式
| [DEFAULT] COLLATE 排序规则 ;
```

其中"数据库名"指待修改的数据库。其余参数的含义与创建数据库的参数相同。

【例 3.5】使用 SQL 语句，修改数据库 onlinedb 的字符集设置为 uft8，排序规则设置为 utf8_bin。

```
mysql> ALTER DATABASE onlinedb CHARACTER SET utf8 COLLATE utf8_bin;
Query OK, 1 row affected (0.00 sec)
```

使用 SHOW 语句查看修改结果如下：

```
mysql> SHOW CREATE DATABASE onlinedb;
+----------+------------------------------------------------------------+
| Database | Create Database                                            |
+----------+------------------------------------------------------------+
| onlinedb | CREATE DATABASE `onlinedb` /*!40100 DEFAULT CHARACTER SET utf8
             COLLATE utf8_bin */                                       |
+----------+------------------------------------------------------------+
1 row in set (0.00 sec)
```

从执行结果可以看出，onlinedb 数据库的字符编码已更改为 utf8。

3.1.3 删除数据库

删除数据库是指在数据库系统中删除已经存在的数据库。删除数据库之后，原来分配的空间将被收回。

SQL 语句中，使用 DROP DATABASE 语句实现数据库删除，其语法格式如下。

```
DROP DATABASE 数据库名;
```

其中，"数据库名"参数表示所要删除的数据库的名称。

【例 3.6】删除数据库服务器中名为 temp 的数据库，执行结果如下。

```
mysql> DROP DATABASE temp;
Query OK, 0 rows affected (0.16 sec)
```

使用 SHOW 语句来查看 temp 数据库是否删除成功，执行结果如下。

```
mysql> SHOW DATABASES;
+----------------------+
```

```
| Database             |
+----------------------+
| information_schema   |
| mysql                |
| onlinedb             |
| performance_schema   |
| test                 |
+----------------------+
5 rows in set (0.08 sec)
```

从执行结果看，数据库系统中已经不存在 temp 数据库，删除执行成功，分配给 test 数据库的空间将被收回。

学习提示：删除数据库会删除该数据库中所有的表和所有数据，且不能恢复，因此在执行删除数据库操作时要慎重。

3.1.4 MySQL 数据库的组成

1. MySQL 数据库文件

MySQL 中每个数据库都对应存放在一个与数据库同名的文件夹中，MySQL 数据库文件包括 MySQL 所创建的数据库文件和 MySQL 存储引擎创建的数据库文件。由 MySQL 所创建的数据库文件扩展名为".frm"，用于存储数据库中数据表的框架结构，MySQL 的数据库文件名与数据库中的表名相同，每个表都对应有一个同名的 frm 文件，它与操作系统和存储引擎无关。

除必要的 frm 文件外，根据 MySQL 的存储引擎不同，会创建各自不同的数据库文件。当存储引擎为 MyISAM 时，表文件的扩展名为".MYD"和".MYI"。其中，MYD（My Data）文件为表数据文件；MYI（My Index）文件为索引文件；扩展名为".log"文件用于存储数据表的日志文件。当存储引擎为 InnoDB 时，采用表空间来管理数据，其数据库文件包括 ibdata1、ibdata2、.ibd 和日志文件。其中 ibdata1、ibdata2 是系统表空间 MySQL 数据库文件，存储 InnoDB 系统信息和用户数据表数据和索引，为所有表共用；ibd 文件表示单表表空间文件，每个表使用一个表空间文件，存储用户数据表数据和索引；日志文件则是用 ib_logfile1、ib_logfile2 文件名存放。

存储引擎不同时，数据库文件存放的位置也不同。以 Window7 操作系统为例，当存储引擎为 MyISAM 时，默认存放位置为"C:\ProgramData\MySQL\MySQL Server 5.5\data"，每个数据库都会有单独的文件夹；当存储引擎为 InnoDB 时，数据库文件存储位置有两个，其中.frm 文件存放在"C:\ProgramData\MySQL\MySQL Server 5.5\data"下命名为数据库名称的文件夹下，ibdata1、ibd 文件则默认存放在 MySQL 的安装目录下的 data 文件夹中。

关于 MySQL 数据库存储引擎将在 3.1.5 节中介绍。

2. 系统数据库

MySQL 的数据库包括系统数据库和用户数据库。用户数据库是用户创建的数据库，为用户特定的应用系统提供数据服务；系统数据库是由 MySQL 安装程序自动创建的数据库，用于存放和管理用户权限和其他数据库的信息，包括数据库名、数据库中的对象及访问权限等信息。

在 MySQL 中共有 4 个可见的系统数据库，其具体说明如表 3-1 所示。

表 3-1　MySQL 中的系统数据库

数据库名	说明
mysql	用于存储 MySQL 服务的系统信息表，包括授权系统表、系统对象信息表、日志系统表、服务器端辅助系统表等。此数据库中的表默认情况下多为 MyISAM 引擎
information_schema	用于保存 MySQL 服务器所维护的所有数据库的信息，包括数据库名、数据库的表、表中列的数据类型与访问权限等。此数据库中的表均为视图，因此在用户或安装目录下无对应数据文件
performance_schema	用于收集数据库服务器的性能参数。此数据库中所有表的存储引擎为 performance_schema，用户不能创建存储引擎为 performance_schema 的表。默认情况下该数据库为关闭状态
test	用于测试的数据库

学习提示：不要随意删除和更改系统数据库的数据内容，否则会使 MySQL 服务器不能正常运行。

3.1.5　MySQL 的存储引擎

存储引擎就是数据的存储技术。针对不同的处理要求，对数据采用不同的存储机制、索引技巧、读写锁定水平等，在关系数据库中数据是以表的形式进行存储的，因此存储引擎即为表的类型。

数据库的存储引擎决定了数据表在计算机中的存储方式，DBMS 使用数据存储引擎进行创建、查询、修改数据。MySQL 数据库提供多种存储引擎，用户可选择合适的存储引擎，获得额外的速度或者功能，从而改善应用的整体性能。MySQL 的核心就是存储引擎。

学习提示：Oracle 和 SQLServer 等关系型数据库系统都只提供一种存储引擎，所以它们的数据存储管理机制都一样。

1. 查看 MySQL 支持的存储引擎

使用 SQL 语句可以查询 MySQL 支持的存储引擎，其语法格式如下。

```
SHOW ENGINES;
```

【例 3.7】查看 MySQL 服务器系统支持的存储引擎。

执行 SHOW ENGINES 语句，结果如图 3-4 所示。

```
mysql> SHOW ENGINES;

| Engine             | Support | Comment                                                        | Transactions | XA   | Savepoints |

| FEDERATED          | NO      | Federated MySQL storage engine                                 | NULL         | NULL | NULL       |
| MRG_MYISAM         | YES     | Collection of identical MyISAM tables                          | NO           | NO   | NO         |
| MyISAM             | YES     | MyISAM storage engine                                          | NO           | NO   | NO         |
| BLACKHOLE          | YES     | /dev/null storage engine (anything you write to it disappears) | NO           | NO   | NO         |
| CSV                | YES     | CSV storage engine                                             | NO           | NO   | NO         |
| MEMORY             | YES     | Hash based, stored in memory, useful for temporary tables      | NO           | NO   | NO         |
| ARCHIVE            | YES     | Archive storage engine                                         | NO           | NO   | NO         |
| InnoDB             | DEFAULT | Supports transactions, row-level locking, and foreign keys     | YES          | YES  | YES        |
| PERFORMANCE_SCHEMA | YES     | Performance Schema                                             | NO           | NO   | NO         |

9 rows in set (0.00 sec)
```

图 3-4　查看系统支持的存储引擎

在图 3-4 的结果表格标题中，Engine 指存储引擎名称；Support 参数说明 MySQL 是否支持该类引擎；Comment 参数指对该引擎的说明；Transactions 参数表示是否支持事务处理；XA

参数表示是否支持分布式交易处理的 XA 规范；Savepoints 参数表示是否支持保存点，以便事务回滚到保存点。

　　从查询结果集可以看出，笔者使用的 MySQL 服务器支持的存储引擎包括 MRG_MYISAM、MyISM、BLACKHOLE、CSV、MEMORY、ARCHIVE、InnoDB、PERFORMANCE_SCHEMA。其中 InnoDB 为默认存储引擎，只有 InnoDB 支持事务处理、分布式处理和支持保存点。

　　使用 SHOW VARIABLES 语句可以查询系统默认的存储引擎；其语句格式如下。

```
SHOW VARIABLES LIKE 'STORAGE_ENGINE';
```

【例 3.8】查看 MySQL 服务器系统支持的默认存储引擎。

```
mysql> SHOW VARIABLES LIKE 'storage_engine';
+----------------+--------+
| Variable_name  | Value  |
+----------------+--------+
| storage_engine | InnoDB |
+----------------+--------+
1 row in set (0.00 sec)
```

结果显示，默认的存储引擎为 InnoDB。若要修改系统默认的存储引擎为 MyISAM，则可以修改 my.ini 文件，将该文件中 "default-storage-engine=InnoDB" 更改为 "default-storage-engine=MyISAM"，然后重启 MySQL 服务，修改即可生效。

　　学习提示：若数据库中所有表在建立时指定的存储引擎为 MyISAM，如果更改整个数据库表的存储引擎为 InnoDB 时，需要对每个表执行修改操作，比较繁琐。用户可以先把数据库导出，得到 SQL 脚本代码，再通过查找和替换将 MyISAM 修改成 InnoDB，再将脚本代码导入到数据库中，以提高操作效率。

2. MySQL 中常用的存储引擎

（1）InnoDB 存储引擎

　　InnoDB 是 MySQL 的默认事务型引擎，也是最重要、使用最广泛的存储引擎，用来处理大量短期（short-lived）事务。InnoDB 的性能和自动崩溃恢复特性，使得它在非事务型存储的需求中也很流行，MySQL 一般优先考虑 InnoDB 引擎。主要特性如下。

　　● InnoDB 具有提交、回滚和崩溃恢复能力的事物安全（ACID 兼容）。InnoDB 锁定在行级并且也在 SELECT 语句中提供一个类似 Oracle 的非锁定读。在 SQL 查询中，可以自由地将 InnoDB 类型的表和其他 MySQL 的表类型混合起来。

　　● InnoDB 是为处理巨大数据量的最大性能设计，被用在众多需要高性能的大型数据库站点上。

　　● InnoDB 存储引擎完全与 MySQL 服务器整合，InnoDB 存储引擎为在主内存中缓存数据和索引而维持它自己的缓冲池。InnoDB 将它的表和索引存放在一个逻辑表空间中，表空间可以包含数个文件（或原始磁盘文件），InnoDB 表文件大小不受限制。

　　● InnoDB 支持外键完整性约束，存储表中的数据时，每张表的存储都按主键顺序存放，如果没有在表定义时指定主键，InnoDB 会为每一行生成一个 6 字节的 ROWID 列，并以此作为主键。

　　● InnoDB 不创建目录，使用 InnoDB 存储引擎时，MySQL 将在 MySQL 数据目录下创建一个名为 ibdata1 的 10MB 大小的自动扩展数据文件,以及两个名为 ib_logfile0 和 ib_logfile1 且大小为 5MB 的日志文件。

在以下场合下,使用 InnoDB 是最理想的选择。

- 更新密集的表。InnoDB 存储引擎特别适合处理多重并发的更新请求。
- 事务。InnoDB 存储引擎是支持事务的标准 MySQL 存储引擎。
- 自动灾难恢复。与其他存储引擎不同,InnoDB 表能够自动从灾难中恢复。
- 外键约束。MySQL 支持外键的存储引擎只有 InnoDB。
- 支持自动增加列 AUTO_INCREMENT 属性。

（2）MyISAM 存储引擎

在 MySQL5.1 及之前的版本,MyISAM 是默认的存储引擎。MyISAM 提供了大量的特性,包括全文索引、压缩、空间函数,广泛应用在 Web 和数据仓储应用环境下,但不支持事物和等级锁,崩溃后无法安全恢复等。由于 MyISAM 引擎设计简单,数据以紧密格式存储,对只读的数据性能较好。主要特性如下。

- 每个 MyISAM 表最大支持的索引数是 64,且每个索引最大的列数是 16,BLOB 和 TEXT 列可以被索引,NULL 被允许在索引列中。
- 每个表都有一个 AUTO_INCREMENT 的内部列,当 INSERT 和 UPDATE 操作的时候该列被更新,同时 AUTO_INCREMENT 列将被刷新。AUTO_INCREMENT 列的更新比 InnoDB 类型的 AUTO_INCREMENT 更快。
- 可以把数据文件和索引文件放在不同目录。
- 每个字符列可以有不同的字符集。

MyISAM 存储引擎比较适合在以下情况中使用。

- 选择密集型的表。MyISAM 存储引擎在筛选大量数据时非常迅速,这是它最突出的优点。
- 需要支持全文检索的数据表。

（3）Memory 存储引擎

Memory 存储引擎将表中的数据存储到内存中,不需要进行磁盘 I/O,且支持 Hash 索引,因此查询速度非常快,主要适用于目标数据较小,而且被非常频繁地访问的情况。Memory 表的结构在重启后还会保留,但所存储的数据都会丢失,同时 Memory 表是表级锁,因此并发写入时性能较低。

（4）CSV 存储引擎

CSV 存储引擎可将普通的 CSV 文件（逗号分割值的文件）作为 MySQL 的表来处理。但这种表不支持索引。CSV 引擎可以在数据库运行时拷贝文件,可以将 Excel 电子表格软件中的数据存储为 CSV 文件,并复制到 MySQL 的数据目录中就可以在 MySQL 中打开。同样,如果将数据写入到一个 CSV 引擎表,其他的外部程序也可以直接从表的数据文件中读取 CSV 格式的数据,因而 CSV 引擎可以作为数据交换的机制。

任务 2　MySQL 中数据的表示

【**任务描述**】*数据库中,数据的表示形式也称为数据类型,它决定了数据的存储格式和有效范围等。MySQL 数据库提供了多种数据类型,包括整数类型、浮点数类型、定点数类型、日期*

和时间类型、字符串类型和二进制等数据类型。本节主要讲述 MySQL 中不同数据的表示方法。

3.2.1　整数类型

整数类型是数据库中最基本的数据类型，MySQL 中支持的整数类型包括 TINYINT、SMALLINT、MEDIUMINT、INTEGER、BIGINT，如表 3-2 所示。

表 3-2　MySQL 的整数类型

整数类型	字节数	无符号数的取值范围	有符号数的取值范围
TINYINT	1	$0 \sim 255$	$-128 \sim 127$
SMALLINT	2	$0 \sim 65535$	$-32768 \sim 32767$
MEDIUMINT	3	$0 \sim 2^{24}$	$-2^{23} \sim 2^{23}-1$
INT	4	$0 \sim 2^{32}-1$	$-2^{31} \sim 2^{31}-1$
BIGINT	8	$0 \sim 2^{64}-1$	$-2^{63} \sim 2^{63}-1$

从表 3-2 中可以看出，TINYINT 类型占用字节最小，只需要 1 个字节，因此其取值范围最小，无符号的 TINYINT 类型整数最大值为 2^8-1，即 255；有符号整数最大值为 2^7-1，即 127。

MySQL 支持数据类型的名称后面指定该类型的显示宽度，其基本格式如下。

数据类型（显示宽度）

其中，数据类型参数指的是数据类型名称；显示宽度指能够显示的最大数据长度字节数。如果不指定显示宽度，则 MYSQL 为每一种类型指定默认的宽度值。若为某字段设定类型为 INT(11)，表示该数最大能够显示的数值个数为 11 位，但数据的取值范围仍为 $-2^{31} \sim 2^{31}-1$，在数据类型设置时，还可以带参数 "zerofill（零填充）"，表示当数值不足显示宽度时，用 0 来填补。

3.2.2　浮点数类型和定点数类型

MySQL 中，使用浮点数和定点数来表示小数。浮点数类型包括单精度浮点数（FLOAT）和双精度浮点数（DOUBLE），定点数类型是 DECIMAL；浮点数在数据库中存放的是近似值，定点数存放的是精确值。表 3-3 列举了浮点数类型和定点数类型所对应的存储大小和取值范围。

表 3-3　浮点数类型和定点数类型

类型	字节数	负数的取值范围	非负数的取值范围
FLOAT	4	$-3.402823466E+38 \sim$ $-1.175494351E-38$	0 或 $1.175494351E-38 \sim$ $3.402823466E+38$
DOUBLE	8	$-1.7976931348623157E+308 \sim$ $-2.2250738585072014E-308$	0 和 $2.2250738585072014E-308 \sim$ $1.7976931348623157E+308$
DECIMAL(M,D)或 DEC(M,D)	M+2	同 DOUBLE 型	同 DOUBLE 型

从表 3-3 中可以看出，DECIMAL 型的取值范围与 DOUBLE 型相同，但是 DECIMAL 型的有效取值范围由 M 和 D 决定，其中 M 表示数据的长度，D 表示小数点后的长度，且 DECIMAL 类型的存储字节数是 M+2。

MySQL 中可以指定浮点数和定点数的精度，基本格式如下。

数据类型 (M, D)

其中，M 称为精度，是数据的总长度，小数点不占位；D 为标度，是小数点后面的长度。如 DECIMAL(6, 2)的表示指定的数据类型为 DECIMAL，数据长度是 6，小数点后保留 2 位，如 1234.56 是符合该类型的小数。

在向 MySQL 数据库中插入小数时，若待插入值的精度高于指定的精度，系统会自动进行四舍五入。若不指定小数精度时候，浮点数和定点数有其默认的精度，浮点数类型会默认保存实际精度，但这与操作系统和硬件的精度有关；而 DECIMAL 型的默认整数位为 10，小数位为 0，即默认为整数，也就说整数是精度为 0 的定点数。

学习提示：尽管指定小数精度的方法适用于浮点数和定点数，但实际应用中，如果不是特别需要，浮点数的定义不建议使用小数精度法，以免影响数据库的迁移。

3.2.3　日期与时间类型

为了方便数据库中存储日期和时间，MySQL 中提供了多种表示日期和时间的数据类型。其中 YEAR 类型表示年份，DATE 类型表示日期，TIME 类型表示时间，DATETIME 和 TIMESTAMP 表示日期时间，如表 3-4 所示。

表 3-4　MySQL 中的日期与时间类型

类型	字节数	取值范围	零值表示形式
YEAR	1	1901～2155	0000
DATE	4	1000-01-01～9999-12-31	0000:00:00
TIME	3	−838：59：59～838：59;59	00:00:00
DATETIME	8	1000-01-01 00:00:00～9999-12-31 23:59:59	0000-00-00 00:00:00
TIMESTAMP	4	19700101080001～20380119111407	000000000000000

从表 3-4 中可以看出，每种日期与时间类型都有一个有效范围。若插入的值超过了取值范围，系统会提示错误。不同的日期与时间类型有不同的零值。

1. YEAR 类型

YEAR 类型使用一个字节来表示年份，赋值方法如下。

- 使用 4 位字符串或数字表示。范围从'1901' ~ '2155'，输入格式为'YYYY'或者 YYYY。
- 使用 2 位字符串表示。范围为'00' ~ '69'转换为 2000 ~ 2069，'70' ~ '99'转换为 1970 ~ 1999。
- 使用 2 位数字表示。范围为 1 ~ 99。其中 1 ~ 69 转换为 2001 ~ 2069，70 ~ 99 转化为 1970 ~ 1999。

在使用 YEAR 类型时，一定要区分'0'和 0。字符串'0'表示的 YEAR 值为 2000，而数字 0 表示的 YEAR 值是 0000。

2. DATE 类型

DATE 类型使用 4 个字节来表示日期。MySQL 中以 YYYY-MM-DD 的形式显示 DATE 类型的值。其中 YYYY 表示年，MM 表示月，DD 表示日。DATE 类型的范围可以从'1000-01- 01' ~ '9999-12-31'。DATE 类型赋值的方法如下。

- 'YYYY-MM-DD'、'YYYYMMDD'、'YYYY/MM/DD'、'YYYY.MM.DD'、'YYYY@MM@DD' 等格式的字符串表示，取值范围是'1000-01-01' ~ '9999-12-31'。

- 'YY–MM–DD'、'YYMMDD'、'YY/MM/DD'、'YY.MM.DD'、'YY@MM@DD'等格式的字符串表示。其中，'YY'的取值范围与 YEAR 类型中 2 位字符串表示的范围相同。
- 'YYYYMMDD'或者'YYMMDD'格式的数字表示。其中'YY'的取值，'00'～'69'转换为 2000～2069，'70'～'99'转换为 1970～1999。

MySQL 中使用 CURRENT_DATE 或者 NOW()来获取当前系统日期。

3. TIME 类型

TIME 类型用于表示时间值。一般形式为 HH：MM：SS，其中 HH 表示小时，MM 表示分钟，SS 表示秒。TIME 类型的范围可以从'–838:59:59'～'838:59:59'。虽然小时的范围是 0～23，但是为了表示某种特殊需要的时间间隔，将其范围扩大了，而且还支持负值。TIME 类型赋值的方法如下。

- 'D HH:MM:SS'格式的字符串表示。其中，D 表示天数，取值范围是 0～34，保存时，小时的值等于(D*24+HH)。并且，输入时可以不严格按照这个格式，也可以是'HH:MM:SS'、'HH:MM'、'D HH:MM'、'D HH'或者'SS'等形式。
- 'HHMMSS'格式的字符串或者 HHMMSS 格式的数值表示。

MySQL 中使用 CURRENT_TIME 或者 NOW()来获取当前系统时间。

4. DATETIME 类型

DATETIME 类型用来表示日期和时间。以'YYYY–MM–DD HH:MM:SS'的形式显示日期时间值。从其形式可以看出，DATETIME 类型可以直接用 DATE 类型和 TIME 类型组合而成。DATETIME 类型的赋值方式有如下三种。

- 'YYYY–MM–DD HH:MM:SS'或'YYYYMMDDHHMMSS'格式的字符串表示。其可以表达的范围是'1000–01–01 00:00:00'～'9999–12–31 23:59:59'。
- 'YY–MM–DD HH:MM:SS'或'YYMMDDHHMMSS'格式的字符串表示。其中，'YY'的取值范围与 YEAR 类型中 2 位字符串表示的范围相同。
- YYYYMMDDHHMMSS 或 YYMMDDHHMMSS 格式的数字表示。

MySQL 中使用 NOW()来获取当前系统日期时间。

5. TIMESTAMP 类型

TIMESTAMP 类型也用来表示日期和时间。范围是从'1970–01–01 08:00:01'～'2038–01–19 11:14:07'，以'YYYY–MM–DD HH:MM:SS'的形式显示，其赋值方法基本与 DATETIME 类型相同。但是 TIMESTAMP 类型范围较小，与 DATETIME 类型不同主要如下。

- 使用 CURRENT_TIMESTAMP 获取系统当前日期与时间，常用于默认时间设置。
- 输入 NULL 时，系统会输入系统当前日期与时间。
- 无任何输入时，系统会输入系统当前日期与时间。

3.2.4　字符串类型

字符串类型用于在数据库中存储字符串。字符串类型包括 CHAR、VARCHAR、BLOB、TEXT、ENUM、SET。

1. CHAR 类型和 VARCHAR 类型

CHAR 类型和 VARCHAR 类型都是用来表示字符串数据的。不同的是 CHAR 类型占用的存储空间大小固定，而 VARCHAR 类型存放可变长度的字符串。定义 CHAR 和 VARCHAR 类型的方式如下。

CHAR(M) 或 VARCHAR(M)

其中，M 指定字符串的最大长度。例如，CHAR(5)就是指数据类型为 CHAR 类型，其存储空间占用的字节数为 5。

2. TEXT 类型

TEXT 类型用于存储大文本数据，不能有默认值。TEXT 类型包括 TINYTEXT、TEXT、MEDIUMTEXT 和 LONGTEXT，如表 3-5 所示。

表 3-5　TEXT 类型

类型	允许的长度	存储空间
TINYTEXT	0～255 字节	值的长度+2 字节
TEXT	0～65535 字节	值的长度+2 字节
MECDIUMTEXT	0～167772150 字节	值的长度+3 字节
LONGTEXT	0～4294967295 字节	值的长度+4 字节

3. ENUM 类型

ENUM 类型称为枚举类型，又称为单选字符串类型。定义 ENUM 的基本格式如下。

属性名 ENUM（'值 1', '值 2', ..., '值 n'）

其中属性名指的是字段的名称，（'值 1', '值 2', ..., '值 n'）称为枚举列表，ENUM 类型的数据只能从枚举列表中选取，并且只能取一个值。列表中每个值都有一个顺序排列的编号，MySQL 数据库中存入的是值对应的编号，而不是值。

4. SET 类型

SET 类型又称为集合类型，它的值可以有零个或多个，其基本格式如下。

属性名 SET（'值 1', '值 2', ..., '值 n'）

其中属性名表示字段的名称，'值 1', '值 2', ..., '值 n'称为集合列表，列表中每个值都有一个顺序排列的编号，MySQL 中存入的值是对应编号或多个编号的组合。当取集合中多个元素时，元素之间用逗号隔开。

5. 二进制类型

当数据库中需要存储图片、声音等多媒体数据时，二进制类型是一个不错的选择。MySQL 中提供的二进制类型包括 BINARY、VARBINARY、BIT、TINYBLOB、BLOG、MEDIUMBLOB 和 LONGBLOG，如表 3-6 所示。

表 3-6　MySQL 的二进制类型

类型	取值范围
BINARY(M)	字节数为 M，允许长度为 0～M 的定长二进制字符串
VARBINARY(M)	允许长度为 0～M 的变长二进制字符串，字节数为值的长度加 1
BIT(M)	M 位二进制数据，M 最大值为 64
TINYBLOB(M)	可变长二进制数据，最多 255 个字节
BLOG(M)	可变长二进制数据，最多（$2^{16}-1$）个字节
MEDIUMBLOB(M)	可变长二进制数据，最多（$2^{24}-1$）个字节
LONGBLOG(M)	可变长二进制数据，最多（$2^{32}-1$）个字节

从表 3-6 中可以看出，BINARY 和 VARBINARY 类型，只包含 byte 串而非字符串，它们没有字符集的概念，排序和比较操作都是基于字节的数字值，以字节为单位计算长度，而不是以字符为单位计算长度。

BINARY 采用左对齐方式存储，即小于指定长度时，会在右边填充 0 值，例如：BINARY(3) 列，插入'a\0'时，会变成'a\0\0'值存入。VARBINARY 则不用在右边填充 0，在这个最大范围内，使用多少分配多少。VARBINARY 类型实际占用的空间为实际长度加一。这样，可以有效地节约系统的空间。

BLOB 类型是一种特殊的二进制类型。BLOB 可以用来保存数据量很大的二进制数据，如图片等。BLOB 类型包括 TINYBLOB、BLOB、MEDIUMBLOB 和 LONGBLOB。这几种 BLOB 类型最大的区别就是能够保存的最大长度不同。LONGBLOB 的长度最大，TINYBLOB 的长度最小。在数据库中存放体积较大的多媒体对象就是应用程序处理 BLOB 的典型例子。

学习提示：BLOB 类型与 TEXT 类型很类似。不同点在于 BLOB 类型用于存储二进制数据，BLOB 类型数据是根据其二进制编码进行比较和排序，而 TEXT 类型是以文本模式进行比较和排序的。

任务 3　创建和操作数据表

【任务描述】数据表是数据库中存储数据的基本单位，一个数据库可包含若干个数据表。在关系型数据库管理系统中，应用系统的基础数据都存放在关系表中，数据库程序员在创建完数据库后需要创建数据表，并确定表中各个字段列的名称、数据类型、数据精度、是否为空等属性。本节主要讲述创建和查看数据表、复制、修改、删除表等操作。

3.3.1　创建和查看数据表

关系数据库中，表是以行和列的形式组织，数据存在于行和列相交的单元格中，一行数据表示一条唯一的记录，一列数据表示一个字段，唯一标识一行记录的属性称为主键。

1. 查看数据表

数据库创建成功后，可以使用 SHOW TABLES 语句查看数据库中的表。

【例 3.9】查看 onlinedb 数据库下的数据表。

操作步骤如下。

（1）使用 USE 语句将 onlinedb 设为当前数据库。

```
mysql> USE onlinedb;
Database changed
```

其中"Database changed"表示数据库切换成功。

（2）查看数据表。

```
mysql> SHOW TABLES;
Empty set (0.00 sec)
```

"Empty set"表示空集。从执行结果可以看出，onlinedb 数据库中没有数据表。

2. 使用 Navicat 图形工具创建表

【例 3.10】使用 Navicat 工具，在 onlinedb 数据库中新建用户表，表名为 Users，结构如表 3-7 所示。

表 3-7 Users 表结构

序号	字段名	数据类型	标识	主键	允许空	默认值	说明
1	uID	int	是	是	否		用户 ID
2	uName	varchar(30)			否		姓名
3	uPwd	varchar(30)			否		密码
4	uSex	ENUM('男', '女')			是	男	性别

操作步骤如下。

（1）打开 Navicat 窗口，双击"连接"窗格中"myconn"服务器，双击"onlinedb"数据库，使其处于打开状态，在 onlinedb 数据库下右击"表"节点，在弹出式菜单中选择"新建表"，如图 3-5 所示。

图3-5 新建表

（2）在打开的表设计窗口中，输入表的列名、数据类型、长度、小数位数，并设置是否允许为空，如图 3-6 所示。

（3）定义所有列后，单击标准工具栏上的"保存"按钮，打开"表名"对话框，输入表名为"users"，如图 3-7 所示。

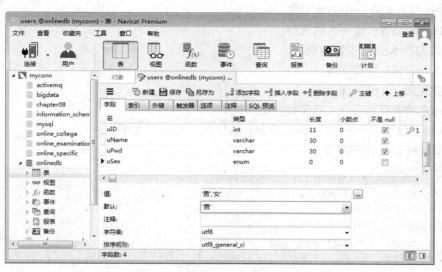

图3-6 表设计窗口

图3-7 表名对话框

3. 使用 CREATE TABLE 语句创建表

语法格式如下。

```
CREATE [TEMPORARY] TABLE 表名
(   字段定义1,
    字段定义2,
    ……
    字段定义n
);
```

语法说明：

- TEMPORARY：使用该关键字表示创建的表为临时表。
- 表名：表示所要创建的表的名称。
- 字段定义：定义表中的字段。包括字段名、数据类型、是否允许为空，指定默认值、主键约束、唯一性约束、注释字段、是否为外键以及字段类型的属性等。字段定义格式如下。

```
字段名 类型 [NOT NULL | NULL] [DEFAULT 默认值][AUTO_INCREMENT] [UNIQUE KEY |
PRIMARY KEY][COMMENT '字符串'][外键定义]
```

- NULL（NOT NULL）：表示字段是否可以为空。
- DEFUALT：指定字段的默认值。
- AUTO_INCREMENT：设置字段为自增，只有整型类型的字段才能设置自增。自增默认从

1 开始，每个表只能有一个自增字段。

- UNIQUE KEY：唯一性约束。
- PRIMARY KEY：主键约束。
- COMMENT：注释字段。
- 外键定义：外键约束。

关于约束的内容将在 3.4 节详细讲述。

【例 3.11】使用 CREATE TABLE 语句，实现例 3.10 的表创建。

创建 Users 表的语句如下。

```
CREATE TABLE users (
  uID int(11) PRIMARY KEY AUTO_INCREMENT COMMENT '用户ID',
  uName varchar(30) NOT NULL,
  uPwd varchar(30) NOT NULL,
  uSex ENUM('男','女') DEFAULT '男'
);
```

以上代码表示创建了一个名为 users 的表，包含 uID，uName，uPwd，uSex 四个字段，其中 uID 为整数类型，主键，自增列，字段注释为"用户 ID"；uName 和 uPwd 均为变长字符串类型；uSex 为枚举型，并且其取值范围定义为"男"和"女"两个值，且默认值为"男"，表中的主键约束为 uID。

学习提示：创建表时，需要先选择表所属的数据库，可以使用"USE 数据库名"来进行，如若不选择，则需将上面语法中的'表名'更改为'数据库名.表名'。

表的名称不能为 SQL 语言的关键字，如 create、update、order 等。使用有意义的英文词汇，词汇中间以下划线分隔。只能使用英文字母，数字，下划线，并以英文字母开头，不超过 32 个字符，须见名知意，建议使用名词不是动词。

为验证表创建是否成功，可以使用 SHOW TABLES 语句查看，执行结果如下。

```
mysql> USE onlinedb;
Database changed
mysql> SHOW TABLES;
+--------------------+
| Tables_in_onlinedb |
+--------------------+
| users              |
+--------------------+
1 row in set (0.00 sec)
```

4. 查看表结构

在向表中添加数据前，一般先需要查看表结构。MySQL 中查看表结构的语句包括 DESCRIBE 语句和 SHOW CREATE TABLE 语句。

使用 DESCRIBE 语句可以查看表的基本定义，其语法格式如下。

```
DESCRIBE 表名;
```

【例 3.12】使用 DESCRIBE 语句查看 users 的表结构，执行结果如下。

```
mysql> DESCRIBE onlinedb.users;
+--------+--------------+-------+-----+---------+----------------+
| Field  | Type         | Null  |Key  | Default | Extra          |
+--------+--------------+-------+-----+---------+----------------+
| uID    | int(11)      | NO    |PRI  | NULL    | auto_increment |
| uName  | varchar(30)  | NO    |     | NULL    |                |
| uPwd   | varchar(30)  | NO    |     | NULL    |                |
| uSex   | enum('男','女')| YES   |     | 男      |                |
+--------+--------------+-------+-----+---------+----------------+
4 rows in set (0.02 sec)
```

学习提示：DESCRIBE 可以缩写成 DESC。

使用 SHOW CREATE TABLE 不仅可以查看表的详细定义，还可以查看表使用的默认的存储引擎和字符编码，其语法格式如下。

```
SHOW CREATE TABLE 表名;
```

【例 3.13】使用 SHOW CREATE TABLE 语句查看 users 的表结构，执行结果如下。

```
mysql> SHOW CREATE TABLE users\G;
*************************** 1. row ***************************
       Table: users
Create Table: CREATE TABLE `users` (
  `uID` int(11) NOT NULL AUTO_INCREMENT,
  `uName` varchar(30) NOT NULL,
  `uPwd` varchar(30) NOT NULL,
  `uSex` enum('男','女') DEFAULT '男',
  PRIMARY KEY ('uID')
) ENGINE=InnoDB DEFAULT CHARSET=utf8
1 row in set (0.00 sec)
```

从查询结果可以看出，users 表中字段 uID 为主键且为自增列，表的存储引擎为 InnoDB，默认字符编码为 utf8。

默认情况下，MySQL 的查询结果是横向输出的，第一行是表头，其余行为记录集。当字段比较多时，显示的结果非常乱，不方便查看，这时可以在执行语句后加上参数 "\G"，以纵向输出表结构。

【例 3.14】使用 DESC onlinedb.users \G 语句查看 users 的表结构，执行结果如下。

```
mysql> DESC onlinedb.users\G;
*************************** 1. row ***************************
Field: uID
Type: int(11)
Null: NO
Key: PRI
Default: NULL
Extra: auto_increment
*************************** 2. row ***************************
```

```
Field: uName
Type: varchar(30)
Null: NO
Key:
Default: NULL
  Extra:
*********************** 3. row ***************************
Field: uPwd
Type: varchar(30)
Null: NO
Key:
Default: NULL
Extra:
*********************** 4. row ***************************
Field: uSex
Type: enum('男','女')
Null: YES
Key:
Default: 男
Extra:
4 rows in set (0.02 sec)
```

从结果可以看出，表的结构按纵向进行排列，且每个字段单独显示，方便阅读。

3.3.2　修改表

当系统需求变更或设计之初考虑不周全等情况发生时，就需要对表的结构进行修改。修改表可以包括修改表名、修改字段名、修改字段数据类型、修改字段排列位置、增加字段、删除字段、修改表的存储引擎等。MySQL 中，可以使用图形工具和 SQL 语句实现表的修改操作，其中图形方式与创建表的图形方式相同，本节仅讲解使用 ALTER TABLE 语句来实现表结构的修改。

1. 修改表名

数据库系统通过表名来区分不同的表。MySQL 中，修改表名的语法格式如下。

```
ALTER TABLE 原表名 RENAME [TO] 新表名;
```

【例 3.15】将数据库 onlinedb 中的 users 表更名为 user 表，执行结果如下。

```
mysql> ALTER TABLE users RENAME user;
Query OK, 0 rows affected (0.01 sec)
```

执行完修改表名语句后，使用 SHOW TABLES 查看表名是否修改成功，执行结果如下。

```
mysql> SHOW TABLES;
+--------------------+
| Tables_in_onlinedb |
+--------------------+
| user               |
```

```
+-------------------------+
1 row in set (0.00 sec)
```

从显示结果可以看出，数据库中的 users 表已经成功更名为 user。

2. 修改字段

修改字段可以实现修改字段名、字段类型等操作。

在一张表中，字段名称是唯一的。MySQL 中，修改表中字段名的语法格式如下。

```
ALTER TABLE 表名 CHANGE 原字段名 新字段名 新数据类型;
```

其中，原字段名指的是修改前的字段名，新字段名为修改后的字段名，新数据类型字段修改后的数据类型。

【例 3.16】在数据库 onlinedb 中，将 user 表中名为 uPwd 的字段名称修改为 uPswd，长度改为可变 20。执行结果如下。

```
mysql> ALTER TABLE user CHANGE uPwd uPswd VARCHAR(20);
Query OK, 0 rows affected (0.04 sec)
Records: 0  Duplicates: 0  Warnings: 0
```

执行修改表中字段的语句后，其中 "Records:0" 表示 0 条记录，"Duplicates:0" 表示 0 条记录重复，"Warning:0" 表示 0 个警告。

使用 DESC 语句查看字段修改是否成功，执行结果如下。

```
mysql> DESC user;
+-----------+---------------+------+-----+---------+----------------+
| Field | Type          | Null | Key | Default | Extra          |
+-----------+---------------+------+-----+---------+----------------+
| uID   | int(11)       | NO   | PRI | NULL    | auto_increment |
| uName | varchar(30)   | NO   |     | NULL    |                |
| uPswd | varchar(20)   | YES  |     | NULL    |                |
| uSex  | enum('男','女')| YES  |     | 男      |                |
+-----------+---------------+------+-----+---------+----------------+
4 rows in set (0.02 sec)
```

从显示的表结构可以看出，字段名称修改成功。

学习提示：在修改字段时，必须指定新字段名的数据类型，即使新字段的类型与原类型相同。

若只需要修改字段的类型，使用的 SQL 语句语法如下。

```
ALTER TABLE 表名 MODIFY 字段名 新数据类型;
```

其中，表名指的是要修改的表的名称，字段名指的是待修改的字段名称，新数据类型为修改后的新数据类型。

【例 3.17】在数据库 onlinedb 中，将 user 表中 uPswd 字段类型改为 VARBINARY，长度为 20。执行结果如下。

```
mysql> ALTER TABLE user MODIFY uPswd VARBINARY(20);
Query OK, 0 rows affected (0.03 sec)
Records: 0  Duplicates: 0  Warnings: 0
```

执行修改表中字段的语句后，使用 DESCRIBE 语句可以查看字段类型修改是否成功，执行结果如下。

```
mysql> DESC user;
+--------+---------------+------+-----+---------+----------------+
| Field  | Type          | Null | Key | Default | Extra          |
+--------+---------------+------+-----+---------+----------------+
| uID    | int(11)       | NO   | PRI | NULL    | auto_increment |
| uName  | varchar(30)   | NO   |     | NULL    |                |
| uPswd  | varbinary(20) | YES  |     | NULL    |                |
| uSex   | enum('男','女')| YES  |     | 男      |                |
+--------+---------------+------+-----+---------+----------------+
4 rows in set (0.02 sec)
```

从显示结果中可以看出，字段 uPswd 的类型成功修改为 varbinary(20)。

学习提示：MODIFY 和 CHANGE 都可以改变字段的数据类型，但 CHANGE 可以在改变字段数据类型的同时，改变字段名。如果要使用 CHANGE 修改字段数据类型，那么 CHANGE 后面必须跟两个同样的字段名。

3. 修改字段的排列位置

使用 ALTER TABLE 可以修改字段在表的排列位置，其语法格式如下。

```
ALTER TABLE 表名 MODIFY 字段名1 数据类型 FIRST|AFTER 字段名2
```

其中，字段名 1 指待修改位置的字段名称，数据类型是字段名 1 的数据类型，参数 FIRST 表示将字段名 1 设置为表的第一个字段；AFTER 字段名 2 则表示将字段名 1 排列到字段名 2 之后。

【例 3.18】 修改 user 表中字段 uPswd 排列位置到 uSex 字段之后。

实现的 SQL 语句如下。

```
mysql> ALTER TABLE user MODIFY uPswd VARBINARY(20) AFTER uSex;
```

执行上述语句，并使用 DESC 查看 user 表，显示结果如下。

```
mysql> DESCRIBE user;
+--------+---------------+------+-----+---------+----------------+
| Field  | Type          | Null | Key | Default | Extra          |
+--------+---------------+------+-----+---------+----------------+
| uID    | int(11)       | NO   | PRI | NULL    | auto_increment |
| uName  | varchar(30)   | NO   |     | NULL    |                |
| uSex   | enum('男','女')| YES  |     | 男      |                |
| uPswd  | varbinary(20) | YES  |     | NULL    |                |
+--------+---------------+------+-----+---------+----------------+
4 rows in set (0.02 sec)
```

从执行结果中可以看出，字段 uPswd 被修改到 uSex 字段之后。

4. 添加字段

在 MySQL 中，使用 ALTER TABLE 语句添加字段的基本语法如下。

```
ALTER TABLE 表名 ADD 字段名 数据类型
            [完整性约束条件] [FIRST| AFTER 已存在的字段名];
```

其中，参数"字段名"是需要增加的字段名称，数据类型是新增的字段的数据类型，完整性约束条件是可选参数，FIRST 和 AFTER 也是可选参数，用于将增加的字段排列位置。当不指定位置时，新增字段默认为表的最后一个字段。

【例 3.19】在 user 表中增加字段 uRegTim，用于存放用户的注册时间，其数据类型为 TIMESTAMP。

```
mysql> ALTER TABLE user ADD uRegTime TIMESTAMP;
```

语句执行后，使用 DESC 查看 user 表，显示结果如下。

```
mysql> DESC user;
+--------+---------------+-------+-------+----------+--------------------+
| Field  | Type          | Null  | Key   | Default  | Extra              |
+--------+---------------+-------+-------+----------+--------------------+
| uID    | int(11)       | NO    | PRI   | NULL     | auto_increment     |
| uName  | varchar(30)   | NO    |       | NULL     |                    |
| uPswd  | varbinary(20) | YES   |       | NULL     |                    |
| uSex   | enum('男','女') | YES   |       | 男       |                    |
| uRegTime | timestamp   | NO    |       | CURRENT_TIMESTAMP  |          |
                                         on update CURRENT_TIMESTAMP      |
+--------+---------------+-------+-------+----------+--------------------+
5 rows in set (0.03 sec)
```

从执行结果看出，user 表中添加了名为 uRegTime 的字段，类型为 TIMESTAMP，默认值为 CURRENT_TIMESTAMP。

5. 删除字段

当字段设计冗余或是不再需要时，使用 ALTER TABLE 语句可以删除表中字段，其语法格式如下。

```
ALTER TABLE 表名 DROP 字段名;
```

【例 3.20】删除 user 表中的字段 uRegTime。

```
mysql> ALTER TABLE user DROP uRegTime;
```

语句执行后，使用 DESC 查看 user 表，此时 user 表中不再有名为 uRegTime 的字段。

6. 修改表的存储引擎

除实现字段的添加、删除和修改外，ALTER TABLE 语句还能实现修改表的存储引擎，其语法格式如下。

```
ALTER TABLE 表名 ENGINE=存储引擎名;
```

其中，存储引擎名指的是新的存储引擎的名称。

【例 3.21】修改 user 表的存储引擎为 MyISAM。

语句如下。

```
ALTER TABLE user ENGINE=MyISAM;
```

使用 SHOW CREATE TABLE 带参数 G 的语句，查看执行后的结果如下。

```
mysql> SHOW CREATE TABLE user\G;
*************************** 1. row ***************************
       Table: user
Create Table: CREATE TABLE `user` (
  `uID` int(11) NOT NULL AUTO_INCREMENT,
  `uName` varchar(30) NOT NULL,
  `uPswd` varbinary(20) DEFAULT NULL,
  `uSex` enum('男','女') DEFAULT '男',
  PRIMARY KEY (`uID`)
) ENGINE=MyISAM DEFAULT CHARSET=utf8
1 row in set (0.00 sec)
```

查询结果显示，user 表的存储引擎变为了 MyISAM，操作成功。

3.3.3 复制表

MySQL 中，表的复制操作包括复制表结构和复制表中的数据。复制操作可以在同一个数据库中执行，也可以跨数据库实现，主要方法如下。

1. 复制表结构及数据到新表

```
CREATE TABLE 新表名 SELECT * FROM 源表名;
```

其中新表名表示复制的目标表名称，表的名称不能同数据库中已有的名称相同，源表名则为待复制表的名称，而 SELECT * FROM 则表示查询符合条件的数据，有关 SELECT 的语法在项目四中将详细介绍。

【例 3.22】复制 user 表的结构及数据到 users 表。

```
CREATE TABLE users SELECT * FROM user;
```

执行结果如下所示。

```
mysql> create table users select * from user;
Query OK, 3 rows affected (0.01 sec)
Records: 3  Duplicates: 0  Warnings: 0
```

从结果消息看，有 3 条记录被成功复制。使用 SHOW TABLES 查看数据库中的表如下。

```
mysql> SHOW TABLES;
+--------------------+
| Tables_in_onlinedb |
+--------------------+
| user               |
| users              |
+--------------------+
2 rows in set (0.00 sec)
```

从显示结果可以看出，onlinedb 数据库中增加了名为 users 的表。

2. 只复制表结构到新表

若只需要复制表结构，则语法格式如下。

```
CREATE TABLE 新表名 SELECT * FROM 源表名 WHERE FALSE ;
```

只复制表结构到新表的语法同复制结构及数据的语法相同，只是查询的条件恒为 FALSE。

【例 3.23】复制 user 表的结构到 temp 表，执行结果如下。

```
mysql> CREATE TABLE temp SELECT * FROM user WHERE FALSE;
Query OK, 0 rows affected (0.02 sec)
```

从结果消息可以看出，语句执行成功，且 0 行记录受到影响。读者可以使用 SHOW TABLES 查看到数据库中是否增加名为 temp 的表。

MySQL5.0 后，实现表结构的复制还可以使用关键字 LIKE，语法格式如下。

```
CREATE TABLE 新表名 LIKE 源表名;
```

【例 3.24】复制 user 表的结构到 tempUser 表，执行结果如下。

```
mysql> CREATE TABLE tempUser LIKE user;
Query OK, 0 rows affected (0.02 sec)
```

从结果消息可以看出，表结构复制成功。

3. 复制表的部分字段及数据到新表

```
CREATE TABLE 新表名 AS(SELECT 字段1,字段2,...... FROM 源表名);
```

【例 3.25】复制 user 表中 uName 和 uPswd 两列数据到 newUser 表。
执行结果如下。

```
mysql> CREATE TABLE newUser AS (SELECT uName,uPswd FROM user);
Query OK, 3 rows affected (0.02 sec)
Records: 3  Duplicates: 0  Warnings: 0
```

使用 SELECT 语句查看 newUser 数据如下。

```
mysql> SELECT * FROM newUser;
+-------+-------+
| uName | uPswd |
+-------+-------+
| 李平  | 123   |
| 张顺  | 123   |
| 刘田  | adf   |
+-------+-------+
3 rows in set (0.00 sec)
```

从结果消息可以看出，表结果复制成功，且有 3 条记录被复制到 newUser 表中。

学习提示：当源表和新表属于不同的数据库时，需要在源表名前面加上数据库名，格式为"数据库名.源表名"。

3.3.4　删除表

删除表时，表的结构、数据、约束等将被全部删除。MySQL 中，使用 DROP TABLE 语句来删除表，其语法格式如下。

```
DROP TABLE 表名;
```

【例 3.26】删除名为 temp 的表。

执行结果如下。

```
mysql> DROP TABLE temp;
Query OK, 0 rows affected (0.01 sec)
```

执行成功后，可以使用 DESC 命令查看表 temp，执行结果如下。

```
mysql> DESC temp;
ERROR 1146 (42S02): Table 'onlinedb.temp' doesn't exist
```

查看结果提示错误，表示在 onlinedb 数据库中不存在名为 temp 的表。

若想同时删除多张表，只需要在 DROP TABLE 语句中列出多个表名，表名之间用逗号分隔。

【例 3.27】同时删除名为 tempusers 和 newuser 的表。

执行结果如下。

```
mysql> DROP TABLE newuser,tempusers;
Query OK, 0 rows affected (0.01 sec)
```

执行成功，读者可以使用 SHOW TABLES 和 DESC 验证被删除的数据表是否还存在。

学习提示：在删除表时，需要确保该表中的字段未被其他表关联，若有关联，则需要先删除关联表，否则删除表的操作将会失败。

任务 4 实现数据的完整性

【任务描述】数据完整性是指数据的准确性和逻辑一致性，用来防止数据库中存在不符合语义规定的数据或者因错误信息的输入造成无效数据或错误信息。例如，网上商城数据库中的商品编号、名称不能为空，商品编号必须唯一，用户联系电话必须为数字等。数据完整性通常使用完整性约束来实现，本任务主要讲解的完整性约束包括 PRIMARY KEY 约束、NOT NULL 约束、DEFAULT 约束、UNIQUE 约束和 FOREIGH KEY 约束。

3.4.1 PRIMARY KEY 约束

PRIMARY KEY 又称为主键约束，定义表中构成主键的一列或多列。主键用于唯一标识表中的每条记录，作为主键的字段值不能为空且必须唯一。主键可以是单一字段，也可以是多个字段的组合，每个数据表中最多只能有一个主键约束。

1. 使用 Navicat 设置主键约束

【例 3.28】在 Navicat 中创建商品信息表 Goods，字段属性如表 3-8 所示。

表 3-8　Goods 表结构

序号	字段	数据类型	主键	允许空	说明
1	gdID	INT	是	否	商品 ID
2	gdName	VARCHAR(30)		否	商品名称
3	gdPrice	DECIMAL(8,2)			商品价格

操作步骤如下。

（1）在 Navicat 中 "onlinedb" 数据库下执行新建表操作，打开表设计器。

（2）在 "字段" 选项卡中输入表 3-8 中定义的表结构。

（3）选中 "gdID" 列，单击工具栏 "主键" 按钮或右击 gdID 列在弹出的菜单中选择 "主键" 项，gdID 列的定义的最后一列会出现一把钥匙，如图 3-8 所示。

（4）单击工具栏 "保存" 按钮，完成表设计。

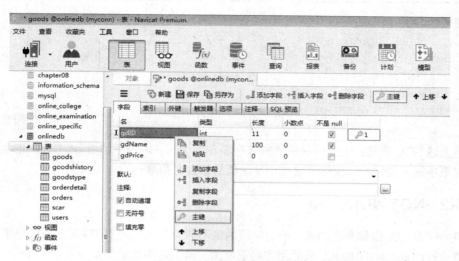

图3-8 使用Navicat设置表的PRIMARY KEY约束

当 PRIMARY KEY 约束在多列时，只需在步骤（3）中按住 "CTRL" 键选中多个列，再单击工具栏 "主键" 按钮即可。

2. 使用 PRIMARY KEY 关键字设置主键约束

主键约束由关键字 PRIMARY KEY 标识，其语法格式如下。

```
字段名 数据类型 PRIMARY KEY
```

【例 3.29】使用 SQL 语句创建商品信息表 Goods，并设置 gdID 列为主键。

创建表的 SQL 语句如下。

```
CREATE TABLE Goods
(   gdID INT PRIMARY KEY,    -- 标识该字段为主键
    gdName VARCHAR(30) NOT NULL,
    gdPrice DECIMAL(8,2)
);
```

执行上述 SQL 语句，Goods 表包含了 gdID、gdName 和 gdPrice 三个字段，其中 gID 定义为主键。

当表的主键由多个字段组合构成时，主键的设置只能在字段定义完成后定义，其语法规则如下。

```
PRIMARY KEY(字段名1, 字段名2, ..., 字段名n)
```

【例 3.30】创建购物车信息表 SCarInfo，字段属性如表 3-9 所示。

表 3-9　SCarInfo 表结构

序号	字段	数据类型	主键	允许空	说明
1	gdID	INT	是	否	商品 ID
2	uID	INT	是	否	用户 ID
3	scNum	INT			购买数量

创建表的 SQL 语句如下。

```
CREATE TABLE SCarInfo
(   gdID INT,
    uID INT,
    scNum INT,
    PRIMARY KEY(gdID,uID)        -- 定义复合主键
);
```

执行上述 SQL 语句，创建用户购物车信息表 SCarInfo，表的主键由 gdID 和 uID 组合构成，从而在向表中插入数据时，要保证这两个字段值的组合必须唯一。

3.4.2　NOT NULL 约束

NOT NULL 约束也称非空约束，强制字段的值不能为 NULL，它不等同于 0 或空字符，不能跟任何值进行比较。NOT NULL 只能用作约束使用，其语法格式如下。

属性名 数据类型 NOT NULL

【例 3.31】为商品信息表 Goods 添加字段 gdCode（商品编号），类型为 VARCHAR(30)，不为空，并将其放置 gdID 字段之后。

要向 Goods 表中添加新字段，需要使用 ALTER TABLE 修改表语句，代码如下。

```
ALTER TABLE Goods
ADD gdCode VARCHAR(30) NOT NULL
AFTER gdID;
```

执行成功后，使用 DESC 命令查看表的结构如下。

```
mysql> DESC goods;
+-----------+--------------+------+-----+---------+-----------+
| Field     | Type         | Null | Key | Default | Extra     |
+-----------+--------------+------+-----+---------+-----------+
| gdID      | int(11)      | NO   | PRI | NULL    |           |
| gdCode    | varchar(30)  | NO   |     | NULL    |           |
| gdName    | varchar(30)  | NO   |     | NULL    |           |
| gdPrice   | decimal(8,2) | YES  |     | NULL    |           |
+-----------+--------------+------+-----+---------+-----------+
4 rows in set (0.02 sec)
```

从结果可以看出，新增加 gdCode 排在 gdID 之后，且不能为 NULL。

3.4.3　DEFAULT 约束

DEFAULT 约束即默认值约束，用于指定字段的默认值。当向表中添加记录时，若未为字段赋值，数据库系统会自动将字段的默认值插入。

1. 使用 Navicat 图形工具设置默认值约束

【例 3.32】修改购物车信息表 SCar，设定购买数量的默认值为 0。

操作步骤如下。

（1）在 Navicat 中 "onlinedb" 数据库下右击购物车信息表 SCar，打开表设计器。

（2）选择字段名为 "scNum" 的行，在窗口中 "默认" 栏中输入数字 "0"，如图 3-9 所示。

（3）单击工具栏 "保存" 按钮，完成表设计。

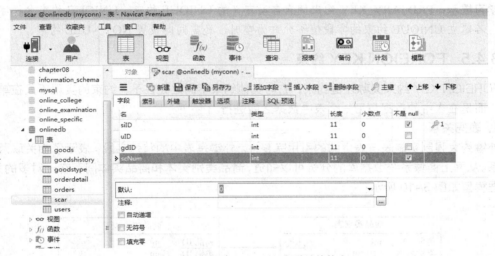

图3-9　使用Navicat工具设置默认值约束

2. 使用 SQL 语句设置默认值约束

默认值约束使用关键字 DEFAULT 来标识，其语法格式如下。

```
属性名 数据类型 DEFAULT 默认值
```

【例 3.33】修改购物车信息表 SCar，修改购买数量的默认值为 1。

```
ALTER TABLE SCar
MODIFY  scNum INT DEFAULT 1 ;                    -- 修改默认值为 1
```

执行上述 SQL 语句，购物车信息表 SCar 中 scNum 的列默认值修改为 1。

3.4.4　UNIQUE 约束

UNIQUE 约束又称唯一性约束，是指数据表中一列或一组列中只包含唯一值。在网上商城系统数据库中，用户 ID 用于唯一标识用户，而用户名也必须是唯一的数据，将 UNIQUE 约束应用于用户名，可以防止用户名的重复出现。由于 UNIQUE 约束会创建相应的 UNIQUE 索引，有关索引的内容将在项目五中阐述。这里仅讲解 SQL 语句创建 UNIQUE 约束。

创建唯一性约束的语法格式如下。

属性名 数据类型 UNIQUE

【例 3.34】创建用户信息表 users，表属性的定义如表 3-7 所示，且设置 uName 字段的值为唯一。

SQL 语句如下。

```
CREATE TABLE users (
  uID int(11) PRIMARY KEY AUTO_INCREMENT COMMENT '用户ID',
  uName varchar(30) NOT NULL UNIQUE,    -- 定义为唯一约束
  uPwd varchar(30) NOT NULL,
  uSex ENUM('男','女') DEFAULT '男'
);
```

学习提示：PRIMARY KEY 约束拥有自动定义的 UNIQUE 约束。UNIQUE 约束允许字段值为空，若建立 UNIQUE 约束的字段值不允许为空时，还需同时设置 NOT NULL 约束。

3.4.5 FOREIGN KEY 约束

FOREIGN KEY 约束又称外键约束，它与其他约束不同之处在于，约束的实现不只在单表中进行，而是在表中的数据与另一个表中数据之间进行。

1. 表间关系

外键约束强制实施表与表之间的引用完整性。外键是表中的特殊字段，表示了相关联两个表的联系。从网上商城系统数据库的分析可以知道，商品类别实体和商品实体间存在一对多的关系，其物理模型如图 3-10 所示。

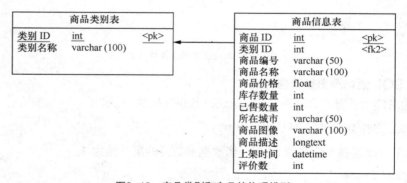

图3-10　商品类别和商品的物理模型

从两个表的物理模型可以看出，商品信息表中的类别 ID 列要依赖于商品类别表的类别 ID。在这一关系中，商品类别表被称为主表，商品信息表被称为从表。在商品信息表中的类别 ID 是商品所属类别的 ID，是引入了商品类别表中的主键类别 ID。商品类别表中的类别 ID 被引用到商品信息表中时，类别 ID 就是外键。商品信息表中通过类别 ID 与商品类别表进行连接，实现两个表的数据关联。

在从表中引入外键后，外键字段的值只能插入主表中对应字段存在的值，且主表中被引用的数据值不能被删除，以确保表间数据的完整性。

学习提示：模型图中标识为 "fk" 的字段为外键。

2. 使用 Navicat 图形工具创建外键约束

【例 3.35】创建 GoodsType 表和 Goods 表，GoodsType 表结构如表 3-10 所示，Goods 表结构如表 3-11 所示。其中主表为 GoodsType，从表为 Goods。

表 3-10 GoodsType 表结构

序号	字段	数据类型	主键	外键	允许空	说明
1	tID	INT	是		否	类别 ID
2	tName	VARCHAR(30)			否	类别名称

表 3-11 Goods 表结构

序号	字段	数据类型	主键	外键	允许空	说明
1	gdID	INT	是		否	商品 ID
2	tID	INT		是	否	类别 ID
3	gdCode	VARCHAR(30)			否	商品编号
4	gdName	VARCHAR(30)			否	商品名称
5	gdPrice	DECIMAL(8,2)				商品价格

操作步骤如下。

（1）在 Navicat 中"onlinedb"数据库下执行新建表操作，打开表设计器。

（2）创建表 GoodsType，在"字段"选项卡中输入如表 3-10 所示的结构。

（3）创建表 Goods，在"字段"选项卡中输入表 3-11 所示的结构。

（4）在表设计器中单击"外键"选项卡，输入对应的属性值，如图 3-11 所示。

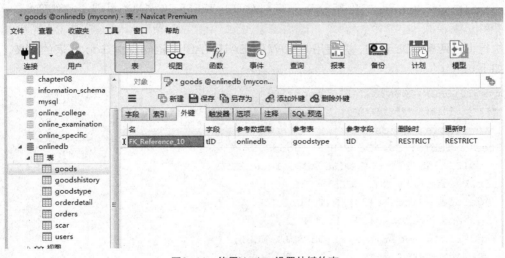

图3-11 使用Navicat设置外键约束

在图 3-11 中，名为外键约束的名称，字段定义了 goods 中需要引用数据的列 tID，参数数据库为 onlinedb，tID 参考的列为 goodstype 表中的 tID，删除时或更新时拒绝主表修改或更新外键关联列。

（5）单击工具栏"保存"按钮，完成表设计。

3. 使用 SQL 语句创建外键约束

定义外键约束的语法格式如下。

```
CONSTRAINT 外键名 FOREIGN KEY(外键字段名)
            REFERENCES 主表名(主键字段名)
```

其中，CONSTRAINT 表示约束关键字，外键名为定义外键约束的名称，FORGEIGN KEY 指定约束类型为外键约束，外键字段名表示当前表定义中定义外键的字段名，REFERENCES 是引用关键字。

学习提示：主从关系中，主表被从表引用的字段应该具有主键约束或唯一性约束。

【例 3.36】使用 SQL 语句实现例 3.35 的操作。

（1）首先，创建主表 GoodsType 表的结构，SQL 语句如下。

```
CREATE TABLE GoodsType
(   tID INT PRIMARY KEY,     -- 标识该字段为主键
    tName VARCHAR(30) NOT NULL
);
```

（2）创建从表 Goods 表的结构，SQL 语句如下。

```
CREATE TABLE Goods
(   gdID INT PRIMARY KEY AUTO_INCREMENT,     -- 标识该字段为主键且自增
    tID INT NOT NULL,
    gdCode VARCHAR(30) NOT NULL UNIQUE,
    gdName VARCHAR(30) NOT NULL,
    gdPrice DECIMAL(8,2),
    CONSTRAINT FK_tID FOREIGN KEY (tID) REFERENCES GoodsType (tID)
);
```

执行上述两条 SQL 语句，并使用 SHOW CREATE TABLE 语句查看 Goods 表的定义，执行结果如下。

```
mysql> SHOW CREATE TABLE goods\G;
*************************** 1. row ***************************
      Table: goods
Create Table: CREATE TABLE `goods` (
  `gdID` int(11) NOT NULL AUTO_INCREMENT,
  `tID` int(11) NOT NULL,
  `gdCode` varchar(30) NOT NULL,
  `gdName` varchar(30) NOT NULL,
  `gdPrice` decimal(8,2) DEFAULT NULL,
  PRIMARY KEY (`gdID`),
  UNIQUE KEY `gdCode` (`gdCode`),
  KEY `FK_tID` (`tID`),
  CONSTRAINT `FK_tID` FOREIGN KEY (`tID`) REFERENCES `goodstype` (`tID`)
) ENGINE=InnoDB DEFAULT CHARSET=utf8
1 row in set (0.00 sec)
```

从查询结果可以看到，tID 定义为了表 goods 的外键，它引用的是 goodstype 表的主键 tID，这样就实现了两张表的关联。

学习提示：建立外键约束的表，其存储引擎必须是 InnoDB，且不能是临时表。

4. 外键约束的级联更新和删除

外键约束实现了表间的引用完整性，当主表中被引用列的值发生变化时，为了保证表间数据的一致性，从表中与该值相关的信息也应该相应更新，这就是外键约束的级联更新和删除，其语法格式如下。

```
CONSTRAINT 外键名 FOREIGN KEY(外键字段名)
        REFERENCES 主表名(主键字段名)
[ON UPDATE { CASCADE | SET NULL | NO ACTION | RESTRICT }]
[ON DELETE { CASCADE | SET NULL | NO ACTION | RESTRICT }]
```

从语法来看是定义外键约束语法中添加了 ON UPDATE 和 ON DELETE 子句，其参数说明如下。

● CASCADE：指定在更新和删除操作表中记录时，如果该值被其他表引用，则级联更新或删除从表中相应的记录。

● SET NULL：更新和删除操作表记录时，从表中相关记录对应的值设置为 NULL。

● NO ACTION：不进行任何操作。

● RESTRICT：拒绝主表更新或修改外键的关联列。

【例 3.37】修改创建 Goods 表的语句，增加外键约束的级联更新和级联删除。
SQL 语句如下。

```
CREATE TABLE Goods
(   gdID INT PRIMARY KEY AUTO_INCREMENT,    -- 标识该字段为主键且自增
    tID INT NOT NULL,
    gdCode VARCHAR(30) NOT NULL UNIQUE,
    gdName VARCHAR(30) NOT NULL,
    gdPrice DECIMAL(8,2),
    CONSTRAINT FK_tID FOREIGN KEY (tID) REFERENCES GoodsType (tID)
    ON UPDATE CASCADE
    ON DELETE CASCADE
);
```

Goods 表修改成功后，当商品类别表中某种类别的 ID 被修改或类别被删除时，商品信息表中引用了该类别的记录都会被级联更新或删除。

学习提示：表间的级联深度是无限的，在多层级联后，程序员很难意识到级联的更新和删除数据，因此建议在数据库中表间不要建立太多的级联，以免不必要的数据丢失。

5. 删除外键约束

多数情况下，约束的使用是为了数据库中各种关系更加严谨，但同时也限制了数据操作的灵活性。当需要解除表间主外键约束关系时，可以使用 ALTER TABLE 语句删除外键约束。删除外键约束的语法格式如下。

```
ALTER TABLE 表名 DROP FOREIGN KEY 外键名;
```

【例 3.38】删除 Goods 表中的外键约束，执行结果如下。

```
mysql> ALTER TABLE goods DROP FOREIGN KEY FK_tID;
Query OK, 0 rows affected (0.04 sec)
Records: 0  Duplicates: 0  Warnings: 0
```

执行完成后，可以使用 SHOW CREATE TABLE 语句查看删除外键约束后的表定义。

学习提示： MySQL 中，表的约束信息由数据库 information_schema 中的 TABLE_CONSTRAINTS 表来维护，用户若需要查看表中的约束信息可以查看该表。

任务 5　添加和修改系统数据

【任务描述】*数据库是存放数据的仓库，对数据表进行数据的添加、更新和删除是最基本的操作。实际应用中，众多的业务都需要对系统数据进行更改，如在网上商城系统中，用户可以将商品添加到购物车，修改购物车中的商品或删除购物车中的商品等操作。MySQL 中，使用 INSERT 语句实现数据添加，使用 UPDATE 语句实现数据修改，使用 DELETE 语句实现数据删除。*

3.5.1　插入数据

在 MySQL 中，向表中插入数据的方式同样可以使用图形工具和 SQL 语句实现。

1. 使用 Navicat 图形工具插入数据

【例 3.39】为商品类别表添加名称为"家居"的类别，其中类别 ID 为 5。

操作步骤如下。

（1）打开 Navicat 中"onlinedb"数据库下的"表"节点，在对象窗口中选中表 goodstype，或右击 goodstype，如图 3-12 所示。

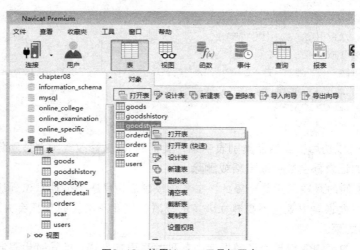

图3-12　使用Navicat工具打开表

（2）在图 3-12 中，单击工具栏中"打开表"按钮或在弹出菜单中单击"打开表"按钮，打开数据插入界面，输入 tID 值为 5，tName 值为家居，如图 3-13 所示。

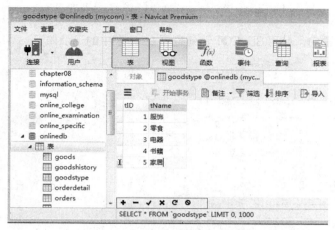

图3-13　使用Navicat工具插入数据

（3）单击状态栏中的"√"按钮，完成数据录入。

使用 INSERT 和 REPLACE 关键字都可以向表中插入一行或多行数据，插入的数据行可以给出每个字段的值，也可以只给出部分字段的值，还可以向表中插入其他表的数据。

2. 使用 INSERT 语句插入单条数据

向指定表插入单条数据的语法格式如下。

```
INSERT INTO 表名[(字段列表)] VALUES(值列表);
```

● 字段列表：指定需要插入的字段名，必须用圆括号将字段列表括起来，字段与字段间用逗号分隔；当向表中的每个字段都提供值时，字段列表可以省略。

● VALUES：指示要插入的数据值列表。对于字段列表中每个指定的列，都必须有一个数据值，且要用圆括号将值列表括起来，VALUES 值列表的顺序必须与字段列名中指定的列一一对应。

【例 3.40】向商品类别表添加新记录，其中 tName 的值为"运动"，tID 的值为 6。

```
mysql> INSERT INTO GoodsType VALUES(6,'运动');
```

执行上述 SQL 语句，使用 SELECT 语句查看 GoodsType 表中的记录如下。

```
mysql> SELECT * FROM GoodsType WHERE tID = 6;
+------+-------+
| tID  | tName |
+------+-------+
| 6    | 运动  |
+------+-------+
1 row in set (0.00 sec)
```

从查询结果可以看出，GoodsType 表中添加了一条记录，关于 SELECT 的详细内容将在项目四中介绍。由于为 GoodsType 表的所有列都提供了值，因此表名后的字段列表可以省略。

学习提示：插入数据时，若表名后未列出字段列表，则在 VALUES 子句中要给出每一列的值（含 AUTO_INCREMENT 和 TIMESTAMP 类型的列）。

【例 3.41】向 user 表中添加新记录，其中 uName 为"张小山"，uPwd 为"123"，uSex 值为"男"。

```
mysql> INSERT INTO user(uName,uPwd) VALUES('张小山','123');
```

执行上述 SQL 语句，使用 SELECT 语句查看 user 表中的记录如下。

```
mysql> SELECT * FROM user;
+-----+--------+------+------+
| uID | uName  | uSex | uPwd |
+-----+--------+------+------+
|   1 | 李平   | 男   | 123  |
|   2 | 张顺   | 男   | 123  |
|   3 | 刘田   | 女   | adf  |
|   4 | 张小山 | 男   | 123  |
+-----+--------+------+------+
4 rows in set (0.00 sec)
```

从查询结果看，成功添加了一条记录，且 uID 的值自动编号为 4，性别默认插入为"男"。当字段定义时指定了 AUTO_INCREMENT，则当用户不提供值时，系统会自动编号；若字段定义时指定了默认值，当用户不提供值，系统会将该字段的默认值插入到新的记录中；若字段定义时指定列允许为 NULL，当用户不提供值时，系统会默认将 NULL 插入到新记录中。

学习提示：向表中插入记录时，表定义中标识为 **NOT NULL** 且无默认值或自增长的字段必须提供值，否则插入操作将失败。

【例 3.42】向 user 表中添加新记录，其中用户 ID 为 3，用户名为"李天天"，密码为"111"，性别使用默认值。

```
mysql> INSERT INTO user(uID,uName,uPwd) VALUES('3', '李天天','111');
```

执行上述 SQL 语句，系统提示错误消息如下。

```
ERROR 1062 (23000): Duplicate entry '3' for key 'PRIMARY'
```

从错误信息可以看出，输入的 uID "3"违反了 PRIMARY KEY 约束，说明该值在表中重复，插入操作失败。

3. 使用 REPLACE 语句插入单条数据

使用 REPLACE 语句也可以插入记录，其语法同 INSERT 语句相似，格式如下。

```
REPLACE INTO 表名[(字段列表)] VALUES(值列表);
```

【例 3.43】向 user 表中添加新记录，其中用户 ID 为 3，用户名为"乐天天"，密码为"111"，性别使用默认值。

执行情况如下。

```
mysql> REPLACE INTO user(uID,uName,uPwd) VALUES('3', '乐天天', '111');
Query OK, 2 rows affected (0.06 sec)
```

从执行的结果看，有 2 条记录受到影响，使用 SELECT 语句查询表中记录如下。

```
mysql> SELECT* FROM user;
+-----+--------+------+------+
| uID | uName  | uSex | uPwd |
+-----+--------+------+------+
```

```
|   1 | 李平    | 男   | 123  |
|   2 | 张顺    | 男   | 123  |
|   3 | 乐天天  | 男   | 111  |
|   4 | 张小山  | 男   | 123  |
+-----+------+-----+------+
4 rows in set (0.00 sec)
```

学习提示：使用关键字 REPLACE 时，首先尝试将记录插入到数据表中，若检测到表中已经有该记录（通过主键或唯一约束判断），则执行替换记录操作。

4. 使用 INSERT 语句插入多条数据

MySQL 中，使用 INSERT 关键字插入数据时，一次可以插入多条记录，语法格式如下。

```
INSERT INTO 表名[(字段列表)] VALUES(值列表1)[(值列表2),…(值列表n)];
```

其中[(值列表2),...(值列表n)]为可选，表示多条记录对应的数据。每个值列表都必须用圆括号括起来，列表间用逗号分隔。

【例 3.44】向 user 表中添加 3 条新记录。

```
INSERT INTO user(uName,uSex,uPwd) VALUES
('郑霞','女','asd'),
('李竞','男','555'),
('朱小兰','女','123') ;
```

执行上述 SQL 语句，结果提示如下。

```
Query OK, 3 rows affected (0.09 sec)
Records: 3  Duplicates: 0  Warnings: 0
```

从执行结果可以看出，3 行受到影响，使用 SELECT 语句查询表中记录如下。

```
mysql> SELECT* FROM user;
+-----+------+-----+------+
| uID | uName | uSex | uPwd |
+-----+------+-----+------+
|   1 | 李平    | 男   | 123  |
|   2 | 张顺    | 男   | 123  |
|   3 | 乐天天  | 男   | 111  |
|   4 | 张小山  | 男   | 123  |
|   5 | 郑霞    | 女   | asd  |
|   6 | 李竞    | 男   | 555  |
|   7 | 朱小兰  | 女   | 123  |
+-----+------+-----+------+
7 rows in set (0.00 sec)
```

从执行结果看到有 3 条记录成功添加到表中。和添加单条记录一样，如果不指定字段列表，则必须为表的每个字段提供值。

5. 使用 REPLACE 语句插入多条数据

【例 3.45】向 user 表中添加 3 条新记录，如果记录有重复的实行替换。

```
REPLACE INTO user(uID,uName,uSex,uPwd) VALUES
(5,'郑立','男','qaz'),
(6,'李竞','男','666'),
(8,'关关','女','333');
```

执行上述 SQL 语句，结果提示如下。

```
Query OK, 5 rows affected (0.09 sec)
Records: 3  Duplicates: 2  Warnings: 0
```

从执行可以看出，5 行受影响，其中记录数为 3，重复的记录数为 2，使用 SELECT 语句查询表中记录如下。

```
mysql> SELECT* FROM user;
+-----+------+-----+------+
| uID | uName | uSex | uPwd |
+-----+------+-----+------+
|   1 | 李平   | 男   | 123  |
|   2 | 张顺   | 男   | 123  |
|   3 | 乐天天 | 男   | 111  |
|   4 | 张小山 | 男   | 123  |
|   5 | 郑立   | 男   | qaz  |
|   6 | 李竞   | 男   | 666  |
|   7 | 朱小兰 | 女   | 123  |
|   8 | 关关   | 女   | 333  |
+-----+------+-----+------+
8 rows in set (0.00 sec)
```

从结果集显示可以看出，uID 为 5 和 6 的记录执行了替换操作，uID 为 8 的记录则执行了插入操作。

6. 插入其他表的数据

INSERT 语句可以将一个表中查询出来的数据插入到另一个表中，这样可以方便不同表之间进行数据交换，其语法格式如下。

```
INSERT INTO 目标数据表(字段列表 1)
SELECT 字段列表 2 FROM 源数据表 WHERE 条件表达式;
```

其含义为将源数据表的记录插入到目标数据表中，要求字段列表 1 和字段列表 2 中字段个数是一样的，且每个对应的字段的数据类型必须相同。SELECT 子句表示数据检索，WHERE 则表示检索条件。

【例 3.46】将表 user 中查询 uID 大于 5 的记录添加到表 users 表中。

（1）为了能正确向 users 表中插入数据，先用 DESC 查看 users 表结构，执行结果如下。

```
mysql> DESC users;
+--------+-------------+------ -+-----+---------+----------------+
| Field  | Type        | Null |Key | Default | Extra          |
+--------+-------------+------ +-----+---------+----------------+
| uID    | int(11)     | NO   |PRI | NULL    | auto_increment |
```

```
| uName | varchar(30)     | NO  |     | NULL |          |
| uPwd  | varchar(30)     | NO  |     | NULL |          |
| uSex  | enum('男','女') | YES |     | 男   |          |
+--------+---------------+------+------+-------+-------------+
4 rows in set (0.01 sec)
```

（2）查询出 user 表中 uID 值大于 5 的记录行，列出 uName，uPwd，uSex 的三列数据，将查询的结果集添加到 users 表中。

SQL 语句的代码如下。

```
INSERT INTO users(uname,upwd,uSex)
SELECT uname,upwd,usex
FROM user
WHERE uID>5 ;
```

执行上述 SQL 语句，结果提示如下。

```
Query OK, 3 rows affected (0.01 sec)
Records: 3  Duplicates: 0  Warnings: 0
```

执行结果显示，有 3 条记录成功插入到 users 表中，通过 SELECT 语句查看 users 表验证结果如下。

```
mysql> SELECT* FROM user;
+------+-------+------+------+
| uID | uName | uSex | uPwd |
+------+-------+------+------+
|    1 | 李竟  | 男   | 666  |
|    2 | 朱小兰 | 女   | 123  |
|    3 | 关关  | 女   | 333  |
+------+-------+------+------+
3 rows in set (0.00 sec)
```

查询结果显示，3 条数据从 user 表中复制到了 users 表。

7. INSERT 语句的其他语法格式

使用 INSERT 语句插入数据还可以使用赋值语句的形式，语法格式如下。

```
INSERT INTO 表名
SET 字段名1=值1[,字段名2=值2,…]
```

其中，表名为待插入数据的表的名称；"字段名 1"，"字段名 2" 为表中字段；"值 1"，"值 2" 为字段对应的值。

【例 3.47】向 users 表中插入一条记录，其中 uName 的值为 "曲甜甜"，uPwd 值为 "666"，uSex 的值为 "女"。

INSERT 语句如下。

```
INSERT INTO users
SET uName = '曲甜甜',
    uPwd = '666',
    uSex = '女';
```

通过 SELECT 语句查看 users 表，验证结果如下。

```
mysql> select * from users;
+-----+------+------+-----+
| uID | uName | uPwd | uSex |
+-----+------+------+-----+
|   1 | 朱小兰 | 123 | 女 |
|   2 | 李竞 | 666 | 男 |
|   3 | 关关 | 124 | 女 |
|   4 | 曲甜甜 | 666 | 女 |
+-----+------+------+-----+
4 rows in set (0.00 sec)
```

从显示结果看，新记录成功插入。使用赋值语句形式对字段列表的顺序没有要求，只要提供的值与字段值的类型相同，且表中不为空、无默认值的字段都要求提供数据值。

3.5.2　修改数据

UPDATE 语句用于更新数据表中的数据。利用该语句可以修改表中的一行或多行数据。其语句格式如下。

```
UPDATE 表名
SET 字段名1=值1,字段名2=取值2,…,字段名n=取值n
[WHERE 条件表达式];
```

其中，字段名 n 表示需要更新的字段名称，值 n 表示为待更新的字段提供的新数据，关键字WHERE 表示条件，条件表达式表示指定更新记录需满足的条件。当满足条件表达式的记录有多条时，则所有满足该条件的记录都会被更改。

【例 3.48】将 user 表中 uName 为"朱小兰"的用户密码 uPwd 重置为"888"。

```
UPDATE users
SET uPwd = '888'
WHERE uName= '朱小兰' ;
```

执行上述 SQL 语句，消息结果如下。

```
Query OK, 1 row affected (0.00 sec)
Rows matched: 1  Changed: 1  Warnings: 0
```

从结果可以看出 1 行数据受到影响，其中"Rows matched: 1"表示 1 行数据匹配成功，"Changed: 1"表示 1 行数据被改变。

通过 SELECT 语句查看 users 表，验证结果如下。

```
mysql> SELECT * FROM users;
+-----+------+------+-------+
| uID | uName | uPwd | uSex |
+-----+------+------+-------+
|   1 | 朱小兰 | 888 | 女 |
|   2 | 李竞 | 666 | 男 |
```

```
|   3 | 关关    | 124  | 女   |
|   4 | 曲甜甜  | 666  | 女   |
+-----+------+------+-----+
4 rows in set (0.00 sec)
```

从结果看，uName 为"朱小兰"的记录的 uPwd 值更新修改为"888"。

【例 3.49】将 user 表中所有用户密码 uPwd 都重置为"888"。

```
UPDATE users
SET uPwd = '888' ;
```

执行上述 SQL 语句，消息结果如下。

```
Query OK, 3 row affected (0.00 sec)
Rows matched: 4  Changed: 3  Warnings: 0
```

从执行结果看到 3 行数据受到影响，数据匹配成功 4 行，3 条记录发生改变。

3.5.3 删除数据

删除数据是指删除表中不再需要的记录。MySQL 中使用 DELETE 或 TRUNCATE 语句来删除数据。

1. 使用 DELETE 语句删除数据

语法格式如下。

```
DELETE FROM 表名 [WHERE 条件表达式];
```

其中，关键字 WHERE 表示条件，条件表达式表示指定删除满足条件的记录。当满足条件表达式的记录有多条时，则所有满足该条件的记录都会被删除。

【例 3.50】删除 users 表中 uID 为 4 的记录。

```
DELETE FROM users
WHERE uID = 4;
```

执行上述 SQL 语句，消息结果如下。

```
Query OK, 1 row affected (0.00 sec)
```

通过 SELECT 语句查看 users 表，验证结果如下。

```
mysql> SELECT * FROM users;
+-----+---------+------+-----+
| uID | uName   | uPwd | uSex |
+-----+---------+------+-----+
|   1 | 朱小兰  | 888  | 女   |
|   2 | 李竞    | 888  | 男   |
|   3 | 关关    | 888  | 女   |
+-----+---------+------+-----+
3 rows in set (0.00 sec)
```

在执行删除操作时，表中若有多条记录满足条件，则都会被删除。

【例 3.51】删除 users 表所有记录。

```
DELETE FROM users ;
```

执行上述 SQL 语句，消息结果如下。

```
Query OK, 3 row affected (0.00 sec)
```

通过 SELECT 语句查看 users 表，验证结果如下。

```
mysql> SELECT * FROM users;
Empty set (0.00 sec)
```

从查询结构看，记录集为空，表示所有数据都被删除。

使用 DELETE 删除记录后，当用户向表中添加新记录时，标识为 AUTO_INCREMENT 的字段值会根据已经存在的 ID 继续自增。

【例 3.52】再向 users 表中插入 3 条记录。

```
INSERT INTO users(uName,uPwd,uSex) VALUES
('郑霞','asd','女'),
('李竞','555','男'),
('朱小兰','123','女')
```

执行上述 SQL 语句，并通过 SELECT 语句查看 users 表，验证结果如下。

```
mysql> SELECT * FROM users;
+-----+--------+------+------+
| uID | uName  | uPwd | uSex |
+-----+--------+------+------+
|   5 | 郑霞   | asd  | 女   |
|   6 | 李竞   | 555  | 男   |
|   7 | 朱小兰 | 123  | 女   |
+-----+--------+------+------+
3 rows in set (0.00 sec)
```

从显示结果可以看到，3 条记录成功插入到表中。记录的 uID 顺序从原存在的记录序号继续自增。

2. 使用 TRUNCATE 语句删除数据

使用 TRUNCATE 语句可以无条件删除表中的所有记录，语法格式如下。

```
TRUNCATE [TABLE] 表名 ;
```

其中，表名是指待删除数据的表名称，关键字 TABLE 可以省略。

【例 3.53】删除 users 表所有记录。

```
TRUNCATE users;
```

执行上述 SQL 语句，结果信息如下。

```
Query OK, 0 rows affected (0.00 sec)
```

从执行结果看，TRUNCATE 语句执行成功。通过 SELECT 语句查看 users 表，验证结果如下。

```
mysql> SELECT * FROM users;
```

```
Empty set (0.00 sec)
```

从查询结果看，记录集为空，表示所有数据都被删除。此时再向表中插入记录时，uID 的值会从 1 开始进行自增。读者可以尝试插入数据后查看新记录的 uID 值。

DELETE 语句和 TRUNCATE 语句都能实现删除表中所有数据，它们的区别主要如下。

● DELETE 语句可以实现带条件的数据删除，TRUNCATE 只能清除表中所有记录。

● TRUNCATE 语句清除表中记录后，再向表中插入记录时，自动增加的字段默认初始值重新从 1 开始；使用 DELETE 语句删除表中所有记录后，再向表中添加记录时，自增字段的值会从记录中该字段最大值加 1 开始编号。

● 使用 DELETE 语句每删除一行记录都会记录在系统操作日志中，TRUNCATE 语句清空数据时，不会在日志中记录删除内容。若要清除表中所有数据，TRUNCATE 语句效率要高于 DELETE 语句。

习题

1. 单项选择题

（1）MySQL 5.1 以上默认的数据引擎是（   ）。

    A. MyISAM   B. InnoDB   C. CSV   D. Memory

（2）设置表的默认字符集的关键字是（   ）。

    A. DEFAULT CHARACTER   B. DEFAULT SET

    C. DEFAULT   D. DEFAULT CHARACTER SET

（3）下列哪种类型不是 MySQL 中常用的数据类型？（   ）

    A. INT   B. VAR   C. TIME   D. CHAR

（4）关于 DATETIME 与 TIMESTAMP 两种数据类型的描述，错误的是（   ）。

    A. 两者值的范围不一样   B. 两者值的范围一样

    C. 两者占用空间不一样   D. TIMESTAMP 可以自动记录当前日期时间

（5）创建表时，不允许某列的值为空可以使用（   ）。

    A. NOT NULL   B. NOT BLANK

    C. NO NULL   D. NO BLANK

（6）以下哪项不是导致输入数据无效的原因？（   ）

    A. 列值的取值范围   B. 列值所需要的存储空间数量

    C. 列的精度   D. 设计者的习惯

（7）当选择某列的数据类型时，不应考虑的因素是（   ）。

    A. 列值的取值范围   B. 列值所需要的存储空间数量

    C. 列的精度   D. 设计者的习惯

（8）MySQL 中，删除列的 SQL 语句是（   ）。

    A. ALTER TABLE … DELETE …

    B. ALTER TABLE … DELETE COLUMN…

    C. ALTER TABLE … DROP …

    D. ALTER TABLE … DROP COLUMN…

（9）要快速清空一张表的数据，可以使用下列哪条语句？（　　）

    A．DELETE TABLE　　　　　　　　B．TRUNCATE TABLE

    C．DROP TABLE　　　　　　　　　D．CLEAR TABLE

（10）关于 TRUNCATE TABLE 描述不正确的是（　　）。

    A．TRUNCATE 将删除表中的所有数据

    B．表中包含 AUTO_INCREMENT 列，使用 TRUNCATE TABLE 可以重置序列值为该列的初始值

    C．TRUNCATE 操作比 DELETE 操作占用资源多

    D．TRUNCATE TABLE 删除表，然后重新构建表

2．简述题

（1）简述 MySQL 的存储引擎分类及应用场景。

（2）举例说明哪种情况下使用 ENUM 类型，哪种情况使用 SET 类型。

（3）简述在数据库中如何存储图片、声音或视频等多媒体数据。

（4）常见的约束有哪几种？其应用场景分别是什么？

项目实践

1．实践任务

（1）创建和管理数据库。

（2）创建和管理数据表。

（3）维护表中数据的完整性。

（4）添加和修改系统数据。

2．实践目的

（1）会使用图形工具或 SQL 语句创建和管理数据库。

（2）会使用图形工具或 SQL 语句创建和管理数据表。

（3）会设置数据表的存储引擎。

（4）能根据数据的存储需求，为表的列选择合适的数据类型。

（5）能根据数据的存储需求，选择合适的约束类型。

（6）会使用图形工具或 SQL 语句创建和管理约束。

（7）会使用 INSERT 语句向数据表中添加数据。

（8）会使用 UPDATE 语句更新数据表中的数据内容。

（9）会使用 DELETE 语句删除表中的数据。

（10）会使用 TRUNCATE 语句清空表中的数据。

3．实践内容

（1）创建名称为 OnLineDB 的数据库，默认字符集设置为 uft8。

（2）根据网上商城的数据库设计，在 OnLineDB 数据库中添加用户信息表（Users）、商品类别表（GoodsType）、商品信息表（Goods）、购物车信息表（Scars）、订单信息表（Orders）、订单详情表（OrderDetails）。表的结构具体见附录 A。

（3）根据网上商城的数据库设计，为 OnLineDB 数据库中数据表添加如下约束。

- 为每张表添加主键约束。
- 根据表间关系，为 Goods、Scar、Orders、OrderDetails 表中的相关列，添加相应的外键约束。
- 为 Users 表中 uName 添加唯一性约束。
- 为 Goods 表中 gName 添加唯一性约束。
- 为 Goods 表中 gdAddTime 添加默认值约束，默认值为系统当前时间。
- 为 Goods 表中 gdSaleQty 列添加默认值约束，默认值为 0。

（4）向 GoodsType 表中添加新的商品类别，类别名称为"乐器"。

（5）向 Goods 表中添加新的商品，类别为"乐器"，商品编号为"099"，商品名称为"紫竹洞箫"，价格为"288"，数量为 10，城市为"浙江"。

（6）修改 Goods 表中商品编号为"099"的商品销售量为 5。

（7）删除 Goods 表中商品名称为"紫竹洞箫"的商品。

4 Chapter

项目四
查询网上商城系统数据

数据查询是数据库应用中最基本也最为重要的操作。为了满足用户对数据的查看、计算、统计及分析等要求，应用程序需要从数据表中提取有效的数据。在网上商城系统中，用户的每一个操作都离不开数据查询，如用户身份验证、浏览商品、查看订单、计算订单金额，管理员分析商品信息等。

SQL 语言提供的 SELECT 语句用来实现查询数据，该命令功能强大，使用灵活。本项目将从简单到复杂，通过查询单表数据、多表数据、子查询等任务，详细介绍 SELECT 命令查询数据的具体方法。

MySQL

【学习目标】
- 会使用 SELECT 语句查询数据列
- 会根据条件筛选指定的数据行
- 会使用聚合函数分组统计数据
- 会使用内连接、外连接和交叉连接及联合条件连接查询多表数据
- 会使用比较运算符及 IN、ANY、EXISTS 等关键字查询多表数据

任务1 查询单表数据

【任务描述】单表数据查询是最基本的数据查询，其查询的数据源只涉及数据库中的一张表。本任务详细介绍 SELECT 语句的基本语法，以实现在数据表中查询数据列、数据行、数据排序、数据分组及统计等操作。

4.1.1 SELECT 语句

查询操作用于从数据表中筛选出符合需求的数据，查询得到的结果集也是关系模式，按照表的形式组织并显示。查询的结果集通常不被存储，每次查询都会从数据表中提取数据，并可以进行计算、分析和统计等操作。

MySQL 使用 SELECT 语句实现对数据表进行按列、行及连接等方式进行数据查询，SELECT 语句的基本语法格式如下。

```
SELECT [ALL | DISTINCT ] * | 列名1[,列名2,…,列名n]
FROM 表名
[WHERE 条件表达式]
[GROUP BY 列名 [ASC | DESC] [HAVING 条件表达式]]
[ORDER BY 列名  [ASC | DESC] , ...]
[LIMIT [OFFSET] 记录数];
```

语法说明如下。

● SELECT 子句：表示从表中查询指定的列，当使用"*"时，用于显示表中所有的列；关键字 DISTINCT 为可选参数，用于消除查询结果集中的重复记录。

● FROM 子句：表示查询的数据源，可以是表或视图。

● WHERE 子句：用于指定查询筛选条件。

● GROUP BY 子句：用于将查询结果按指定的列进行分组；其中 HAVING 为可选参数，用于对分组后的结果集进行筛选。

● ORDER BY 子句：用于对查询结果集按指定的列进行排序。排序方式由参数 ASC 或 DESC 控制，其中 ASC 表示按升序排列，DESC 则表示按降序排列，当不指定排序参数时，默认为升序。

● LIMIT 子句：用于限制查询结果集的行数。参数 OFFSET 为偏移量，当 OFFSET 值为 0 时，表示从查询结果的第 1 条记录开始，如果 OFFSET 为 1 时，表示查询结果从第 2 条记录开始，依此类推；记录数则表示结果集中包含的记录条数。

学习提示：SELECT 语句中，用"[]"表示的部分均为可选项，语句中的各子句必须以适当的顺序书写。

4.1.2 查询列

查询列是指从表中选出指定的属性值组成的结果集。通过 SELECT 子句的列名项组成结果集的列。

1. 查询所有列

在 SELECT 子句中，关键字"*"表示选择指定表中所有列。查询结果集中的排列顺序与源表中列的顺序相同。

【例 4.1】查询 OnLineDB 数据库中 GoodsType（商品类别表）中所有的商品类别信息。

```
USE OnLineDB;
SELECT * FROM GoodsType;
```

执行上述代码，结果集列出了商品类别中的所有数据，如图 4-1 所示。

学习提示： 除非需要使用表中所有列的数据，一般不建议使用 "*" 查询数据，以免由于获取的数据过多降低查询性能。在本项目中所有示例，如无特殊说明，都在 **OnLineDB** 数据库中进行。

2. 查询指定的列

使用 SELECT 语句选择表中的指定列，列名与列名间用逗号隔开。

【例 4.2】查询 Goods（商品信息表）中所有的商品编号、名称、价格和销售数量。

```
SELECT gdCode,gdName,gdPrice,gdSaleQty
FROM Goods;
```

执行结果如图 4-2 所示。

gdCode	gdName	gdPrice	gdSaleQty
001	迷彩帽	63	29
002	漫画书	20	3
003	牛肉干	94	61
004	零食礼包	145	102
005	运动鞋	400	200
006	咖啡壶	50	45
007	漂移卡丁车	1049	10
008	A字裙	128	200
009	LED小台灯	29	31
010	华为P9_PLUS	3980	7

tID	tName
1	服饰
2	零食
3	电器
4	书籍
5	家居

图4-1　查询GoodsType表中的所有列　　　　　　　　图4-2　查询商品表中指定列

在 SELECT 语句查询列时，列的顺序可以根据用户数据呈现需要进行更改。

【例 4.3】查询 Goods 中所有的商品编号、名称、价格、销售数量、城市和是否热销，并将城市（gdCity）列放到查询列表中的最后一列。

```
SELECT gdCode,gdName,gdPrice,gdSaleQty,gdHot,gdCity
FROM Goods;
```

执行结果如图 4-3 所示。

gdCode	gdName	gdPrice	gdSaleQty	gdHot	gdCity
001	迷彩帽	63	29	0	长沙
002	漫画书	20	203	0	西安
003	牛肉干	94	61	0	重庆
004	零食礼包	145	234	0	济南
005	运动鞋	400	200	0	上海
006	咖啡壶	50	45	0	北京
007	漂移卡丁车	1049	10	0	武汉
008	A字裙	128	200	0	长沙
009	LED小台灯	29	31	0	长沙
010	华为P9_PLUS	3980	7	0	深圳

图4-3　查询商品表中指定列的排列顺序

3. 计算列值

在使用 SELECT 进行查询时，可以使用表达式作为查询的结果列。

【例 4.4】查询 Goods 中每件商品的销售总价，其中销售总价=销售数量*价格，显示商品名称和销售总价。

```
SELECT gdName,gdSaleQty*gdPrice
FROM Goods;
```

执行结果如图 4-4 所示。

从图 4-4 查询结果的第 2 列数据可以看出，SELECT 语句中的表达式 gdSaleQty*gdPrice 对商品表中每一行记录都进行了运算。

除能使用表中的列进行表达式计算外，还可以通过函数、常量、变量等表达式来计算。

【例 4.5】查询 Users（用户信息表）中的用户名和年龄。

从 Users 的表结构可以看到，表中存在"出生年月（uBirth）"的列可以和当前日期计算出年龄。编写的 SQL 查询语句如下：

```
SELECT uName, year(now())-year(uBirth)
FROM Users;
```

其中函数 year() 的功能是返回指定日期的年份；函数 now() 的功能是返回系统当前的日期时间。执行结果如图 4-5 所示。

uName	year(now())-year(uBirth)
▶ 郭炳颜	22
蔡准	18
段湘林	16
盛伟刚	22
李珍珍	27
常浩萍	31
柴宗文	33
李莎	22
陈瑾	15
次旦多吉	8
冯玲芬	33
范丙全	32

gdName	gdSaleQty*gdPrice
▶ 迷彩帽	1827
漫画书	60
牛肉干	5734
零食礼包	14790
运动鞋	80000
咖啡壶	2250
漂移卡丁车	10490
A字裙	25600
LED小台灯	899
华为P9_PLUS	27860

图4-4 查询商品的销售总价   图4-5 计算用户年龄

学习提示：在数据库设计过程中，为减少数据冗余，凡能通过已知列计算所得的数据一般不再提供列存储。

4. 为查询结果中的列指定列标题

默认情况下，结果集显示的列标题就是查询列的名称，当希望查询结果中显示的列使用自己的列标题时，可能使用 AS 关键字更改结果集中的列标题。

【例 4.6】查询 Goods 表中的商品名称、价格和所处城市，结果集中各列的标题指定为商品名、价格和城市。

```
SELECT gdName as 商品名,gdPrice as 价格,gdCity as 城市
FROM Goods;
```

执行结果如图 4-6 所示。

此外,从【例 4.4】和【例 4.5】的结果可以看出,当显示列为计算列时,列的名称采用的是表达式,为了提高代码的可读性,更好地为应用程序服务,有必要为计算机列更改列标题。

【例 4.7】修改【例 4.4】,为计算出的销售总价指定列标题为"totalPrice"

```
SELECT gdName,gdSaleQty*gdPrice as totalPrice
FROM Goods;
```

执行结果如图 4-7 所示。

商品名	价格	城市
▶ 迷彩帽	63	长沙
漫画书	20	西安
牛肉干	94	重庆
零食礼包	145	济南
运动鞋	400	上海
咖啡壶	50	北京
漂移卡丁车	1049	武汉
A字裙	128	长沙
LED小台灯	29	长沙
华为P9_PLUS	3980	深圳

图4-6 为查询指定列标题

gdName	totalPrice
▶ 迷彩帽	1827
漫画书	60
牛肉干	5734
零食礼包	14790
运动鞋	80000
咖啡壶	2250
漂移卡丁车	10490
A字裙	25600
LED小台灯	899
华为P9_PLUS	27860

图4-7 为销售总价指定列标题

学习提示:当指定的列标题中包含空格时,需要使用单引号将列标题括起来。

4.1.3 选择行

实际应用中,应用程序只需获取满足用户的数据,因而在查询数据时通常会指定查询条件,以筛选出用户所需的数据,这种查询方式称为选择行。

在 SELECT 语句中,查询条件由 WHERE 子句指定。语法格式如下。

```
WHERE where_definition
```

其中 where_definition 为筛选条件表达式,该表达式是通过运算符将列名、常量、函数、变量及子查询进行组合。其中使用的运算符包括比较运算符、逻辑运算符、LIKE 运算符、BETWEEN AND 运算符、IS NULL 运算符、IN 运算符等。

1. 使用比较运算符

比较运算符是检索条件中常用的运算符。使用比较运算符可以比较两个表达式的大小,常用的关系运算符如表 4-1 所示。

表 4-1 比较运算符

运　算　符	含　义	运　算　符	含　义
=	等于	<>、!=	不等于
>	大于	<	小于
>=	大于等于	<=	小于等于

比较运算符中提供的不等于有两种表现形式"! ="和"<>",它们完全等价。使用比较运

算符实现对查询条件限定时，语法格式如下：

```
WHERE 表达式1 比较运算符 表达式2
```

【例4.8】查询 Users 表中 uID 为 8 的用户姓名。

```
SELECT uID,uName
FROM Users
WHERE uID=8;
```

执行结果如图 4-8 所示。

【例4.9】查询 Users 表中 2000 年后出生的用户，显示姓名、电话号码和出生年月。

```
SELECT uID,uName,uPhone
FROM Users
WHERE year(uBirth) >= 2000 ;
```

执行结果如图 4-9 所示。

图4-8 查询uID为8的用户名

图4-9 查询2000年后出生的用户信息

2. 使用逻辑运算符

逻辑运算符可以将两个或两个以上的条件表达式组合起来形成逻辑表达式，包含 AND、OR 和 NOT 三种运算符。使用逻辑运算符实现对查询条件限定时，语法格式如下。

```
WHERE [NOT] 表达式1 逻辑运算符 表达式2
```

AND 表示逻辑与运算，用来连接两个或多个查询条件，只有当所有表达式同为 TRUE 时结果为 TRUE。

【例4.10】查询 Users 表中 2000 年以后出生且性别为"男"的用户信息，列出用户 ID、姓名和电话号码。

```
SELECT uID,uName,uPhone
FROM Users
WHERE year(uBirth) >= 2000 AND uSex='男';
```

执行结果如图 4-10 所示。

OR 表示逻辑或运算，用来连接两个或多个查询条件，参与运算的表达式只要有一个值为 TRUE，结果就为 TRUE。

【例4.11】查询 Goods 表中 tID 等于 4 或 gdPriced 小于等于 50 的商品类别 ID、商品名称和商品价格。

```
SELECT tID,gdName,gdPrice
FROM goods
WHERE tID=4 OR gdPrice<=50;
```

执行结果如图 4-11 所示。

uID	uName	uPhone
3	段湘林	18974521635
10	次旦多吉	17654289375

图4-10　逻辑AND查询示例

tID	gdName	gdPrice
4	漫画书	20
5	咖啡壶	50
5	LED小台灯	29

图4-11　逻辑OR查询示例

NOT 表示逻辑非运算，对指定表达式的值取反。

【例 4.12】查询 Goods 表中 gdPrice 不大于 50 的商品名称和商品价格。

```
SELECT gdName,gdPrice
FROM goods
WHERE NOT(gdPrice>50) ;
```

执行结果如图 4-12 所示。

学习提示：当 WHERE 语句中有 NOT 运算符时，应将 NOT 放在表达式的前面。

AND 和 OR 运算符可以一起使用，但 AND 的运算符优先级高于 OR，当两者一起使用时，会先运算 AND 两侧的条件表达式，然后再运算 OR 两侧的条件表达式。

【例 4.13】查询 Goods 表中 gdCity 值为"长沙"或"西安"，且 gdPrice 小于等于 50 的商品名称，价格及城市。

```
SELECT gdName,gdPrice ,gdCity
FROM goods
WHERE gdCity='长沙' OR gdCity='西安' AND gdPrice<=50;
```

执行结果如图 4-13 所示。

gdName	gdPrice
漫画书	20
LED小台灯	29

图4-12　逻辑NOT查询示例

gdName	gdPrice	gdCity
漫画书	20	西安
LED小台灯	29	长沙

图4-13　AND和OR组合查询示例

3. 使用 BETWEEN AND 运算符

WHERE 子句中，可使用 BETWEEN AND 来限制查询数据的范围，语法格式如下。

```
WHERE 表达式 [NOT] BETWEEN 初始值 AND 终止值
```

【例 4.14】查询 Goods 表中 gdPrice 在 100 到 500 元的商品名称和价格。

```
SELECT gdName,gdPrice
FROM goods
WHERE gdPrice BETWEEN 100 AND 500 ;
```

执行结果如图 4-14 所示。

学习提示：使用 BETWEEN…AND 的范围比较，等价由 AND 运算符连接两个比较运算符组成的表达式，初始值不能大于终止值。

4. 使用 IN 运算符

IN 运算符与 BETWEEN…AND 运算符类似，用来限制查询数据的范围，语法格式如下。

```
WHERE 表达式 [NOT] IN (值1,值2,…,值N)
```

【例 4.15】查询 Goods 表中 gdCity 为长沙、西安、上海三个城市的商品名称。

```
SELECT gdName,gdCity
FROM goods
WHERE gdCity in ('长沙','西安','上海');
```

执行结果如图 4-15 所示。

gdName	gdPrice
▶ 零食礼包	145
运动鞋	400
A字裙	128

gdName	gdCity
▶ 迷彩帽	长沙
漫画书	西安
运动鞋	上海
A字裙	长沙
LED小台灯	长沙

图4-14　BETWEEN...AND运算符使用示例　　　　图4-15　IN运算符使用示例

学习提示：使用 IN 运算符比较，等价由 OR 运算符连接多个表达式，但使用 IN 构建搜索条件的语法更简单。不允许在值列表中出现 NULL 值数据。

5. 使用 LIKE 运算符

运算符"="可以判断两个字符串是否完全相同，而实际中当需要查询的条件只能提供不完全确定的部分信息时，就需要使用 LIKE 运算符实现字符串的模糊查询。使用 LIKE 运算符实现对查询条件限定时，语法格式如下。

```
WHERE 列名 [NOT] LIKE '字符串' [ESCAPE '转义字符']
```

其中，与 LIKE 运算符同时使用的是通配符，MySQL 中通配符释义如表 4-2 所示。ESCAPE 的作用则是当用户要查询的数据本身含有通配符时，可以使用该选项对通配符进行转义。

表 4-2　通配符

通　配　符	说　　明	示　　例
%	任意字符串	s%：表示查询以 s 开头的任意字符串，如 small %s：表示查询以 s 结尾的任意字符串，如 address %s%：表示查询包含 s 的任意字符串，如 super、course
—	任何单个字符	_s：表示查询以 s 结尾且长度为 2 的字符串，如 as s_：表示查询以 s 开头且长度为 2 的字符串，如 sa

【例 4.16】查询 Users 表中 uName 为"李"开头的用户姓名、性别和手机号。

```
SELECT uName,uSex,uPhone
FROM users
WHERE uName LIKE '李%' ;
```

执行结果如图 4-16 所示。

【例 4.17】查询 Users 表中 gdName 第 2 个字为"湘"的用户姓名、性别和手机号。

```
SELECT uName,uSex,uPhone
FROM users
WHERE uName LIKE '_湘%' ;
```

执行结果如图 4-17 所示。

uName	uSex	uPhone
▶ 李珍珍	女	14752369842
李莎	女	17632954782

uName	uSex	uPhone
▶ 段湘林	男	18974521635

图4-16　通配符 "%" 使用示例　　　　　　　　　图4-17　通配符使用示例

学习提示：MySQL 中字符的比较不区分大小写。当 LIKE 后的字符串不含通配符时，则可以用 "=" 运算符替代，而 "<>" 则可以替代 NOT LIKE 运算。

当查询的字符串中含通配符时，MySQL 采用转义字符来实现，默认的转义字符为 "\"。

【**例 4.18**】查询 Goods 表中 gdName 以 "华为 P9_" 开头的商品编号、名称和价格。

```
SELECT gdCode,gdName,gdPrice
FROM goods
WHERE gdName LIKE '华为 P9\_%' ;
```

执行结果如图 4-18 所示。

【**例 4.19**】查询 Goods 表中 gdName 以 "华为 P9_" 开头的商品编号、名称和价格。

```
SELECT gdCode,gdName,gdPrice
FROM goods
WHERE gdName LIKE '华为 P9|_%' ESCAPE'|' ;
```

其中，ESCAPE 后指定的 "|" 为转义字符。执行结果如图 4-19 所示。

gdCode	gdName	gdPrice
▶ 010	华为P9_PLUS	3980

gdCode	gdName	gdPrice
▶ 010	华为P9_PLUS	3980

图4-18　默认转义字符 "\" 示例　　　　　　　　图4-19　ESCAPE短语指定转义字符示例

从运行结果可以看出，使用 "\" 或 ESCAPE 短语指定的 "|" 的查询结果相同，它们都将 "_" 转义成了普通字符使用。

6. REGEXP 运算符

除使用 LIKE 实现模糊匹配外，MySQL 还支持正则表达式的匹配。正则表达式通常用来检索或替换符合某个模式的文本内容，根据指定的匹配模式匹配文本中符合要求的字符串。如从一个文本中提取电话号码，或是查找一篇文章中重复的单词或替换用户输入的某些字符等。正则表达式强大且灵活，可应用于复杂的查询。

MySQL 中使用 REGEXP 运算符来进行正则表达式匹配，其语法格式如下。

```
WHERE 列名 REGEXP '模式串'
```

REGEXP 常用的字符匹配模式如表 4-3 所示。

表 4-3　REGEXP 常用字符匹配模式

模　式	说　　明	示　　例
^	匹配字符串的开始位置	'^d': 匹配以字母 d 开头的字条串，如 dear, do
$	匹配字符串的结束位置	'st$': 匹配以 st 结束的字符串，如 test, resist
.	匹配除 "\n" 之外的任何单个字符	'h.t': 匹配任何 h 和 t 间的一个字符，如 hit, hot

续表

模 式	说 明	示 例
[...]	匹配字符集合中的任意一个字符	'[ab]'：匹配 ab 中的任意一个字符，如 plain，hobby
[^...]	匹配非字符集合中的任意一个字符	'[^ab]'：匹配任何不包含 a 或 b 的字符串
p1|p2|p3	匹配 p1 或 p2 或 p3	'z|food'：匹配 "z" 或 "food"。'(z|f)ood' 则匹配 "zood" 或 "food"
*	匹配零个或多个在它前面的字符	'zo*'：匹配 "z" 以及 "zoo"。'*' 等价于{0,}
+	匹配前面的字符 1 次或多次	'zo+'：匹配 "zo" 以及 "zoo"，但不能匹配 "z"。+ 等价于 {1,}
{n}	匹配前面的字符串至少 n 次，n 是一个非负整数	'o{2}'：匹配 "food" 中的两个 o，但不能匹配 "Bob" 中的 'o'
{n,m}	匹配前面的字符串至少 n 次,至多 m 次，m 和 n 均为非负整数，其中 n <= m	'o{2,4}'：匹配至少 2 个 o，最多 4 个 o 的字符串。如 oo，oooo

【例 4.20】查询 Users 表中 uPhone 以 "5" 结尾用户的姓名、性别和电话。

```
SELECT uName,uSex,uPhone
FROM users
WHERE uPhone REGEXP '5$' ;
```

执行结果如图 4-20 所示。

【例 4.21】查询 Users 表中 uPhone 以 "16,17,18" 开头用户的姓名、性别和电话。

```
SELECT uName,uSex,uPhone
FROM users
WHERE uPhone REGEXP '^1[678]' ;
```

执行结果如图 4-21 所示。

uName	uSex	uPhone
▶ 蔡准	男	14786593245
段湘林	男	18974521635
盛伟刚	男	13598742685
常浩萍	女	16247536915
次旦多吉	男	17654289375
范丙全	男	17652149635

图4-20　正则表达式模式 "$" 示例

uName	uSex	uPhone
▶ 郭炳颜	男	17598632598
段湘林	男	18974521635
常浩萍	女	16247536915
柴宗文	男	18245739214
李莎	女	17632954782
次旦多吉	男	17654289375
范丙全	男	17652149635

图4-21　正则表达式模式组合使用示例

7. 使用 IS NULL 运算符

当未给表中的列提供数据值时，系统自动将其设置为空值。IS NULL 运算符实现表达式跟空值的比较。其语法格式如下。

```
WHERE 列名 IS [NOT] NULL
```

【例 4.22】查询 Users 表中 uImage 为空的用户姓名和性别。

```
SELECT uName,uSex,uImage
FROM users
```

```
WHERE uImage IS NULL;
```

执行结果如图 4-22 所示。

学习提示：IS 不能用 "=" 替代，NULL 不等同于数值 0 或空字符。由于 NULL 间不能匹配，不能使用比较运算符或者 LIKE 运算符对空值进行判断。

8. 使用 DISTINCT 消除重复结果集

当查询结果集的数据重复时，可使用 DISTINCT 关键字去除重复的结果集。

【例 4.23】查询 Goods 表中 gdPrice 大于 200 的商品来源哪些城市。

```
SELECT DISTINCT gdCity
FROM goods
WHERE gdPrice>200;
```

执行结果如图 4-23 所示。

uName	uSex	uImage
▶ 柴宗文	男	(Null)
范丙全	男	(Null)

图4-22　NULL值比较示例

gdCity
▶ 上海
武汉
深圳

图4-23　DISTINCT运算符使用示例

4.1.4　数据排序

默认情况下，使用 SELECT 查询结果集的记录顺序按表中记录的物理顺序排列。实际应用中，需要对查询的结果集按一定的结果排序输出，例如，按商品的价格从低到高，按商品的销售量从高到低排序等。

在 SELECT 语句中，使用 ORDER BY 子句实现对查询结果的排序。语法格式如下。

```
ORDER BY {列名 | 表达式 | 正整数} [ASC | DESC] [,…n]
```

其中列名、表达式或正整数为排序关键字，正整数表示排序列在选择列表中所处位置的序号；ASC 为升序，指从低到高对指定列中的值进行排序，默认时为 ASC；DESC 为降序，指从高到低对指定列中的值进行排序。当指定的排序关键列不止一个时，列名间用逗号分隔。

【例 4.24】查询 Goods 表 tID 为 1 的商品编号、名称和价格，并按价格升序排列。

```
SELECT gdCode,gdName,gdPrice
FROM goods
WHERE tID=1
ORDER BY gdPrice;
```

执行结果如图 4-24 所示。

【例 4.25】查询 Goods 表 tID 为 1 的商品编号、名称、价格和销售量，并先按销售量降序，再按价格升序排列。

```
SELECT gdCode,gdName,gdSaleQty,gdPrice
FROM goods
WHERE tID=1
ORDER BY gdSaleQty DESC,gdPrice;
```

执行结果如图 4-25 所示。

gdCode	gdName	gdPrice
▶ 001	迷彩帽	63
008	A字裙	128
005	运动鞋	400

gdCode	gdName	gdSaleQty	gdPrice
▶ 008	A字裙	200	128
005	运动鞋	200	400
001	迷彩帽	29	63

图4-24　单列排序使用示例　　　　　　　图4-25　多列排序使用示例

学习提示： 当指定的排序关键列有多个时，应分别指出各列的升序或降序选项。

4.1.5　使用 LIMIT 限制结果集返回的行数

当需要查询的结果返回部分数据集时，SELECT 语句中使用 LIMIT 子句来指定查询结果从哪一条记录开始以及一共查询多少行记录，其语法格式如下。

```
LIMIT [OFFSET,] 记录数
```

其中参数 OFFSET 表示偏移量，如果偏移量为 0 则从查询结果的第一条记录开始，偏移量为 1 时则从查询结果的第二条记录开始，依次类推。OFFSET 为可选项，当不设置值时默认为 0。参数记录数则表示返回查询记录的行数。

【例 4.26】 查询 Goods 表前 3 行记录的商品编号、名称和价格。

```
SELECT gdCode,gdName,gdPrice
FROM goods
LIMIT 3;
```

执行结果如图 4-26 所示。

【例 4.27】 查询 Goods 表，显示从第 4 行开始的连续 3 行记录的编号、名称和价格。

```
SELECT gdCode,gdName,gdPrice
FROM goods
LIMIT 3,3;
```

执行结果如图 4-27 所示。

gdCode	gdName	gdPrice
▶ 001	迷彩帽	63
002	漫画书	20
003	牛肉干	94

gdCode	gdName	gdPrice
▶ 004	零食礼包	145
005	运动鞋	400
006	咖啡壶	50

图4-26　LIMIT省略OFFSET使用示例　　　　图4-27　限定查询结果范围使用示例

学习提示： LIMIT 关键字中 OFFSET 偏移量的值从 0 开始。

4.1.6　数据分组统计

对表进行数据查询时，通常需要对查询结果集进行计算和统计。例如，要统计用户的平均年龄、最大最小年龄、商品的销售量或商品的销售总额等。

在 SELECT 语句中，使用聚合函数、GROUP BY 子句能够实现对查询结果集进行分组和统计等操作。

1. 使用聚合函数

聚合函数能够实现对数据表中指定列的值进行统计计算，并返回单个数值。聚合函数主要用在 GROUP BY 子句、HAVING 子句中，用来对查询结果进行分组、筛选或统计。

MySQL 提供的常用聚合函数如表 4-4 所示。

表 4-4 常用聚合函数

函 数 名	说 明	函 数 名	说 明
SUM	返回组中所有值的和	AVG	返回组中各值的平均值
MAX	返回组中的最大值	MIN	返回组中的最小值
COUNT	返回组中的项数	GROUP_CONCAT	返回一个字符串结果，该结果由分组中的值连接组合而成

（1）SUM、AVG、MAX 和 MIN 函数。

语法格式如下。

```
SUM/AVG/MAX/MIN ( [ ALL | DISTINCT ] 列名|常量|表达式 )
```

其中，ALL 表示对整个查询数据进行聚合运算，DISTINCT 则是指去除重复值后，再进行聚合运算。

【例 4.28】查询 Goods 表，统计所有商品的总销售量。

```
SELECT SUM(gdSaleQty) FROM goods;
```

执行结果如图 4-28 所示。

【例 4.29】查询 Goods 表，显示商品的最高价格。

```
SELECT MAX(gdPrice) FROM goods;
```

执行结果如图 4-29 所示。

SUM(gdSaleQty)
▶ 688

MAX(gdPrice)
▶ 3980

图4-28 函数SUM使用示例 　　　　　　　　图4-29 函数MAX使用示例

（2）COUNT 函数

语法格式如下。

```
COUNT ( { [ [ ALL | DISTINCT ] 列名|常量|表达式] | * } )
```

其中，DISTINCT 指定 COUNT 返回唯一非空值的数量。*则指定应该计算所有行并返回表中行的总数。其他参数同 SUM 函数说明。

【例 4.30】查询 Users 表，统计用户总人数。

```
SELECT COUNT(*) FROM users;
```

执行结果如图 4-30 所示。

【例 4.31】查询 Orders 表，显示购买过商品的用户人数。

```
SELECT COUNT(DISTINCT uID) FROM orders;
```

执行结果如图 4-31 所示。

COUNT(*)
▶ 12

图4-30 函数COUNT使用示例

COUNT(DISTINCT uID)
▶ 5

图4-31 函数COUNT去重复统计示例

学习提示：COUNT(*) 不需要任何参数，而且不能与 DISTINCT 一起使用。

2. GROUP BY 子句

聚合函数对满足 WHERE 子句条件的结果集进行聚合后只返回单个汇总数据。使用 GROUP BY 子句则可以对表中的数据按指定的列对查询结果集进行分组，并使用聚合函数为结果集中的每个分组产生一个汇总值。GROUP BY 子句的语法格式如下。

```
GROUP BY [ ALL ] 列名1,列名2 [ ,...n ] [ WITH ROLLUP] [HAVING 条件表达式]
```

其中，ALL 将显示所有组，是默认值。列名为分组依据列。不能使用在 SELECT 列表中定义的别名来指定组合列；使用 WITH ROLLUP 关键字指定的结果集不仅包含由 GROUP BY 提供的行，同时还包含汇总行；HAVING 用来指定分组后的数据集进行过滤。

（1）单独使用 GROUP BY 分组

单独使用 GROUP BY 时，查询的结果集会显示分组中的每一条记录。

【例 4.32】查询 Users 表，按 uCity 列进行分组。

```
SELECT uID,uName,uSex,uCity
FROM users
GROUP BY uCity;
```

执行结果如图 4-32 所示。

从查询结果可以看出返回了四行记录，这四行记录的值分别为"上海"、"北京"、"重庆"、"长沙"，这说明查询结果集按照 uCity 中的不同值进行了分类。然而这种查询结果只显示了每个分组中的第一行记录，在实际应用中意义不大。通常情况下，GROUP BY 关键字和聚合函数一起使用。

（2）GROUP BY 和聚合函数一起使用

GROUP BY 和聚合函数一起使用，可以统计出某个分组中的项数、最大值和最小值等。

【例 4.33】查询 Users 表，统计各城市的用户人数。

```
SELECT uCity,COUNT(*)
FROM users
GROUP BY uCity;
```

执行结果如图 4-33 所示。

uID	uName	uSex	uCity
▶ 4	盛伟刚	男	上海
2	蔡准	男	北京
7	柴宗文	男	重庆
1	郭炳颜	男	长沙

图4-32 单独使用GROUP BY子句

uCity	COUNT(*)
▶ 上海	2
北京	3
重庆	1
长沙	6

图4-33 GROUP BY和COUNT函数使用示例

从查询结果可以看出，GROUP BY 按 uCity 进行了分组，并使用 COUNT(*)函数统计出了各城市的用户数。

（3）GROUP BY 和 GROUP_CONCAT 一起使用

GROUP BY 和 GROUP_CONCAT 一起使用，能实现同一分组中某个列的数据值按指定的分隔符连接起来。

```
GROUP_CONCAT([DISTINCT] 表达式 [ORDER BY 列名] [SEPARATOR 分隔符])
```

其中，DISTINCT 可以排除重复值；如果希望对结果中的值进行排序，可以使用 ORDER BY 子句；SEPARATOR 是一个字符串值，它被用于插入到结果值中，默认分隔符为逗号（","），也可以指定 SEPARATOR "" 完全地移除这个分隔符。

【例 4.34】查询 Users 表，将同一城市的 uID 值用逗号 "," 连接起来，列名为 uIDs。

```
SELECT uCity,GROUP_CONCAT(uID) as uIDs
FROM users
GROUP BY uCity;
```

执行结果如图 4-34 所示。

从查询结果可以看出，GROUP BY 按 uCity 列的不同值分组，并通过 GROUP_CONCAT 聚合函数将同一分组的 uID 的值使用默认分隔符 "," 进行了连接。

【例 4.35】查询 Users 表，将同一城市的 uID 值用下划线 "_" 连接起来，列名为 uIDs。

```
SELECT uCity,GROUP_CONCAT(uID ORDER BY uID SEPARATOR '_') as uIDs
FROM users
GROUP BY uCity;
```

执行结果如图 4-35 所示。

uCity	uIDs
上海	4,5
北京	7,2,6
重庆	8
长沙	11,10,9,1,3,12

图4-34　使用默认分隔符的分组值连接示例

uCity	uIDs
上海	4_5
北京	2_6_7
重庆	8
长沙	1_3_9_10_11_12

图4-35　使用指定分隔符的排序分组值连接示例

从查询结果可以看出，GROUP BY 按 uCity 列的不同值分组，并通过 GROUP_CONCAT 聚合函数将同一分组的 uID 的值进行了连接，uID 的值按 uID 升序排列，连接符使用了 SEPARATOR 指定的 "_" 字符。

学习提示：GROUP_CONCAT 函数必须跟 GROUP BY 子句一起使用。

（4）GROUP BY 和 WITH ROLLUP 一起使用

GROUP BY 和 WITH ROLLUP 可以输出每一类分组的汇总值。

【例 4.36】查询 Users 表，统计"上海"和"长沙"两个城市的用户人数。

```
SELECT uCity,COUNT(*)
FROM users
WHERE uCity in ('长沙','上海')
GROUP BY uCity
WITH ROLLUP;
```

执行结果如图 4-36 所示。

从查询结果看到，查询按 uCity 字段分组统计了上海和长沙两个城市的用户人数后，还增加了一行两地用户总人数的汇总行。

（5）GROUP BY 和 HAVING 一起使用

HAVING 关键字和 WHERE 关键字都用于设置条件表达式对查询结果集进行筛选，不同的是 HAVING 关键字后可以使用聚合函数，且只能跟 GROUP BY 一起使用，用于对分组后的结果进行筛选。

【例 4.37】查询 Users 表，统计各城市的用户人数，显示人数在 3 人以上的城市。

```
SELECT uCity,COUNT(*)
FROM users
GROUP BY uCity
HAVING COUNT(*)>=3;
```

执行结果如图 4-37 所示。

uCity	COUNT(*)
▶ 上海	2
长沙	6
(Null)	8

图4-36　WITH ROLLUP使用示例

uCity	COUNT(*)
▶ 北京	3
长沙	6

图4-37　HAVING子句过滤记录示例

从执行结果可以看到，仅显示了城市用户数在 3 人以上的城市统计数据。

任务 2　连接查询多表数据

【任务描述】实际应用中，数据查询的要求通常要涉及多张数据表。连接是多表数据查询的一种有效手段，本任务阐述内连接、外连接和交叉连接等连接方式，灵活构建多表查询，以满足实际应用的需求。

4.2.1　连接查询

实际应用系统的开发中，数据查询往往需要从多个数据表中提取数据。当查询从多个相关表中提取数据的方法，称之为连接查询。连接查询是关系型数据库中重要的查询类型之一，通过表间的相关列，可以追踪各个表之间的逻辑关系，从而实现多表的连接查询。

根据查询方式的不同，连接查询常分为如下 3 种类型。

● 内连接（INNER JOIN）：查询结果集返回与连接条件匹配的记录行，通常使用比较运算符比较被连接的列值。

● 外连接（OUTER JOIN）：查询结果集返回与连接条件匹配的记录行外，还包括左表（左外连接）、右表（右外连接）或两个连接表（完全外连接）中的任何记录行。

● 交叉连接（CROSS JOIN）：查询结果集返回两个表的任何记录行的笛卡儿积，查询结果集的列为各连接表的列之和，记录行数为各连接表行数的乘积值。

连接查询由 SELECT 语句的 FROM 子句中的 JOIN 关键字来实现。基本语法格式如下。

```
SELECT [ALL | DISTINCT ] * | 列名 1[,列名 2,…,列名 n]
FROM 表 1 [别名 1] JOIN 表 2 [别名 2]
```

```
[ON 表 1.关系列=表 2.关系列 | USING(列名)]
[ WHERE 条件表达式 ];
```

语法说明。

- JOIN：泛指各类连接操作的关键字，具体含义如表 4-5 所示。
- ON 连接条件表达式：指定连接的条件。交叉连接无该子句。
- WHERE 条件表达式：指定查询结果集的选择条件。交叉连接无该子句。

表 4-5　JOIN 关键字的含义

连 接 类 型	连 接 符 号	说　　明
内连接	INNER JOIN	INNER 可省略
左外连接	LEFT JOIN	外连接
右外连接	RIGHT JOIN	
交叉连接	CROSS JOIN	

4.2.2　内连接

内连接是多表连接查询的最常用操作。内连接使用比较运算符比较两个表共有的字段列，返回满足条件的记录行。在关系数据库系统中，主从关系表之间连接时，通常由主表的主键列作为连接条件。

【例 4.38】查询 Goods 表中商品类别为"服饰"的商品编号、名称、价格及类别名称。

```
SELECT tName,gdCode,gdName,gdPrice
FROM goodstype JOIN goods
     ON goodstype.tID= goods.tID
WHERE tName='服饰';
```

执行结果如图 4-38 所示。

从查询结果可以看到，只有 goodstype.tID 和 goods.tID 相等的类别才会被显示，显示的数据包含 Goods 表中的 gdCode，gdName，gdPrice 列和 GoodsType 表中的 tName 列。

除了能为查询的列指定别名外，也可以为查询的数据表指定别名。

【例 4.39】查询用户名为"段湘林"购买商品的订单总金额。

```
SELECT uName,SUM(oTotal)
FROM users s JOIN orders t      --users 表的别名指定为 s，orders 表的别名指定为 t
    ON s.uID = t.uID
WHERE uName='段湘林';
```

执行结果如图 4-39 所示。

tName	gdCode	gdName	gdPrice
▶ 服饰	001	迷彩帽	63
服饰	005	运动鞋	400
服饰	008	A字裙	128

uName	SUM(oTotal)
▶ 段湘林	1193

图4-38　内连接使用示例　　　　　　　　　　图4-39　内连接使用示例

学习提示：两张表在进行连接时，连接列字段的名称可以不同，但要求必须具有相同数据类型、长度和精度，且表达同一范畴的意义，通常连接字段一般是数据表的主键和外键。使用内连接后，仍可使用 SELECT 语句对单表数据查询的所有语法。

当连接的表超过两张时，分别为 JOIN 连接的表进行连接条件的指定。

【例 4.40】查询 uName 值为"段湘林"的购物车中的商品名称、价格及购买数量。

```
SELECT g.gdID,gdName,gdPrice,scNum
FROM users s JOIN scar t ON s.uid=t.uid
            JOIN goods g ON g.gdID=t.gdID
WHERE uName='段湘林';
```

执行结果如图 4-40 所示。

在多张表进行连接时，查询的连接可以先使用 JOIN 将所有表连接起来，再使用 ON 关键字写出多个连接条件。【例 4.40】也改写成如下语句。

```
SELECT g.gdID,gdName,gdPrice,scNum
FROM users s JOIN scar t JOIN goods g
            ON s.uid=t.uid AND g.gdID=t.gdID
WHERE uName='段湘林';
```

在 JOIN 连接中，当连接条件由两张表相同名称且类型相同的字段相连时，可以使用 USING（列名）来连接。【例 4.40】还可以改写成如下语句。

```
SELECT gdID,gdName,gdPrice,scNum
FROM users JOIN scar USING(uid)
            JOIN goods USING(gdID)
WHERE uName='段湘林';
```

在一个连接查询中，当连接的两张表是同一个表时，这种连接称为自连接。自连接是一种特殊的内连接，它是指相互连接的表在物理上为同一个表，但逻辑上分为两个表。

【例 4.41】查询与用户"蔡准"在同一城市的用户 uName 和 uPhone。

```
SELECT s.uName,s.uPhone,s.uCity
FROM users s JOIN users t
        ON s.uCity=t.uCity
WHERE t.uName='蔡准';
```

执行结果如图 4-41 所示。

gdID	gdName	gdPrice	scNum
9	LED小台灯	29	2
2	漫画书	20	1
7	漂移卡丁车	1049	1

uName	uPhone	uCity
蔡准	14786593245	北京
常浩萍	16247536915	北京
柴宗文	18245739214	北京

图4-40 多表内连接使用示例　　　　　　　图4-41 自连接使用示例

从查询的结果看，蔡准所在的城市有三个用户，分别是蔡准、常浩萍和柴宗文。

4.2.3 外连接

内连接只返回符合连接条件的记录，不满足条件的记录不会被显示。而实际应用中在连接查询时需要显示某个表的全部记录，即使这些记录并不满足连接条件。例如查询所有教师的开课情况，所有学生的选课情况等。

外连接返回的结果集除了包括符合连接条件的记录外，还会返回 FROM 子句中至少一个表的所有行，不满足条件的行将显示空值。根据外连接引用的不同，外连接分为左外连接和右外连接两种。

● 左外连接（LEFT JOIN）：结果集中除了包括满足连接条件的行外，还包括左表中不满足条件的记录行。当左表中不满足条件的记录与右表记录进行组合时，右表相应列的值为 NULL。

● 右外连接（RIGHT JOIN）：结果集中除了包括满足连接条件的行外，还包括右表中不满足条件的记录行。当右表中不满足条件的记录与左表记录进行组合时，左表相应列的值为 NULL。

【例 4.42】查询每个用户的订单金额，列出 uID，uName，oTotal。

```
SELECT s.uID,uName,oTotal
FROM users s LEFT JOIN orders t
        ON s.uID=t.uID;
```

执行结果如图 4-42 所示。

从查询结果可以看出，uID 值为 2、5、6、7 的用户 oTotal 的值为 Null，说明这四个用户没有订单记录；另外 uID 值为 3 的用户有两条记录，说明该用户有两次购买商品，下单金额分别是 144 和 1049。

【例 4.43】查询每个用户的订单数，列出 uID，uName，ordernum（订单数）。

```
SELECT s.uID,uName,count(t.uID) as orderNum
FROM orders t RIGHT JOIN users s
        ON s.uID=t.uID
GROUP BY s.uID;
```

执行结果如图 4-43 所示。

uID	uName	oTotal
1	郭炳颜	83
2	蔡准	(Null)
3	段湘林	144
3	段湘林	1049
4	盛伟刚	557
5	李珍珍	(Null)
6	常浩萍	(Null)
7	柴宗文	(Null)
8	李莎	1049

图4-42 左外连接使用示例

uID	uName	orderNum
1	郭炳颜	1
2	蔡准	0
3	段湘林	2
4	盛伟刚	1
5	李珍珍	0
6	常浩萍	0
7	柴宗文	0
8	李莎	1

图4-43 右外接使用示例

从查询结果可以看出，orders 表放置在连接操作的左边，也就是当 orders 表中找不到 uID 的匹配项时，orders 表中的显示的列为 Null。另外，使用 count(t.uID)只会统计非空值的数据。

学习提示：左外连接和右外连接的操作相同，区别在于表相对于 JOIN 关键字的位置不同。

4.2.4 交叉连接

交叉连接是将左表中的每一行记录与右表中的所有记录进行连接，返回的记录行数是两个表的乘积。

【例 4.44】查询会员能购买的所有可能的商品情况。列出 uID，uName，gdID，gdName。

```
SELECT uID,uName,gdID,gdName
FROM users CROSS JOIN goods;
```

执行结果如图 4-44 所示。

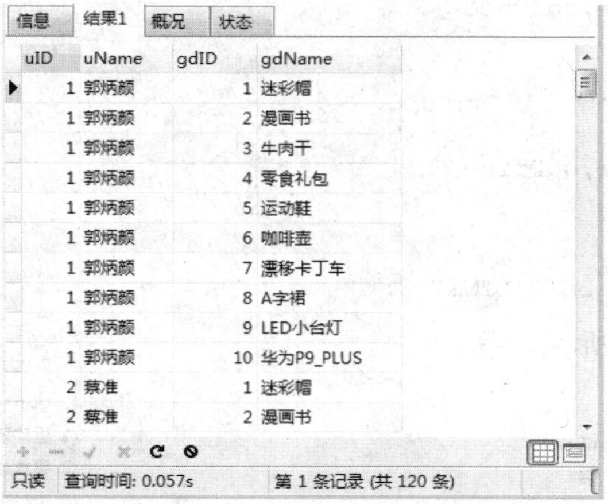

uID	uName	gdID	gdName
1	郭炳颜	1	迷彩帽
1	郭炳颜	2	漫画书
1	郭炳颜	3	牛肉干
1	郭炳颜	4	零食礼包
1	郭炳颜	5	运动鞋
1	郭炳颜	6	咖啡壶
1	郭炳颜	7	漂移卡丁车
1	郭炳颜	8	A字裙
1	郭炳颜	9	LED小台灯
1	郭炳颜	10	华为P9_PLUS
2	蔡准	1	迷彩帽
2	蔡准	2	漫画书

图4-44　交叉查询使用示例

从查询结果可以看出，users 表中的每一行记录都会与 goods 表中的每件商品记录逐行匹配。

学习提示：在一个规范化的数据库中使用交叉连接无太多应用价值，但却可以利用它为数据库生成测试数据，帮助理解连接查询的运算过程。交叉连接不能带连接条件。

4.2.5　联合查询多表数据

联合查询是将多个 SELECT 语句返回的结果集合并为单个结果集，该结果集包含联合查询中的每一个查询结果集的全部行，参与查询的 SELECT 语句中的列数和列的顺序必须相同，数据类型也必须兼容。语法格式如下。

```
SELECT 语句 1
UNION[ALL]
SELECT 语句 2
[UNION  [ALL]< SELECT 语句 3>][...n]
```

其中 UNION 为联合查询关键字；关键字 ALL 表示显示结果集所有行；省略 ALL 时，则系统自动删除结果集中的重复行。当使用 ORDER BY 或 LIMIT 子句时，只能在联合查询的最后一个查询后指定，且使用第一个查询的列名作为结果集的列名。

【例 4.45】联合查询 uID 值为 1 和 2 的用户信息，列出 uID，uName，uSex。

```
SELECT uID,uName,uSex
FROM users
WHERE uid=1
UNION
SELECT uID,uName,uSex
```

```
FROM users
WHERE uid=2;
```

执行结果如图 4-45 所示。

【例 4.46】联合查询 tid 值为 1 和 2 的商品信息，列出 tid，gdName，gdPrice，并按 gdPrice 从高到低排序，显示前 3 行记录。

```
SELECT tId,gdName,gdPrice
FROM goods
WHERE tId=1
UNION
SELECT tId,gdName,gdPrice
FROM goods
WHERE tId=2
ORDER BY gdPrice DESC LIMIT 3;
```

执行结果如图 4-46 所示。

uID	uName	uSex
1	郭炳颜	男
2	蔡准	男

图4-45 联合查询使用示例

tid	gdname	gdprice
1	运动鞋	400
2	零食礼包	145
1	A字裙	128

图4-46 联合查询排序使用示例

学习提示：JOIN 可以看作是将表进行水平组合，而 UNION 则是将表进行垂直组合。

任务3 子查询多表数据

【**任务描述**】子查询是多表数据查询的另一种有效方法，当数据查询的条件依赖于其他查询的结果时，使用子查询可以有效解决此类问题。本任务阐述了子查询用作表达式、子查询用作相关数据、子查询用作派生表、子查询作为数据更改条件及子查询作为数据删除条件等查询技巧。

4.3.1 子查询简介

子查询又称为嵌套查询，子查询也是一个 SELECT 命令语句，它可以嵌套在一个 SELECT 语句、INSERT 语句、UPDATE 语句或 DELETE 语句中。包含子查询的 SELECT 命令称为外层查询或父查询。子查询可以把一个复杂的查询分解成一系列的逻辑步骤，通过使用单个查询命令来解决复杂的查询问题。

子查询的执行过程可以描述为：首先执行子查询中的语句，并将返回的结果作为外层查询的过滤条件，然后再执行外层查询。在子查询中通常要使用比较运算符、IN、ANY 及 EXISTS 等关键字。

下面通过一个实例剖析子查询的执行过程。

【例 4.47】查询商品类别为"服饰"的商品 ID、名称、价格及销售量。

第 1 步：先在 goodstype 表中查出类别名称 tName 为"服饰"的 tId（类别 ID）。

```
SELECT tId
FROM goodstype
WHERE tName='服饰';
```

执行上述代码,可以查看到 tId 为 1。

第 2 步:根据 tId 的值,在 goods 表中筛选商品的指定信息。

```
SELECT gdId,gdName,gdprice,gdSaleQty
FROM goods
WHERE tId=1;
```

第 3 步:合并两个查询语句,将第 2 步中的数值"1"用第 1 步中的查询语句替换。

```
SELECT gdId,gdName,gdprice,gdSaleQty
FROM goods
WHERE tId=(SELECT tId
             FROM goodstype
             WHERE tName='服饰');
```

从以上分析可以看出,在这种查询方式中,子查询的查询结果作为外层查询的条件来筛选记录,其中步骤 2 和步骤 3 查询的结果相同。

子查询的运用使得多表查询变得更为灵活,通常可以将子查询用作派生表、关联数据及将子查询用作表达式等方式。

学习提示:子查询是一个 SELECT 语句,需要用圆括号括起来;子查询可以嵌套更深一级的子查询,至多可嵌套 32 层。

4.3.2 子查询作为表达式

在 SQL 语言中,凡能使用表达式的地方,均可以用子查询来替代,此时子查询的返回结果集必须是单个值或单列值。子查询作为表达式通常作为 SELECT 语句的 WHERE 从句中的条件表达式。

1. 使用比较运算符的子查询

当子查询的结果返回为单个值时,通常可以用比较运算符为外层查询提供比较操作。语法格式如下。

```
WHERE 表达式 比较运算符 (子查询)
```

其中比较运算符为表 4-1 中列出的运算符。

【例 4.48】查询商品名称为"LED 小台灯"的评价信息和评价时间

```
SELECT dEvalution,odTime
FROM orderdetail
WHERE gdID = (SELECT gdID
               FROM goods
               WHERE gdName='LED 小台灯');
```

执行结果如图 4-47 所示。

【例 4.49】查询比商品"LED 小台灯"销售量要少的商品信息,列出商品编号、商品名称、商品价格和商品销售量。

```
SELECT gdCode,gdName,gdPrice,gdSaleQty
FROM goods
WHERE gdSaleQty < (SELECT gdSaleQty
                    FROM goods
                    WHERE gdName='LED 小台灯');
```

执行结果如图 4-48 所示。

	dEvalution	odTime
▶	性价比很高，这样的价卖到这质量非常不错。性	2016-11-06
	听同事介绍来的，都说质量不错，下次还来你家。	2016-11-07

gdCode	gdName	gdPrice	gdSaleQty
▶ 001	迷彩帽	63	29
002	漫画书	20	3
007	漂移卡丁车	1049	10
010	华为P9_PLUS	3980	7

图4-47　比较运算符"="使用示例　　　　　图4-48　比较运算符"<"使用示例

2. 使用 IN 关键字的子查询

当子查询的结果返回为单列集合时，可以使用 IN 关键字来判断外层查询中某个列是否在子查询的结果集中。由于子查询的结果通常是一个集合，因此 IN 关键字是最常用的运算符。语法格式如下。

```
WHERE 表达式 [NOT] IN (子查询)
```

【例 4.50】查询已购物的会员信息，包括用户名、性别、出生年月和注册时间。

```
SELECT uName,uSex,uBirth,uRegTime
FROM users
WHERE uID IN (SELECT uID
              FROM orders);
```

执行结果如图 4-49 所示。

【例 4.51】查询消费金额在 1000 元以上的会员信息，包括用户名、性别、年龄和注册时间。

```
SELECT uName,uSex,uBirth,uRegTime
FROM users
WHERE uID IN (SELECT uID
              FROM orders
              GROUP BY uID
              HAVING SUM(oTotal)>=1000);
```

执行结果如图 4-50 所示。

uName	uSex	uBirth	uRegTime
▶ 郭炳颜	男	1994-12-28	2010-03-17 16:55:34
段湘林	男	2000-03-01	2015-10-29 14:25:42
盛伟刚	男	1994-04-20	2012-09-07 11:36:47
李莎	女	1994-01-24	2014-07-31 19:46:19
陈瑾	女	2001-07-02	2012-07-26 16:49:32

uName	uSex	uBirth	uRegTime
▶ 段湘林	男	2000-03-01	2015-10-29 14:25:42
李莎	女	1994-01-24	2014-07-31 19:46:19

图4-49　IN关键字使用示例　　　　　　图4-50　IN关键字使用示例

本例中需要在子查询先按会员 ID 分组，再统计筛选出消费总金额在 1000 元以上的会员 ID。

学习提示：当子查询的返回结果为单值时，使用 IN 关键字的地方可以使用 "=" 号。

3. 使用 ANY、SOME 或 ALL 关键字的子查询

当子查询的结果返回为单列集合时，还可以使用 ANY、SOME 或 ALL 关键字对子查询的返回结果进行比较。语法格式如下。

```
WHERE 表达式 比较运算符{ANY|SOME|ALL}(子查询)
```

其中 ANY 和 SOME 关键字是同义词，表示外层查询的表达式只要与子查询结果集中的值有一个匹配为 TRUE 就返回外层查询的结果；ALL 则表示外层查询的表达式要与子查询的结果集中的所有值比较，且比较结果都为 TRUE 时才返回外层查询的结果。

【例 4.52】查询比服饰类某一商品价格高的商品信息，包括商品编号、商品名称和商品价格。

```
SELECT gdCode,gdName,gdPrice
FROM goods
WHERE gdPrice > ANY ( SELECT gdPrice
                      FROM goods
                      WHERE ( tID = (SELECT tId
                                     FROM goodstype
                                     WHERE tName='服饰')));
```

执行结果如图 4-51 所示。

本例查询在执行过程中，首先子查询会将 goods 表中服饰类商品的价格查询出来，分别是 63、400、128，然后将 goods 表中的每一行记录中的 gdPrice 的值与之比较，只要大于 goods.gdPrice 中的任意一个值，就是符合条件的查询。

【例 4.53】查询价格比服饰类商品都高的商品信息，包括商品编号、商品名称和商品价格。

```
SELECT gdCode,gdName,gdPrice
FROM goods
WHERE gdPrice > ALL ( SELECT gdPrice
                      FROM goods
                      WHERE ( tID = (SELECT tId
                                     FROM goodstype
                                     WHERE tName='服饰')));
```

执行结果如图 4-52 所示。

gdCode	gdName	gdPrice
▶ 003	牛肉干	94
004	零食礼包	145
005	运动鞋	400
007	漂移卡丁车	1049
008	A字裙	128
010	华为P9_PLUS	3980

gdCode	gdName	gdPrice
▶ 007	漂移卡丁车	1049
010	华为P9_PLUS	3980

图4-51　ANY关键字使用示例　　　　　图4-52　ALL关键字使用示例

本例查询命令在执行过程中，首先子查询会将 goods 表中服饰类商品的价格查询出来，分别是 63、400、128，然后将 goods 表中的每一行记录中的 gdPrice 的值与之比较，只有大于

goods.gdPrice 中的所有值, 才是符合条件的查询。

学习提示: ANY、SOME 或 ALL 运算符必须与比较运算符一起使用。

4.3.3 子查询作为派生表

由于 SELECT 语句查询的结果集是关系表, 因此子查询的结果集也可放置在 FROM 子句后作为查询的数据源表, 这种表称为派生表。在 SELECT 语句中需要使用别名来引用派生表。

【例 4.54】查询年龄在 20 至 30 岁之间的用户名、性别和年龄。

```
SELECT *
FROM (SELECT uName, uSex, year(now())-year(uBirth) as uAge
        FROM Users) AS tempTb
WHERE uAge BETWEEN 20 AND 30;
```

本例中, 子查询通过计算求出用户的年龄 uAge 列, 并作为外层查询的数据源表 tempTb, 执行结果如图 4-53 所示。

学习提示: FROM 后的子查询得到的是一张虚表, 需要用 AS 子句为虚表定义一个表名。此外, 列的别名不能用作 WHERE 子句后的条件表达式, 当需要使用别名作为过滤条件时, 可以使用子查询作为派生表。

uName	uSex	uAge
▶ 郭炳颜	男	23
盛伟刚	男	23
李珍珍	女	28
李苏	女	23

图4-53 子查询用作派生表示例

4.3.4 相关子查询

相关子查询又称为重复子查询, 子查询的执行依赖于外层查询, 即子查询依赖外层查询的某个属性来获取查询结果集。派生表或表达式的子查询只执行一次, 而相关子查询则要反复执行其执行过程如下。

(1) 子查询为外层查询的每一行记录执行一次, 外层查询将子查询引用的列传递给子查询中引用列进行比较。

(2) 若子查询中有行与其匹配, 外层查询则取出该行放入结果集。

(3) 重复执行 (1) ~ (2), 直至所有外层查询的表的每一行都处理完。

1. 使用 EXISTS 关键字的子查询

在相关子查询中, 经常使用 EXISTS 关键字, EXISTS 表示存在量词。使用 EXISTS 的子查询不需要返回任何实际数据, 而仅返回一个逻辑值, 语法格式如下。

```
WHERE [NOT] EXISTS (子查询)
```

EXISTS 的作用是在 WHERE 子句中测试子查询是否有结果集存在, 若存在结果集则返回 TRUE, 否则返回 FALSE。

【例 4.55】查询已购物的会员信息, 包括用户名、性别、出生年月和注册时间。

```
SELECT uName,uSex,uBirth,uRegTime
FROM users
WHERE EXISTS( SELECT *
                FROM orders
                WHERE users.uID = orders.uID);
```

由于使用 EXISTS 关键字的子查询不需要返回实际数据,所以这种子查询的 SELECT 子句中的结果列表达式通常用"*",给出列名没有意义。同时该子查询依赖于外层的某个列值,在本例中子查询依赖外层查询 users 表的 uID。查询执行结果如图 4-54 所示。

2. 计算相关子查询

相关子查询还可以嵌套在 SELECT 子句的目标列中,通过子查询计算出关联数据的目标列。

【例 4.56】查询 2016 年 11 月 7 日评价了商品的用户,列出用户名、被评价的商品名和评价时间。

```
SELECT (SELECT uName
        FROM users
        where uID=(SELECT uID
                FROM orders
                WHERE orders.oID = od.oID)) AS '用户名',
            (SELECT gdName
                FROM goods
                WHERE goods.gdID = od.gdID) AS '商品名',
        odTime AS '评价时间'
FROM orderdetail AS od
WHERE DATE_FORMAT(odTime,'%Y-%m-%d') = '2016-11-07' ;
```

本例中将外层查询的订单编号 oID 传递给子查询中的 orders 表计算出用户名,将外层查询的 gdID 传递给子查询中的 goods 表计算出被评价的商品名称。执行结果如图 4-55 所示。

学习提示:日期函数 DATE_FORMAT()用于输出指定的日期格式,其中"%Y"用于显示 4 位数字表示的年份,"%m"显示两位数字表示的月份,"%d"显示两位数字表示月中的天数。

uName	uSex	uBirth	uRegTime
▶ 郭炳颜	男	1994-12-28	2010-03-17 16:55:34
段湘林	男	2000-03-01	2015-10-29 14:25:42
盛伟刚	男	1994-04-20	2012-09-07 11:36:47
李莎	女	1994-01-24	2014-07-31 19:46:19
陈瑾	女	2001-07-02	2012-07-26 16:49:32

用户名	商品名	评价时间
▶ 盛伟刚	漂移卡丁车	2016-11-07 07:06:38
李莎	运动鞋	2016-11-07 11:25:58
李莎	A字裙	2016-11-07 12:18:51
李莎	LED小台灯	2016-11-07 16:21:18

图4-54 EXISTS关键字子查询示例　　　　图4-55 计算相关子查询示例

学习提示:相关子查询是动态执行的子查询,是与外层查询行非常有效的连接查询。

连接查询和子查询的区别如下。

(1)连接查询可以合并两个或多个表中数据,而子查询的 SELECT 语句的结果只能来自一个表。

(2)几乎所有在连接查询中使用 JOIN 运算符的查询都可以写成子查询,对于数据库程序员来说,把 SELECT 语句以连接格式进行编写,更容易阅读和理解,也可以帮助 SQL 语句找到一个更有效的策略来检索数据,且使用连接查询的效率要高于子查询。

(3)当需要即时计算聚合值并把该值用在外层查询中进行比较时,子查询比连接查询更容易实现。

4.3.5 子查询用于更新数据

子查询不仅可以构造复杂的查询逻辑,当数据更新需要依赖某一个查询的结果集,使用子查询是一种有效的手段。

1. 查询结果集作为插入的数据源

在实际开发或测试过程中，经常会遇到需要表复制的情况，如将一个表中满足条件的数据的部分列复制到另一个表中。使用 INSERT...SELECT 命令可把 SELECT 命令的查询结果集添加到现有表中，比使用多个单行的 INSERT 语句效率要高得多。语法格式如下。

```
INSERT [INTO] 表名
SELECT 列名 1[,列名 2,…,列名 n]
FROM 表名
WHERE 条件表达式
```

SELECT 语句的格式同 4.1 中介绍的语法格式相同。

【例 4.57】创建商品历史表 goodshistory，并将库存量小于 10 且上架时间超过一年的商品下架处理，并将这些商品添加到 goodshistory 表中。

```
-- 创建商品历史表 goodsHistory，其结构与商品表 goods 相同
CREATE TABLE goodsHistory LIKE goods;
-- 将满足条件的商品插入到 goodsHistory 表中
INSERT INTO goodsHistory
SELECT *
FROM goods
WHERE gdQuantity < 10 AND year(now())-year(gdAddTime)>=1;
```

本例中先通过表复制语句创建 goodsHistory 表，其表结构同 goods 表。然后再使用 INSERT...SELECT 命令将查询集结果插入到 goodsHistory 中。执行结果如图 4-56 所示。

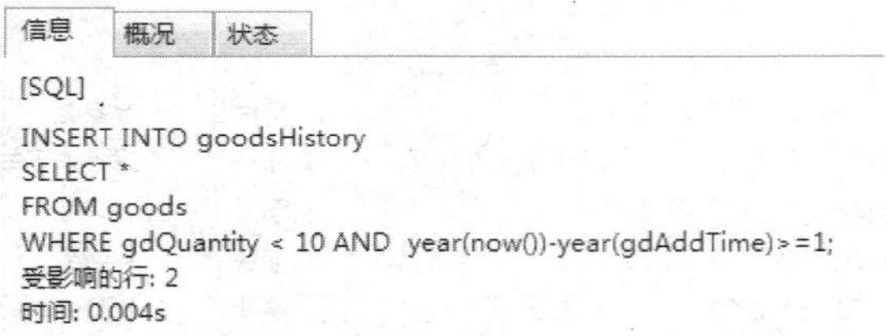

图4-56　查询结果集作为INSERT的数据源

从查询结果看，有两条符合条件的记录插入到了 goodsHistory 表中。

学习提示：在使用 INSERT...SELECT 语句时，必须保证目标表中列的数据类型与源表中相应列的数据类型一致；必须确定目标表中列是否存在默认值，或所有被忽略的列是否允许为空，如果不允许为空，就必须为这些列提供值。

2. 子查询用于修改数据

当数据的更新需要依赖于其他的表的数据时，就可以使用子查询作为 UPDATE 的更新条件。

【例 4.58】统计订单详情表中的评价数，将商品销售量为 200 以上，且评价数大于 1 的商品，设置为热销商品，即将"是否热销"（gdHot）属性值改为 1。

```
UPDATE goods
SET gdHot = 1
WHERE gdSaleQty>=200
```

```
            AND gdID IN (SELECT gdID
                         FROM orderdetail
                         GROUP BY gdID
                         HAVING COUNT(gdID)>=1);
```

执行结果如图 4-57 所示。

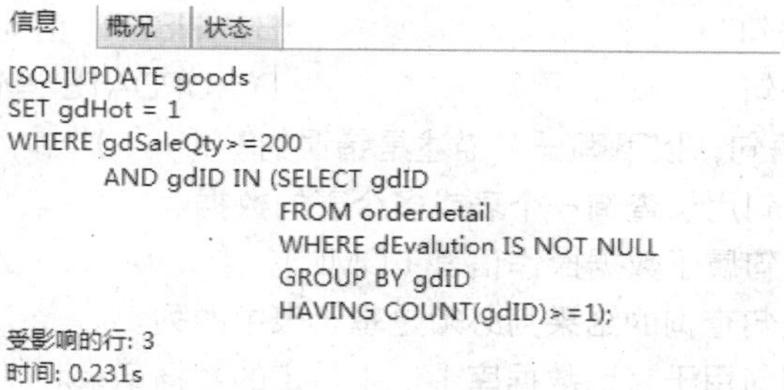

图4-57　子查询作为UPDATE的条件

本例中对商品 "是否热销" 属性值修改需要依赖两个条件，一个条件是 gdSaleQty>=200，另一个条件是子查询统计出评价数量大于 1 的所有商品 ID，从执行结果看影响行数为 3。

此外，子查询还可以作为更新数据的结果集。

【例 4.59】统计订单详情表中指定商品的购买数，并更新商品表中商品销售量。

```
UPDATE goods
set gdSaleQty=(SELECT SUM(odNum)
               FROM orderdetail
               WHERE goods.gdID=orderdetail.gdID);
```

执行结果如图 4-58 所示。

本例中使用相关子查询将外层修改表对象的 goods.gdID 传入到子查询中，汇总出该商品的购买数量并更新购买数量的值。

3. 子查询用于删除数据

当删除需要依赖于其他的表查询结果时，可以使用子查询作为 DELETE 子句的条件。

【例 4.60】将已经下架的商品从商品表中删除，其中下架商品是指已经存放在历史表中的商品。

```
DELETE FROM goods
WHERE gdCode IN (SELECT gdCode
                 FROM goodshistory);
```

执行结果如图 4-59 所示。

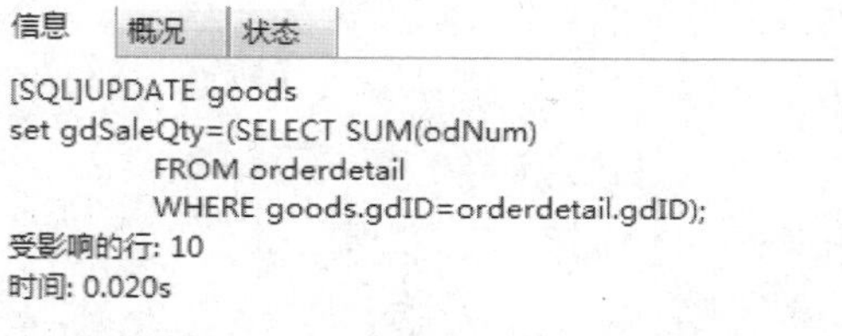

图4-58　子查询的结果作为UPDATE的更新数据

图4-59　子查询作为DELETE删除数据的条件

习题

1. 单项选择题

（1）下列语句中，不是表数据的基本操作语句的是（　　）。

    A. CREATE 语句 　　　　　　　　　　　B. INSERT 语句

    C. DELETE 语句 　　　　　　　　　　　D. UPDATE 语句

（2）关于 SELECT 语句，以下哪一个描述是错误的？（　　）

    A. SELECT 语句用于查询一个表或多个表的数据。

    B. SELECT 语句属于数据操作语言（DML）。

    C. SELECT 语句查询的结果列必须是基于表中的列。

    D. SELECT 语句用于查询数据库中一组特定的数据记录。

（3）在 SELECT 语句中，可以使用下列（　　）子句，将结果集中的数据行根据选择列的值进行逻辑分组，以便能汇总表内容的子集，即实现对每个组的聚合计算。

    A. LIMIT 　　　　B. GROUP BY 　　　　C. WHERE 　　　　D. ORDER BY

（4）模糊查询的关键字是（　　）。

    A. NOT 　　　　B. AND 　　　　C. LIKE 　　　　D. OR

（5）在语句 SELECT * FROM student WHERE s_name LIKE '%晓%'中 WHERE 关键字表示的含义是（　　）。

    A. 条件 　　　　B. 在哪里 　　　　C. 模糊查询 　　　　D. 逻辑运算

（6）在图书管理系统中，有如下关系模式：

- 图书（总编号，分类号，书名，作者，出版单位，单价）。
- 读者（借书证号，单位，姓名，性别，地址）。
- 借阅（借书证号，总编号，借书日期）。

在该系统数据库中，要查询借阅了《数据库应用》一书的借书证号的 SQL 语句如下。

```
SELECT 借书证号 FROM 借阅 WHERE 总编号=_____ ;
```

在横线处填写下面哪个子查询语句可以实现上述功能（　　）。

    A. (SELECT 借书证号 FROM 图书 WHERE 书名=' 数据库应用')

    B. (SELECT 总编号 FROM 图书 WHERE 书名=' 数据库应用')

    C. (SELECT 借书证号 FROM 借阅 WHERE 书名=' 数据库应用')

    D. (SELECT 总编号 FROM 借阅 WHERE 书名=' 数据库应用')

（7）有订单表 orders，包含用户信息 userid，产品信息 productid，以下能够返回至少被订购过两次的 productid 的 SQL 语句是（　　）。

    A. SELECT productid FROM orders

       WHERE COUNT(productid)>1;

    B. SELECT productid FROM orders

       WHERE MAX(productid)>1;

    C. SELECT productid FROM orders

　　　　WHERE having COUNT (productid)>1

　　　　GROUP BY productid;

　　D. SELECT productid FROM orders

　　　　GROUP BY productid

　　　　HAVING COUNT (productid)>1;

（8）DELETE FROM student WHERE s_id >5, 对该代码含义表述正确的是（　　）。

　　A. 删除 student 表中所有 s_id

　　B. 删除 student 表中所有 s_id 大于 5 的记录

　　C. 删除 student 表中所有 s_id 大于等于 5 的记录

　　D. 删除 student 表

（9）UPDATE student SET s_name = '王军' WHERE s_id =1;，该代码执行的操作是（　　）。

　　A. 添加姓名叫王军的记录

　　B. 删除姓名叫王军的记录

　　C. 返回姓名叫王军且 s_id 值为 1 的记录

　　D. 更新 s_id 值为 1 的姓名为王军

（10）联合查询使用的关键字是（　　）。

　　A. UNION　　　　B. JOIN　　　　　　C. ALL　　　　　　D. FULL ALL

2. 简述题

（1）简述连接查询和子查询的运行机制。

（2）简述 UNION 语句的作用及应用场景。

项目实践

1. 实践任务

根据用户需求，查询 OnLineDB 数据库中的数据。

2. 实践目的

（1）会查询单表数据。

（2）会使用连接查询检索多表数据。

（3）会使用子查询检索多表数据。

（4）会使用 UNION 关键字联合查询多表数据。

（5）会使用 GROUP BY 关键字实现数据分组查询。

（6）会使用聚合函数统计数据。

（7）会使用 ORDER BY 关键字对查询结果排序。

3. 实践内容

（1）查询所有的用户信息。

（2）查询商品信息，列出商品的编号、名称、价格、销量、图像，并按价格从高到低排序。

（3）查询"华为 P9_PLUS"的 2017 年全年的销售量。

（4）查询单笔订单金额在 5000 元以上的订单号。

（5）查询未购买过商品的用户信息。

（6）查询购买过"华为 P9_PLUS"的用户姓名、联系电话、电子邮箱。

（7）查询用户"段湘林"的所有订单信息。

（8）查询 2017 年全年购买金额在 10000 元以上的用户信息，列出用户名、性别和联系电话。

（9）查询商品信息，列出商品的编号、名称、价格、销量、图像和评价数量，并按评价数量从高到低排序。

（10）查询类别为"服饰"的商品卖出的总数。

（11）按性别统计，2017 年全年男性和女性分别购买商品的订单总价。

（12）统计各种类别商品 2017 年全年卖出的总数，并按数量从高到低排序。

5 Chapter

项目五
优化查询网上商城系统数据

默认情况下，数据的查询是根据搜索条件进行全表扫描，并将符合查询条件的记录添加到结果集。随着网上商城系统中的数据访问量不断增大，若不对表或查询进行优化，数据查询的性能将会越来越差。MySQL 提供的索引、视图对象以及查询优化工具，能有效地提高数据查询的效率。

索引是对数据库表中一列或多列的值进行排序的一种结构，对于拥有复杂结构与大量数据的表而言，索引就是表中数据的目录。视图是由一个或多个数据表导出的虚拟表，它能够简化用户对数据的理解，简化复杂的查询过程，对数据提供安全保护，在视图上建立索引则可以大大地提高数据检索的性能。

本项目主要介绍使用索引和视图优化查询性能以及各种写出高效查询语句的方法。

MySQL

【学习目标】
- 了解什么是索引、视图
- 会创建和管理索引
- 会创建和管理视图
- 了解各种写出高效查询语句的方法

任务1 使用索引优化查询性能

【任务描述】索引用于快速找出在某个列中有一特定值的行。索引是提高数据库性能的重要方式。在 MySQL 中，所有数据类型都可以被索引。本任务将介绍与索引相关的内容，包括索引的定义和特点、索引的分类、索引的设计原则以及如何创建和删除索引。

5.1.1 索引的定义及分类

1. 索引的定义

索引，也称作"键（key）"，是存储引擎用于快速查找记录的一种数据结构，用来快速查询数据库表中的特定记录。索引如同书的目录，若想在一本书中查找某个内容，一般会先看书的目录（"索引"），从而根据页码快速找到相关内容。在 MySQL 中，存储引擎用类似的方法使用索引，先在索引中找到对应值，然后根据匹配的索引记录找到相对应的数据行。

【例 5.1】查询类别编号为 2 的商品名称。

SQL 语句如下。

```
SELECT gdName
FROM goods
WHERE tID=2;
```

执行上述语句时，若在 tID 列上建有索引，则 MySQL 将会直接在索引表 index 中检索，如图 5-1 所示。从该表中可以看出，index 是一张有序表，当系统扫描到 tID=2 的 2 条索引行后，会提取索引所指向的数据记录行，并结束查询。由此可见，使用索引提高查找速度的做法是，找到索引匹配行在什么位置结束，从而跳过其余部分。

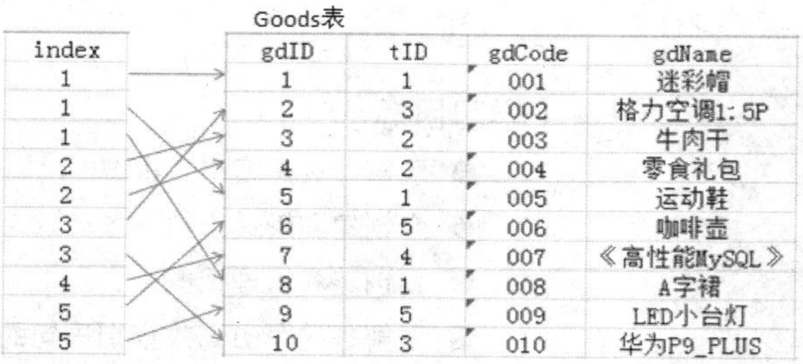

图5-1 索引表

另一种使用索引提高查找速度的做法是，利用定位算法，不用从索引开始位置进行线性扫描，即可直接找到第一个匹配项（例如二分法搜索比全表扫描要快很多）。这样便可以快速定位到第一个匹配值，从而节省大量的搜索时间。

使用索引的优点如下。

（1）可以提高查询数据的速度。

（2）通过创建唯一索引，可以保证数据库表中每一行数据的唯一性。

（3）在实现数据的参照完整性方面，可以加速表和表之间的连接。

（4）在使用分组和排序子句进行数据查询时，可以减少分组和排序的时间。

使用索引的缺点如下。

（1）创建和维护索引需要耗费时间，并且随着数据量的增加所耗费的时间也会增加。

（2）索引需要占用磁盘空间，如果有大量的索引，索引文件可能比数据文件更快达到最大文件尺寸。

（3）当对表中的数据进行增加、删除和修改操作时，索引也需要动态的维护，这会降低数据的维护速度。

2. 索引的分类

索引是在存储引擎中实现的，每种存储引擎的索引都不一定完全相同，并且每种存储引擎也不一定支持所有索引类型。MySQL 中支持的索引主要是 BTREE（B-树）和 HASH 两种。MyISAM 和 InnoDB 存储引擎只支持 BTREE 索引，BTREE 索引也是 MySQL 中最常用的索引结构，因此本书中所提的索引基本均为 BTREE 索引；MEMORY/HEAP 存储引擎可以支持 HASH 和 BTREE 索引。

（1）普通索引

普通索引是 MySQL 中的基本索引类型，允许在定义索引的列中插入重复值和空值。

（2）唯一索引

唯一索引，索引列的值必须唯一，但允许有空值。如果是复合索引，则列值的组合必须唯一。主键索引是一种特殊的唯一索引，不允许有空值。

（3）复合索引（又称组合索引或多列索引）

复合索引是在数据表的多个列组合上创建的索引，只有在查询条件中使用了这些列的左边列时，索引才会被使用。例如由 uID、uName 和 uEmail 这 3 个列构成的复合索引，索引行中按 uID/uName/uEmail 的顺序存放，索引可以搜索的字段组合包括（uID,uName, uEmail）、（uID,uName）或者（uID）。如果选择列不包含索引最左列（索引中最左边的任意数据列集合都可用于匹配各个行，这样的集合称为"最左前缀"),MySQL 服务则不能使用局部索引,如(uName)或者（uEmail）。因此，使用复合索引时应遵循最左前缀集合。

（4）全文索引

全文索引是一种特殊类型的索引，它查找的是文本中的关键词，而不是直接比较索引中的值。全文索引可以在 CHAR、VARCHAR 或者 TEXT 类型的列上创建。MYSQL 中只有 MyISAM 存储引擎支持全文索引。

（5）空间索引

空间索引是对空间数据类型的字段建立的索引，MySQL 中的空间数据类型有 4 种，分别是 GEOMETRY、POINT、LINESTRING 和 POLYGON。创建空间索引的列，必须将其声明为不为空。MySQL 中只有 MyISAM 存储引擎支持空间索引，本书不予讨论。

5.1.2　创建索引

MySQL 支持在表中的单列或多个列上创建索引。创建索引的方式可以使用图形工具和 SQL 语句实现。

1. 使用 Navicat 图形工具创建索引

使用 Navicat 图形工具创建索引，可以快速、简单地完成操作。

【例 5.2】在 goodstype（商品类别）表中，使用 Navicat 图形工具为 tName（类别名称）列创建名为 IX_tName 的普通索引。

操作步骤如下。

（1）启动 Navicat 图形工具，打开 onlinedb 所在服务器的连接，单击对象管理器中选中表对象，并在对象设计器中选中 goodstype 表，如图 5-2 所示。

图5-2　Navicat中选中goodstype表

（2）单击对象设计器中的"设计表"选项，在弹出的 goodstype 表的设计选项卡上单击"索引"选项，打开索引设计选项卡，如图 5-3 所示。

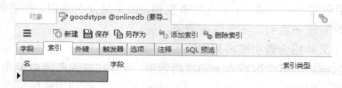

图5-3　索引设计选项卡

（3）在索引选项卡中的"名"中输入 IX_tName，"字段"中选择 tName 列，"索引类型"选择 Normal 类型，"索引方法"选择 BTREE，如图 5-4 所示。

图5-4　设计索引

（4）单击索引设计工具栏中的"保存"按钮。

学习提示：索引设计中的"索引类型"可以选择 Normal、Unique、Full Text 三种选项，"索引方法"可以选择 BTREE 或 HASH 选项，由于 MyISAM 和 InnoDB 存储引擎只支持 BTREE 索引，因此本书选择的索引类型为 BTREE 类型。

2. 使用 SQL 语句，在创建数据表时创建索引

在创建数据表时创建索引，是比较直接和方便的创建索引方式。其语法格式如下。

```
CREATE TABLE 表名
( 字段定义 1 ,
  字段定义 2 ,
```

```
……
字段定义 n,
 [UNIQUE|FULLTEXT|SPATIAL] INDEX|KEY
索引名(字段名 [(长度)][ASC|DESC])
);
```

语法说明如下。

- UNIQUE：表示唯一索引；
- FULL TEXT：表示全文索引；
- SPATIAL：表示空间索引；
- INDEX 和 KEY：表示索引关键字，只选其一即可；
- ASC|DESC：分别表示升序排列和降序排列。

【例 5.3】创建 goods 表，并在表中的 gdCode（商品编号）列上创建名为 IX_gdCode 的唯一索引。

```
CREATE TABLE goods
( gdID INT(11) NOT NULL,
  tID INT(11),
  gdCode VARCHAR(50),
  gdName VARCHAR(100),
  gdPrice FLOAT,
  gdQuantity INT(11),
  gdAddTime TIMESTAMP,
  UNIQUE INDEX IX_gdCode(gdCode(50))
 );
```

【例 5.4】创建表 tbTest，在空间类型为 GEOMETRY 的字段上创建名为 IX_t1 的空间索引。

由于 MySQL 中只有 MyISAM 存储引擎支持空间索引，因此在创建表 tbTest 时需要指定该表的存储引擎为 MyISAM。

```
CREATE TABLE tbTest
( id INT(11) NOT NULL,
  t1 GEOMETRY NOT NULL,
  SPATIAL INDEX IX_t1(t1)
) ENGINE=MyISAM;
```

学习提示：创建空间索引时，索引所在列必须为空间类型，如 GEOMETRY、POINT、LINESTRING 和 POLYGON 等，且不能为空，否则在生成空间索引时会产生错误。

3. 使用 SQL 语句，在已存在的表上创建索引

在已经存在的表中创建索引，可以使用 ALTER TABLE 语句或 CREATE INDEX 语句来创建。

（1）使用 ALTER TABLE 语句来创建索引。

ALTER TABLE 创建索引的语法格式如下。

```
ALTER TABLE 表名
ADD [UNIQUE|FULLTEXT|SPATIAL] [INDEX|KEY]
索引名(字段名 [(长度)][ASC|DESC]))
```

语法说明同表上创建索引相同。

与创建表时创建索引的语法不同的是，在 ALTER TABLE 语句中的关键字 ADD，表示向表中添加索引。

【例 5.5】在 Users 表的 uID、uName 和 uEmail 三列上创建名为 IX_comIXUsers 的复合索引。

```
ALTER TABLE users
ADD INDEX IX_comIXUsers(uID,uName(30), uEmail (50));
```

学习提示：复合索引中，索引列的顺序意味着索引首先按照最左列进行排序，也就是遵从最左前缀原则。此外，为整型数据列添加索引时不需要指定长度，否则运行会出错。

（2）使用 CREATE INDEX 语句来创建索引。

CREATE INDEX 创建索引的语法格式如下。

```
CREATE [UNIQUE|FULLTEXT|SPATIAL] INDEX 索引名
ON 表名(字段名[(长度)][ASC|DESC])
```

其中关键字 ON 后面的表名表示需建立索引的数据表。

【例 5.6】在 orderdetail 表的 dEvalution 列上创建名为 IX_fullIXOrd 的全文索引。

（1）由于 MySQL5.5 中默认的存储引擎是 InnoDB，因此在创建全文索引之前先要修改表的存储引擎为 MyISAM，其语句如下。

```
ALTER TABLE orderdetail ENGINE=MyISAM;
```

（2）查看 orderdetail 表的存储引擎，结果显示如图 5-5。

```
SHOW TABLE STATUS FROM onlinedb WHERE name='orderdetail';
```

图5-5　查看表的状态信息

（3）在 orderdetail 表中创建全文索引，语句如下。

```
CREATE FULLTEXT INDEX IX_fullIXOrd
ON orderdetail(dEvalution(8000));
```

学习提示：FULL TEXT 索引可以用来全文搜索。只有 **MyISAM** 存储引擎支持 FULL TEXT 索引，并且只有 **CHAR、VARCHAR** 和 **TEXT** 类型的数据列才可以创建全文索引。

5.1.3　查看索引信息

索引创建好后，可以通过 SQL 语句查看索引的相关信息。

1. SHOW CREATE TABLE 语句

用户可以使用 SHOW CREATE TABLE 语句查看表结构，并且可以查看该表是否存在索引。其语法格式如下。

```
SHOW CREATE TABLE 表名
```

【例 5.7】使用 SHOW CREATE TABLE 命令查看表 goodstype 的结构，查看该表中是否存在名为 IX_tname 的索引信息。

```
SHOW CREATE TABLE goodstype ;
```

运行结果显示如图 5-6 所示。

```
mysql> show create table goodstype;
+-----------+-------------------------------------------------------+
| Table     | Create Table                                          |
+-----------+-------------------------------------------------------+
| goodstype | CREATE TABLE `goodstype` (
  `tID` int(11) NOT NULL AUTO_INCREMENT,
  `tName` varchar(100) DEFAULT NULL,
  PRIMARY KEY (`tID`),
  KEY `IX_tName` (`tName`) USING BTREE
) ENGINE=InnoDB AUTO_INCREMENT=6 DEFAULT CHARSET=utf8 |
+-----------+-------------------------------------------------------+
1 row in set (0.00 sec)
```

图5-6　查看表的创建信息

从显示结果可以看到，goodstype 表中的 tName 字段上成功建立了索引，其索引名为 IX_tName。

2. SHOW INDEX FROM/SHOW KEYS FROM 语句

用户可以使用 SHOW INDEX FROM 语句或 SHOW KEYS FROM 语句，查看指定表的索引信息。语法格式如下。

```
SHOW INDEX FROM 表名 ;
或 SHOW KEYS FROM 表名 ;
```

【例 5.8】使用 SHOW INDEX FROM 语句，查看 goodstype 表的索引信息。

```
SHOW INDEX FROM goodstype;
```

运行结果如图 5-7 所示。

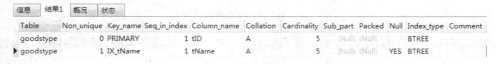

Table	Non_unique	Key_name	Seq_in_index	Column_name	Collation	Cardinality	Sub_part	Packed	Null	Index_type	Comment
goodstype	0	PRIMARY	1	tID	A	5	(Null)	(Null)		BTREE	
goodstype	1	IX_tName	1	tName	A	5	(Null)	(Null)	YES	BTREE	

图5-7　查看goodstype表的索引信息

图 5-7 显示在该表中建立有两个索引。表中各字段具体说明如下。

- Table：表示建立索引的表名。
- Non_unique：表示索引是否包含重复值，不能包含为 0，否则为 1。
- Key_name：表示索引的名称，当该值为 PRIMARY 时，表示为主键索引。
- Seq_in_index：表示索引的序列号，从 1 开始。
- Column_name：表示建立索引的列名称。
- Collation：表示列以什么方式存储在索引中。有值为"A"（升序）或 NULL（无分类）。
- Cardinality：表示索引中唯一值的数目的估计值。其基数根据被存储为整数的统计数据来计数，越大，当进行联合查询时，MySQL 使用该索引的机会就越大。
- Sub_part：表示如果列只是被部分地编入索引，则为被编入索引的字符的数目。如果整列被编入索引，则为 NULL。

- Packed：表示关键字如何被压缩。如果没有被压缩，则为 NULL。
- Null：表示如果列含有 NULL，则为 YES。如果没有，则该列为 NO。
- Index_type：表示索引类型（BTREE、FULLTEXT、HASH、RTREE）。
- Comment：表示注释。

5.1.4 维护索引

创建索引之后，对表的添加、修改、删除等操作会使得索引页出现碎片，影响数据查询性能。为了提高查询效率，数据库管理员需要定期对索引进行相应维护，其中包括删除索引、修改索引和重建索引。

1. 删除索引

当不再需要索引时，可以使用 ALTER TABLE 或者 DROP INDEX 语句删除索引。

（1）使用 ALTER TABLE 语句删除索引。

ALTER TABLE 删除索引的基本语法格式如下。

```
ALTER TABLE 表名
DROP INDEX 索引名;
```

【例 5.9】删除 goods 表上名为 IX_gdCode 的唯一索引。

查看 goods 表中是否有名称为 IX_gdCode 的索引，输入 SHOW 语句如下。

```
SHOW KEYS FROM goods
```

运行结果如图 5-8 所示。

Table	Non_unique	Key_name	Seq_in_ir	Column_nar	Collation	Cardinality	Sub_part	Packed	Null	Index_type	C
goods	0	PRIMARY	1	gdID	A	8	(Null)	(Null)		BTREE	
goods	0	IX_gdCode	1	gdCode	A	8	(Null)	(Null)	YES	BTREE	
goods	1	FK_Reference_10	1	tID	A	8	(Null)	(Null)	YES	BTREE	

图5-8 查看goods表的索引信息

从查询结果可以看到，goods 表中有名称为 IX_gdCode 的唯一索引，该索引建立在 gdCode 字段上。

使用 ALTER TABLE 语句删除该索引，删除语句如下。

```
ALTER TABLE goods
DROP INDEX IX_gdCode ;
```

索引删除后，读者可使用 SHOW 语句查看索引是否被删除。

（2）使用 DROP INDEX 语句删除索引。

DROP INDEX 删除索引的语法格式如下。

```
DROP INDEX 索引名 ON 表名
```

【例 5.10】删除 orderdetail 表上的名为 IX_fullIXOrd 的全文索引。

```
DROP INDEX IX_fullIXOrd ON orderdetail
```

执行上述语句，成功删除 orderdetail 表中名为 IX_fullIXOrd 的索引。

学习提示：删除表中的列时，会删除与该列相关的索引信息。若待删除的列为索引的组成部分，则该列也会从索引中删除。若组成索引的所有列都被删除，则整个索引将被删除。

2. 修改索引

在 MySQL 中并没有提供修改索引的直接指令，一般情况下，需要先删除原索引，再根据需要创建一个同名的索引，实现修改索引的操作，从而优化数据查询性能。

5.1.5 索引的设计原则

高效的索引有利于快速查找数据，而设计不合理的索引可能会对数据库和应用程序的性能造成障碍。因此创建索引时应尽量考虑符合以下原则，以提升索引的使用效率。

（1）不要建立过多的索引。索引并非越多越好，一个表中如有大量的索引，不仅占用磁盘空间，而且会降低写操作的性能。在修改表时，索引必须进行更新，有时可能还需要重构，因此，索引越多，所花的时间也就越长。

（2）为用于搜索、排序或分组的列创建索引，而用于显示输出的列则不宜创建索引。最适合创建索引的列是出现在 WHERE 子句中的列，或出现在连接子句、分组子句和排序子句的列，而不是出现在 SELECT 关键字后面的选择列表中的列。

（3）使用唯一索引，并考虑数据列的基数。数据列的基数是指它所容纳的所有非重复值的个数。相对于表中行的总数来说，列的基数越高（也就是说，它包含的唯一值多，重复值少），索引的使用效果越好。

（4）使用短索引，应尽量选用长度较短的数据类型。因为较短值选为索引，可以加快索引的查找速度，也可以减少对磁盘 I/O 的请求。另外对于较短的键值，索引高速缓存中的块能容纳更多的键值，这样就可以直接从内存中读取索引块，提高查找键值的效率。

（5）为字符串类型的列建立索引时，应尽可能指定前缀长度，而不是索引这些列的完整长度，这样可以节省大量的索引空间，提高查询速度。

（6）利用最左前缀。在创建一个包含 n 列的复合索引时，实际是创建了 MySQL 可利用的 n 个索引。复合索引相当于建立多个索引，因为可利用索引中最左边的列集来匹配行。

（7）让参与比较的索引类型保持匹配。在创建索引时，大部分存储引擎都会选择需要使用的索引实现。例如，InnoDB 和 MyISAM 存储引擎使用 BTREE 索引。

任务 2　使用视图优化查询性能

【任务描述】视图是从一个或多个数据表中导出的虚拟表，其内容是建立在数据表的查询基础之上，视图中的数据在视图被使用时动态生成，数据随着数据源的变化而变化。视图就像一个窗口，用户只需要关心这个窗口提供的有用数据即可。本任务主要介绍视图的基本特性，创建、管理和维护视图，使数据库开发人员能够有效、灵活地管理多个数据表、简化数据操作、提高数据的安全性。

5.2.1 视图的基本特性

1. 视图的概念

视图是一个虚拟的表，是从数据库中一个或多个表中导出来的表，其内容由查询语句定义。

视图同真实的数据表一样由行和列组成,在数据库中只存放了视图的定义。使用视图查询数据时,数据库系统会从视图引用的表中取出对应的数据。因此,视图中的数据是依赖原始数据表中的数据,一旦表中的数据发生改变,显示在视图中的数据也会发生改变。

对于视图,可以根据其所包含的内容灵活命名。在定义了一个视图之后,就可以把它当作表来引用。虽然视图作为一种数据库对象永久地存储在磁盘上,但它并不创建所包含的行和列的数据表。在每次访问视图时,视图都需要从原数据表中提取所包含的行和列,因此,视图永远依赖原数据表。当通过视图修改数据时,实际上修改了原数据表中的数据。同样,原数据表中数据的改变也会自动反映在由原数据表产生的视图中。

2. 使用视图的好处

对于所引用的数据表来说,视图的作用类似于筛选。定义视图可以来自当前或其他数据库的一个或多个表,或者其他视图。通过视图进行查询没有任何限制,且进行数据修改的限制也很少。与直接从数据表中读取相比,视图具有以下优点。

（1）简单性

视图可以大大简化用户对数据的操作。数据库程序员可以将经常使用的连接、投影、联合查询或选择查询定义为视图,这样在每次执行相同的查询时,不必重新编写复杂的查询语句,只要一条简单的查询视图语句即可。视图向用户隐藏了表与表之间复杂的连接操作。

（2）安全性

视图可以作为一种安全机制。通过视图用户只能查看和修改所能看到的数据,表中其他数据既不可见也不可访问。当某一用户想要访问视图的结果集时,必须授予其访问权限。视图所引用表的访问权限与视图权限设置互不影响。

（3）逻辑数据独立性

视图可以使应用程序与数据库表在一定程度上相互独立。如果没有视图,程序一定是建立在表上的。有了视图之后,程序可以建立在视图之上,从而程序与数据库被视图分割开来。视图可以在以下几个方面使程序与数据独立。

● 如果应用建立在数据库表上,当数据库表发生变化时,可以在表上建立视图,通过视图屏蔽表的变化,从而应用程序可以不变。

● 如果应用建立在数据库表上,当应用发生变化时,可以在表上建立视图,通过视图屏蔽应用的变化,从而数据库表可以不变。

● 如果应用建立在视图上,当数据库表发生变化时,可以在表上修改视图,通过视图屏蔽表的变化,从而应用程序可以不变。

● 如果应用建立在视图上,当应用发生变化时,可以在表上修改视图,通过视图屏蔽应用的变化,从而数据库可以不变。

5.2.2　创建视图

创建视图是在已存在的数据表上建立视图,它可以建立在一张表或多张表上。创建视图的操作可以使用图形工具或 CREATE VIEW 语句实现。

1. 使用 Navicat 图形工具创建视图

【例 5.11】使用 Navicat 图形工具,创建名为 view_users 的视图。视图用于查询会员的基本信息,包括会员的姓名、密码、性别、出生日期和电话号码。

操作步骤如下。

（1）启动 Navicat 工具，打开 onlinedb 所在服务器的连接，在对象管理器中选中视图对象，打开视图对象标签，如图 5-9 所示。

图5-9　视图对象标签

（2）单击对象标签中的"新建视图"按钮，打开"视图创建工具"窗口，双击视图创建工具标签中的 users 表，将 users 表添加到视图设计器中，如图 5-10 所示。

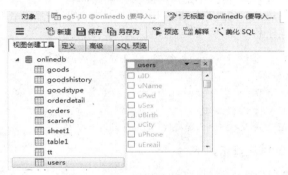

图5-10　视图设计器

（3）在视图设计器中，选择 users 表的 uName、uPwd、uSex、uBirth 和 uPhone 五列，如图 5-11 所示。

（4）单击"保存"按钮，在弹出的输入视图名窗口中输入 view_users。

（5）单击对象管理器中视图对象标签，可以看到视图对象窗口中存在名为 view_users 的视图对象，如图 5-12 所示。

图5-11　设计视图

图5-12　创建完成的视图对象

2. 使用 CREATE VIEW 语句创建视图

使用 SQL 语句也可以方便地创建视图对象，其语法格式如下。

```
CREATE [ALGORITHM={UNDEFINED|MERGE|TEMPTABLE}] VIEW 视图名[列名]
AS
select_statement
[WITH [CASCADED|LOCAL] CHECK OPTION]
```

语法说明如下。

● ALGORITHM：可选参数，表示视图选择的算法，其取值有三个。其中 UNDEFINED 表示自动选择算法，MERGE 表示将使用的视图语句和视图定义合并起来，使得视图定义的某一部分取代语句对应的部分，TEMPTABLE 表示将视图的结果存入临时表，然后用临时表来执行语句。

● select_statement：表示视图定义的 SELECT 语句。

● WITH [CASCADED|LOCAL]CHECK OPTION：可选参数，表示更新视图时要保证在该视图的权限范围之内。其中 CASCADED 是默认值，表示更新视图时要满足所有相关视图和表的条件，LOCAL 表示更新视图时满足该视图本身定义的条件即可。

【例 5.12】创建名为 view_ugd 的视图，用来显示用户购买的商品信息，包括用户名、商品名称、购买数量以及商品价格。

```
CREATE VIEW view_ugd(用户名,商品名称,购买数量,商品价格)
AS
SELECT a.uName,c.gdName,b.scNum,c.gdPrice
FROM users a JOIN scars b JOIN goods c
ON a.uID=b.uID AND c.gdID=b.gdID ;
```

执行上述 SQL 语句，结果显示如下。

```
Query OK, 0 rows affected (0.01 sec)
```

用户可以使用 SELECT 语句查看该视图关联的数据结果，语句如下。

```
SELECT * FROM view_ugd ;
```

执行结果如图 5-13 所示。

信息	结果1	概况	状态	
用户名	商品名称		购买数量	商品价格
段湘林	LED小台灯		2	29
范丙全	牛肉干		1	94
郭炳颜	咖啡壶		3	50
柴宗文	零食礼包		1	145
蔡准	A字裙		5	128
次旦多吉	运动鞋		2	400
次旦多吉	迷彩帽		3	63
李莎	运动鞋		4	400
柴宗文	零食礼包		2	145

图5-13　查询视图view_ugd的结果集

从结果集中可以看到，视图 view_ugd 的显示结果同连接查询的结果相同。

5.2.3　管理和维护视图

视图创建好后，需要对其进行管理和维护，主要包括查看视图、修改视图和删除视图。

1. 查看视图

查看视图是指查看数据库中已存在视图的定义文本。在查看视图之前确定用户是否有查询视图的权限（可以查询 MySQL 数据库中 user 表的 show_view_priv 列的值），默认值为"Y"，表示允许。

（1）使用 SHOW TABLE STATUS 语句查看视图。

使用 SHOW TABLE STATUS 语句可以查看视图的基本信息，基本语法格式如下。

```
SHOW TABLE STATUS LIKE '视图名' ;
```

【例 5.13】使用 SHOW TABLE STATUS 语句查看名为 view_users 的视图。

```
SHOW TABLE STATUS LIKE 'view_users' \G ;
```

执行结果如图 5-14 所示。

```
mysql> show table status like 'view_users' \G;
*************************** 1. row ***************************
           Name: view_users
         Engine: NULL
        Version: NULL
     Row_format: NULL
           Rows: NULL
 Avg_row_length: NULL
    Data_length: NULL
Max_data_length: NULL
   Index_length: NULL
      Data_free: NULL
 Auto_increment: NULL
    Create_time: NULL
    Update_time: NULL
     Check_time: NULL
      Collation: NULL
       Checksum: NULL
 Create_options: NULL
        Comment: VIEW
1 row in set (0.00 sec)
```

图5-14　查看视图基本信息

从执行结果看，Name 的值为 view_users，Comment 的值为 VIEW，说明该表为视图，其他信息均为 NULL，说明该表为虚表。

（2）使用 DESCRIBE 或 DESC 语句查看视图。

使用 DESCRIBE/DESC 语句可以查看视图的结构信息，语法格式如下。

```
DESCRIBE 视图名 / DESC 视图名
```

【例 5.14】使用 DESCRIBE 语句查看名为 view_users 的视图。

```
DESCRIBE view_users ;
```

执行结果如图 5-15 所示。

查看结果显示了视图的字段定义、字段的数据类型、是否为空、是否为主/外键、默认值和其他信息。

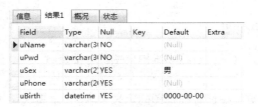

图5-15　查看视图的结构信息

（3）使用 SHOW CREATE VIEW 语句查看视图的定义文本。

使用 SHOW CREATE VIEW 语句可以查看视图的定义文本，语法格式如下。

```
SHOW CREATE VIEW 视图名；
```

【例 5.15】使用 SHOW CREATE VIEW 语句查看名为 view_ugd 视图的定义文本。

```
SHOW CREATE VIEW view_ugd ;
```

执行结果如图 5-16 所示。

信息	结果1	概况	状态

View	view_ugd
Create View	CREATE ALGORITHM=UNDEFINED DEFINER=`root`@`localhost` SQL SECURITY DEFINER VIEW `view_ugd` AS select `a`.`uName` AS `用户名`,`c`.`gdName` AS `商品名称`,`b`.`scNum` AS `购买数量`,`c`.`gdPrice` AS `商品价格` from ((`users` `a` join `scarinfo` `b` on((`a`.`uID` = `b`.`uID`))) join `goods` `c` on((`c`.`gdID` = `b`.`gdID`)))
character_set_client	utf8mb4
collation_connection	utf8mb4_general_ci

图5-16　查看视图定义文本

执行结果显示了视图的名称、创建视图的定义文本、客户端使用的编码以及校对准则。

2. 修改视图

当视图依赖的数据表发生改变，或需要通过视图查询更多的信息时，可以对定义好的视图进行修改。修改视图可以使用图形工具也可以使用 SQL 语句，图形工具的使用跟创建相同，这里仅介绍使用 SQL 语句修改视图的方法。

（1）CREATE OR REPLACE VIEW 语句修改视图。

MySQL 中，CREATE OR REPLACE VIEW 语句的使用非常灵活，当要操作的视图不存在时，可以新建视图；当视图已存在时，可以实现修改视图，其语法格式如下。

```
CREATE OR REPLACE
[ALGORITHM={UNDEFINED|MERGE|TEMPTABLE}]
VIEW 视图名（column_list）
AS SELECT_statement
[WITH [CASCADED|LOCAL] CHECK OPTION]
```

语法说明同创建视图。

【例 5.16】修改名为 view_users 的视图，用于查询用户的姓名和电话。

```
CREATE OR REPLACE VIEW view_users(姓名,电话)
AS
SELECT uName,uPhone
FROM users
```

使用 DESC 查看该视图的结构信息，代码如下。

```
DESC view_users
```

执行结果如图 5-17 所示。

对比图 5-15，视图 view_users 的字段属性由原来的 5 个变成了 2 个，修改视图成功。

（2）ALTER VIEW 语句修改视图。

ALTER 语句是 MySQL 提供的另一种修改视图的方法，语法格式如下。

```
ALTER [ALGORITHM={UNDEFINED|MERGE|TEMPTABLE}]
VIEW 视图名（column_list)
AS SELECT_statement
[WITH [CASCADED|LOCAL] CHECK OPTION]
```

语法说明同创建视图。

【例 5.17】修改名为 view_ugd 的视图，显示购买商品的用户名、商品名称和商品价格。

```
ALTER VIEW view_ugd(用户名,商品名称,商品价格)
AS
SELECT a.uName,c.gdName,c.gdPrice
FROM users a JOIN scars b JOIN goods c
    ON a.uID=b.uID AND c.gdID=b.gdID ;
```

执行上述语句，并查询视图 view_ugd，结果显示如图 5-18 所示。

```
SELECT * FROM view_ugd ;
```

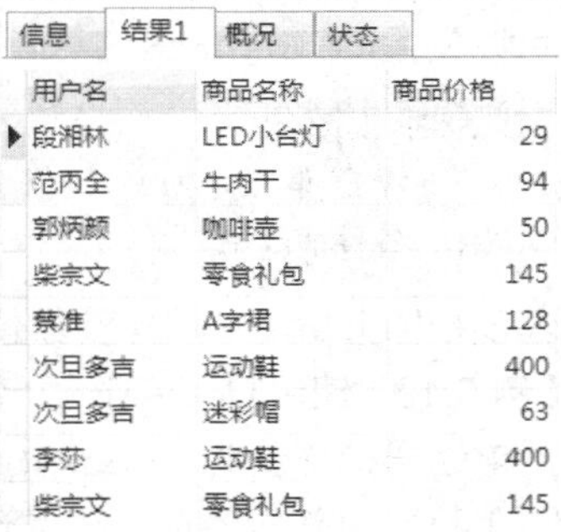

信息	结果1	概况	状态
用户名	商品名称	商品价格	
段湘林	LED小台灯	29	
范丙全	牛肉干	94	
郭炳颜	咖啡壶	50	
柴宗文	零食礼包	145	
蔡准	A字裙	128	
次旦多吉	运动鞋	400	
次旦多吉	迷彩帽	63	
李莎	运动鞋	400	
柴宗文	零食礼包	145	

信息	结果1	概况	状态		
Field	Type	Null	Key	Default	Extra
姓名	varchar(3	NO		(Null)	
电话	varchar(2	YES		(Null)	

图5-17 查看view_users视图的结构　　　　图5-18 查询视图view_ugd的数据内容

从显示结果可以看到，视图 view_ugd 修改成功。

3. 删除视图

当不再需要视图时，使用图形工具和 SQL 语句都可以删除视图。图形工具删除视图只需要在对象浏览器窗口右击待删除视图，在弹出的快捷菜单中选择"删除视图"选项即可。SQL 语句使用 DROP VIEW 语句删除视图。删除视图时，只会删除视图的定义，并不会删除视图关联的数据。语法格式如下。

```
DROP VIEW [IF EXISTS] 视图名
```

其中，IF EXISTS 为可选参数，用于判断视图是否存在，如果存在则执行，不存在则不执行。

【例 5.18】删除视图 view_ugd。

```
DROP VIEW view_ugd ;
```

执行上述代码，并执行视图定义查看语句如下。

```
SHOW CREATE VIEW view_ugd;
```

执行结果如图 5-19 所示。

图5-19　查看视图view_users的定义文本

执行结果显示不存在名为 view_users 的视图，视图删除成功。

5.2.4　可更新视图

在 MySQL 中，视图不仅可以查询数据，还可以更新数据。由于视图是一张虚表，因此可以使用 INSERT 或 UPDATE 语句通过更新视图插入或更新相关表中的数据，并可以使用 DELETE 语句通过更新视图删除相关表中的记录。

1. 通过更新视图更新数据表

可以使用 UPDATE 语句更新视图来更新数据表。语法格式如下。

```
UPDATE 视图名
SET 列名 1=值 1，列名 2=值 2，…，列名 n=值 n
WHERE 条件表达式
```

其参数与 Update 语句参数相同。

【例 5.19】使用 UPDATE 语句更新视图 view_users，将会员"蔡准"的电话号码更新为"13574810987"。

（1）执行更新操作前，先查询会员信息表中用户名为"蔡准"的电话号码，如图 5-20 所示。

（2）编写可更新视图语句，代码如下。

图5-20　查询会员信息

```
UPDATE view_users
SET uPhone='13574810987'
WHERE uName='蔡准' ;
```

（3）分别查询视图 view_users 和数据表 users 中蔡准的电话号码，如图 5-21 和图 5-22 所示。

图5-21　查询视图数据　　　　　　　图5-22　查询表数据

从结果可以看到，users 表中会员蔡准的电话由 14786593245 更新为 13574810987，通过视图更新数据成功。

2. 通过更新视图向数据表插入数据。

可以使用 INSERT 语句更新视图向数据表插入数据，语法格式如下。

```
INSERT [INTO] 视图名(列名列表)
VALUES(值列表 1),(值列表 2),…,(值列表 n)
```

语法说明与 INSERT 语句参数相同。

【例 5.20】使用 INSERT 语句更新视图，向数据表 users 中插入一条记录。

```
INSERT INTO view_users
VALUES('周鹏','123','男',13876431290,'1990-11-21')
```

执行上述语句，并查询 users 表，结果集如图 5-23 所示。

```
1  SELECT * FROM users
```

uID	uName	uPwd	uSex	uBirth	uCity	uPhone	uEmail	uQQ
1	郭炳颜	123	男	1994-12-28 00:00:00	长沙	17598632598	214896335@qq.com	2155789634
2	蔡准	123	男	1998-10-28 00:00:00	北京	13574810987	258269775@qq.com	1515645
3	段湘林	123	男	2000-03-01 00:00:00	长沙	18974521635	127582934@qq.com	24965752
4	盛伟刚	123	男	1994-04-20 00:00:00	上海	13598742685	24596325@qq.com	36987452
5	李珍珍	123	女	1989-09-03 00:00:00	上海	14752369842	24589632@qq.com	98654287
6	常浩萍	123	女	1985-09-24 00:00:00	北京	16247536915	2157596@qq.com	96585236
7	柴宗文	123	男	1983-02-19 00:00:00	北京	18245739214	225489365@qq.com	2548965
8	李芯	123	女	1994-01-24 00:00:00	重庆	17632954782	458963785@qq.com	785412
9	陈瑾	123	女	2001-07-02 00:00:00	长沙	15874269513	2159635874@qq.com	63589426
10	次旦多吉	123	男	2008-12-23 00:00:00	长沙	17654289375	2459632@qq.com	85796321458
11	冯玲芬	123	女	1983-09-12 00:00:00	长沙	19875236942	25578963@qq.com	2365897
12	范丙全	123	男	1984-04-29 00:00:00	长沙	17652149635	2225478@qq.com	5236987523
13	周鹏	123	男	1990-11-21 00:00:00	(Null)	13876431290	(Null)	(Null)

图5-23　查询插入操作后的记录集

从结果集可以看到用户名为"周鹏"的记录成功插入到 users 表中。

3. 通过更新视图删除数据表中的数据

可以使用 DELETE 语句更新视图删除数据表中的数据。语法格式如下。

```
DELETE FROM 视图名
[WHERE 条件表达式]
```

语法说明与 DELETE 语句相同。

【例 5.21】使用 DELETE 语句，更新视图删除数据表 users 用户名为"周鹏"的记录。

```
DELETE FROM view_users
WHERE uName='周鹏'
```

执行上述语句，并查询 users 表，结果集如图 5-24 所示。

uID	uName	uPwd	uSex	uBirth	uCity	uPhone	uEmail	uQQ
1	郭炳颜	123	男	1994-12-28 00:00:00	长沙	17598632598	214896335@qq.com	2155789634
2	蔡准	123	男	1998-10-28 00:00:00	北京	13574810987	258269775@qq.com	1515645
3	段湘林	123	男	2000-03-01 00:00:00	长沙	18974521635	127582934@qq.com	24965752
4	盛伟刚	123	男	1994-04-20 00:00:00	上海	13598742685	24596325@qq.com	36987452
5	李珍珍	123	女	1989-09-03 00:00:00	上海	14752369842	24589632@qq.com	98654287
6	常浩萍	123	女	1985-09-24 00:00:00	北京	16247536915	2157596@qq.com	96585236
7	柴宗文	123	男	1983-02-19 00:00:00	北京	18245739214	225489365@qq.com	2548965
8	李莎	123	女	1994-01-24 00:00:00	重庆	17632954782	458963785@qq.com	785412
9	陈瑾	123	女	2001-07-02 00:00:00	长沙	15874269513	2159635874@qq.com	63589426
10	次旦多吉	123	男	2008-12-23 00:00:00	长沙	17654289375	2459632@qq.com	85796321458
11	冯玲芬	123	女	1983-09-12 00:00:00	长沙	19875236942	25578963@qq.com	2365897
12	范丙全	123	男	1984-04-29 00:00:00	长沙	17652149635	2225478@qq.com	5236987523

图5-24　查询删除数据后的记录集

从结果集可以看到，表中不存在用户名为"周鹏"的记录。更新视图成功删除相关表的记录。

4. 更新视图的限制

并不是所有的视图都可以更新，以下几种情况不能更新视图。

● 定义视图的 SELECT 语句中包含 COUNT 等聚合函数。

● 定义视图的 SELECT 语句中包含 UNION、UNION ALL、DISTINCT、TOP、GROUP BY 和 HAVING 等关键字。

● 常量视图。

● 定义视图的 SELECT 语句中包含子查询。

● 由不可更新的视图导出的视图。

● 视图对应的数据表上存在没有默认值且不为空的列，而该列没有包含在视图里。

学习提示：虽然可以通过更新视图操作相关表的数据，但是限制较多。实际情况下，最好将视图仅作为查询数据的虚表，而不要通过视图更新数据。

任务3　编写高效的数据查询

【任务描述】数据查询是应用系统中最频繁的操作，当要访问的数据量很大时，查询不可避免地需要筛选大量的数据，造成查询性能低下。要提高数据查询的性能，需要对查询语句进行必要的优化。本任务将从优化数据访问、分析 SQL 的执行计划、子查询优化、Limit 查询优化及优化 GROUP BY 子句等方面分析查询优化的策略。

5.3.1　优化数据访问

查询性能的低下最基本的原因是因为访问的数据量太多，大部分性能低下的查询都可以通过减少访问的数据量进行优化。

1. 向数据库请求不需要的数据

实际应用中，有时编写的查询会请求超过实际需要的数据，然而这些多余的数据都会被应用程序丢弃，这无形中给 MySQL 服务器带来不必要的负担，消耗应用服务器的 CPU 和内存资源，并增加数据库服务器和应用服务器之间的网络开销。主要体现在如下三个方面。

（1）查询不需要的记录

在编写查询时，常常会误以为 MySQL 只返回需要的数据，而实际上 MySQL 却是先返回全部结果集再进行计算。比如在应用程序的分页显示中，用户会从数据库中提取满足条件的记录，并取出前 N 行显示在页面上，这种情况下除了显示的 N 条记录外，其余的记录会被丢弃。最简单有效的方法就是分页，在查询语句中通过 LIMIT 完成。

（2）多表关联时返回全部列

如果想查询会员蔡准购买的所有商品信息。一定不能编写如下的查询。

```
SELECT *
FROM users join scars USING(uId)
            join goods USING(gdId)
WHERE uname = '蔡准' ;
```

这个查询将返回三个表的全部数据列。正确的方式是只取所需要的列。

```
SELECT goods.*
FROM users join scars USING(uId)
            join goods USING(gdId)
WHERE uname = '蔡准' ;
```

（3）总是取出全部列

在应用程序没有使用相关的缓存机制时，数据库程序员在编写 SELECT *的查询时，应该充分考虑是否需要返回表中的所有列。在取出全部列时，会让优化器无法使用索引覆盖扫描这类的优化，还会为服务器带来额外的 I/O、内存和 CPU 的消耗。

2. 查询的开销

MySQL 中，通常衡量查询开销的指标为查询响应的时间、扫描的行数及返回的行数。这三个指标大致反映了 MySQL 在内部执行查询时需要访问的数据多少，并可以推算出查询运行的时间。

（1）响应时间

查询响应时间一般认为是服务时间和查询队列排队时间。其中服务时间是指数据库处理这个查询真正花费的时间，而排队时间是指服务器因为等待某些资源而没有真正执行的时间。在不同类型的应用下，该时间受存储引擎的锁、高并发资源竞争、硬件响应等因素影响，与查询的编写无关。

（2）扫描的行数和返回的行数

最理想的查询是扫描的行数和返回的行数相同，但实际中这种情况并不多见。在某些关联查询中，服务器需要扫描多行才能返回一行有效数据。因此分析查询的执行计划，查看查询扫描的行数，以提高扫描行数与返回行数的比例具有实际意义。MySQL 中，分析查询计划通常使用 EXPLAIN 语句，该语句将在下一节中详细介绍。

5.3.2 SQL 的执行计划

要编写高效的查询语句，需要了解查询语句执行情况，找出查询语句执行的瓶颈，从而优化查询。在 MySQL 中，EXPLAIN 语句是查看查询优化器如何决定执行查询的主要方法，它提供的信息，有助于数据库程序员理解 MySQL 优化器如何工作，并生成查询计划。

EXPLAIN 语句的语法格式如下。

```
EXPLAIN [EXTENDED] SELECT select_options
```

语法说明。

- EXTENDED：使用了该关键字，EXPLAIN 语句将产生附加信息。
- select_options：SELECT 语句的查询选项，包括 FROM、WHERE 子句等。

执行该语句，可以分析 EXPLAIN 后 SELECT 语句的执行情况，并且能够分析出所查询表的一些特征。

【例 5.22】使用 EXPLAIN 语句分析查询商品的语句。

```
EXPLAIN
SELECT * FROM goods ;
```

执行结果如图 5-25 所示。

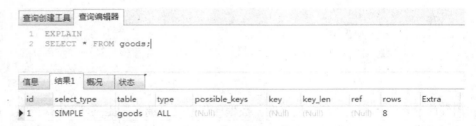

图5-25　查询商品表的执行计划

EXPLAIN 语句用于对查询的类型、可能的键值、扫描的行数等进行分析。该语句的输出总是具有相同的列，可变的是行数和每列中的内容。表格中列的具体内容说明如下。

- id 列

id 列用于标识 SELECT 所属的行。如果在语句中没有子查询或联合查询，那么分析结果只会有唯一的 SELECT，且每一行在这个列中都将显示为 1，否则会按顺序进行编号。

- select_type 列

显示对应行是简单还是复杂的 SELECT 语句，其类型和说明如表 5-1 所示。

表 5-1　查询分析器的查询类型

类型名	说明
SIMPLE	表示简单查询，不包括子查询和 UNION 查询
PRIMARY	表示主查询，或者是最外层的查询语句
SUBQUERY	表示包含在 SELECT 列表中的子查询中的 SELECT
DERIVED	表示包含在 FROM 子句的子查询中的 SELECT，即派生表
UNION	在联合查询的第 2 个或后面的 SELECT

续表

类型名	说明
UNION RESULT	用来从 UNION 的匿名临时表检索结果的 SELECT
DEPENDENT SUBQUERY	表示取决于外面的子查询中的第 1 个 SELECT
DEPENDENT UNION	表示取决于外面的连接查询中的第 2 个或后面的 SELECT

● table 列

显示查询正访问的表，可以是表的名称或是表的别名。当 FROM 子句中有子查询，table 列的值为"derivedN"，其中 N 表示派生的序号。当使用 UNION 时，UNION RESULT 的 table 列的值包含一个参与 UNION 的 id 列表。

● type 列

显示查询的关联类型，有无使用索引，也可以说是 MySQL 决定如何查找表中的行。类型说明如表 5-2 所示。

表 5-2 查询分析器的关联类型

关联类型	说明
ALL	全表扫描，也就是从头到尾扫描整张表
index	同 ALL，只是 MySQL 扫描的是索引树，若在 Extra 列中显示 using index 说明使用的是覆盖索引，只扫描索引数据
range	有限制地索引扫描。开始于索引中的某一点，返回匹配这个值范围的行
ref	索引查找，使用非唯一性索引或者唯一性索引的非唯一性前缀。索引值需跟某一个参考值进行比较
index_subquery	表示可以使用 index_subquery 替换子查询具有非唯一索引的 IN 子查询
unique_subquery	表示可以使用 unique_subquery（即索引查找函数）替换 IN 子查询的表
index_merge	表示使用了索引合并优化的表
ref_or_null	同 ref，但是添加了 MySQL 可以专门搜索包含 NULL 值的行
eq_ref	索引查找，使用主键或唯一性索引查找时使用。索引值需跟某一个参考值进行比较
const	表示最多只有一个匹配行的数据表，它将在查询开始时被读取，并在余下的查询优化中作为常量对待。const 表查询速度很快，因为它们只读取一次
system	是 const 联接类型的一个特例。表仅有一行满足条件

在表 5-2 中，关联类型从最优到最差的连接类型为 system、const、eq_ref、ref、range、index 和 ALL。一般来说至少要达到 range 级别，否则就可能出现性能问题。

● possible_keys 列

指出 MySQL 使用哪个索引在该表中找到行。如果该列值为 NULL，则没有相关的索引。此时，可以通过检查 WHERE 子句看是否引用某些列或适合索引的列或创建一个适当的索引以提高查询性能。

● key

表示查询优化使用哪个索引可以最小化查询成本。如果没有可选择的索引，该列的值是 NULL。

● key_len

表示 MySQL 选择的索引字段按字节计算的长度，如 INT 类型长度为 4 字节，若键的值是

NULL，则长度为 NULL。

- ref：表示使用哪个列或常数与 key 记录的索引一起来查询记录。
- rows

表示为找到所需的行而要读取的行数。它不是 MySQL 认为最终要从表里取出的行数，而是必须读取行的平均数。

- Extra：表示 MySQL 在处理查询时的额外信息。其常用取值如表 5-3 所示。

表 5-3　Extra 的取值

值	说明
Using index	表示使用覆盖索引，以避免访问表
Using where	表示 MySQL 服务器将在存储引擎检索行后再进行过滤。不是所有带 where 子句的查询都显示该值。通常表示该查询可受益于不同的索引
Using temporary	表示 MySQL 对查询结果排序时会用到一个临时表
Using filesort	表示 MySQL 会对使用一个外部索引排序，而不是按索引次序从表里读取行
Range checked for each record（index map:N）	表示没有好用的索引。N 值显示在 possible_keys 列中索引的位图

从图 5-25 输出结果可以看出，商品查询的执行计划采用的是简单的 SELECT 语句，相关表为 goods，使用全表扫描，总检查数据行为 8。

5.3.3　子查询优化

子查询因其使用灵活，在实际应用中广泛使用。MySQL 优化器对子查询的处理方式是先遍历外层表的数据，对于外层表返回的每一条记录都执行一次子查询，因而执行效率不高。而连接查询之所以效率更高一些，是因为 MySQL 不需要在内存中创建临时表来完成逻辑上需要两个步骤的查询工作。

【例 5.23】查询内容为已购物的会员信息，包括用户名、性别、出生年月和注册时间。

（1）使用 EXPLAIN 语句分析子查询的执行计划，代码如下。

```
EXPLAIN
SELECT uname,usex,ubirth,uregtime
from users
where uid in (select uid from orders);
```

执行上述代码，分析结果如图 5-26 所示。

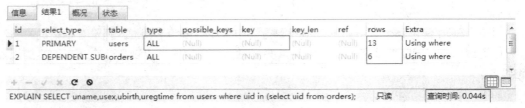

图5-26　Explain分析子查询执行计划

从执行计划可以看到，查询计划按两张表进行全表扫描。执行时间为 0.044s。

（2）使用 EXPLAIN 语句分析连接查询的执行计划，代码如下。

```
EXPLAIN
SELECT uname,usex,ubirth,uregtime
from users a join orders b
            on a.uid = b.uid;
```

执行代码，分析结果如图 5-27 所示。

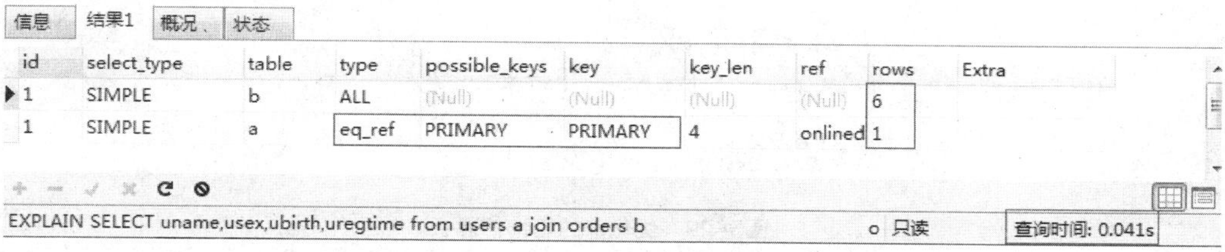

信息	结果1	概况、	状态							
id	select_type	table	type	possible_keys	key	key_len	ref	rows	Extra	
1	SIMPLE	b	ALL	(Null)	(Null)	(Null)	(Null)	6		
1	SIMPLE	a	eq_ref	PRIMARY	PRIMARY	4	onlined	1		

EXPLAIN SELECT uname,usex,ubirth,uregtime from users a join orders b　　○ 只读　　查询时间: 0.041s

图5-27　Explain分析连接查询的执行计划

从执行计划可以看到，查询计划对 orders 表仍然采用了全表扫描，而对 users 表则采用 eq_ref 的关联类型，且使用了主键索引，执行时间为 0.041s。

对比两次的执行计划可以明显看出，使用连接查询的执行计划比使用子查询的执行计划，在扫描的记录范围、索引使用情况、执行时间上都有了明显改善。特别是在数据量很大的情况下，这种性能的提升更为有效。通常情况下，MySQL 建议使用连接查询替代子查询以及结合索引来优化子查询。

5.3.4　Limit 查询优化

Limit 子句主要用于强制 SELECT 语句返回指定的记录数。在数据库系统中，当要进行分页操作时，通常会使用 Limit 加上偏移量的办法实现，同时加上合适的 ORDER BY 子句。若再加上对应的索引，执行效率会大大提高，否则，MySQL 需要做大量的文件排序操作。但是当分页操作要求偏移量非常大的时候（即翻页到非常靠后的页面），例如可能是 Limit 10000,10 这样的查询，这时 MySQL 需要查询 10010 条记录然后只返回最后 10 条，前面的 10000 条记录都将被抛弃，代价就非常高。如果所有的页面被访问的频率相同，那么查询平均需要访问半个表的数据，查询效率则更低。

针对上述问题，查询可以采取查询优化法或索引覆盖法来优化 Limit 查询语句。

为了验证查询优化后的性能提升，案例模拟表中有大量数据的情景，复制 goods 表为 tp_goods，并采用随机方式为该表添加 40108 条记录。

1. 查询优化法

查询优化法是指先查询目标数据中的第一条，然后再获取大于等于这条数据的 id 数据范围。这种方法下要求查询的目标数据必须连续，即不带 where 条件的查询，因为 where 条件会筛选数据，导致数据失去连续性。

【例 5.24】使用 Limit 语句返回 tp_goods 表中的 40001-40020 行数据。

查询语句如下。

```
SELECT * FROM  tp_goods
LIMIT 40000,20 ;
```

优化前，查询执行计划如图 5-28 所示，查询结果信息如图 5-29 所示。

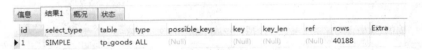

图5-28　优化前的执行计划

从执行计划可以看到，查询优化器对该查询的估计采用全表扫描。

图5-29　优化前的查询信息

查询优化法，先根据主键聚集索引列查询到目标记录的第 1 条，再选取其后的 20 条记录即可。SQL 语句如下。

```
SELECT * FROM  tp_goods
WHERE gdID >= (SELECT gdid
               FROM tp_goods
               LIMIT 40000,1)
LIMIT 20 ;
```

执行上述 SQL 语句，执行计划如图 5-30 所示，查询结果信息如图 5-31 所示。

id	select_type	table	type	possible_keys	key	key_len	ref	rows	Extra
1	PRIMARY	tp_goods	range	PRIMARY	PRIMARY	4	(Null)	107	Using where
2	SUBQUERY	tp_goods	index	(Null)	PRIMARY	4	(Null)	40188	Using index

图5-30　优化后的执行计划

从优化后的执行计划可以看到，查询优化器在子查询中采用索引查找，主查询采用有限制的索引查询 range，扫描数据行为 107 行。

图5-31　优化后的查询信息

对比图 5-29 和图 5-31，优化前所花费时间是 0.112s，优化后所花费的时间是 0.030s，查询速度提高了近 4 倍。

2. 覆盖索引

覆盖索引法是指 SELECT 查询的数据列从索引中就能够取得，不必读取数据行，换句话说就是查询列要被所建立的索引覆盖，索引的字段不仅仅包含查询的列，还包含查询条件、排序等。

【例 5.25】使用 Limit 语句，查询 tp_goods 表中的 gdID，gdName 列，并按 gdName 列升

序排列，返回 40001-40020 之间的行。

查询语句如下。

```
SELECT gdID,gdName
FROM tp_goods
ORDER BY gdName
LIMIT 40000,20;
```

优化前，查询计划如图 5-32 所示，查询结果信息如图 5-33 所示。

图5-32 优化前的查询执行计划

从执行计划可以看到，查询优化器对该查询的估计采用全表扫描，并使用外部文件排序。

图5-33 优化前的查询结果信息

该查询需要对 gdName 排序，因此在 gdName 列上建立索引可以有效地提高查询性能。为 gdName 列建立索引的语句如下。

```
ALTER TABLE tp_goods
ADD INDEX idx_gdName USING BTREE (gdName asc);
```

执行上述语句，成功创建索引。查看查询的查询计划如图 5-34 所示，结果信息如图 5-35 的所示。

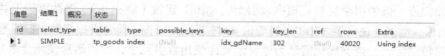

图5-34 优化后的查询执行计划

图5-35 优化后的查询结果信息

优化后的执行计划使用了索引扫描，其中运用的索引为 idx_gdName，主要原因是建立的 idx_gdName 的索引树中包括了 gdName 和 gdID 的值，查询只需要扫描索引树即可。

对比索引建立前后的查询结果，图 5-33 显示的优化前所花费时间是 0.246s，而图 5-35 优化后所花费的时间是 0.031s。显然，建立了索引后的查询语句的执行效率要大大高于未建立索引的语句。

【例 5.26】使用 Limit 语句，查询 tp_goods 表中的 gdName，gdPrice 列，并按 gdName 列升序排列，返回前 1000 行数据。

查询语句如下。

```
SELECT gdName,gdPrice
FROM tp_goods
ORDER BY gdName
LIMIT 1000;
```

此时，在 tp_goods 表的 gdName 列上建立有名为 idx_gdName 的索引。分析查询计划如图 5-36 所示。

信息	结果1	概况	状态							
id	select_type	table	type	possible_keys	key	key_len	ref	rows	Extra
▶ 1	SIMPLE	tp_goods	ALL	(Null)	(Null)	(Null)	(Null)	40226	Using filesort

图5-36　优化前的查询执行计划

从查询计划可以看到，查询优化器并未使用已有的索引 idx_gdName，而选择了全表扫描，扫描行数为 40226。执行该查询，查询结果信息如图 5-37 所示。

信息　结果1　概况　状态

[SQL]SELECT gdName,gdPrice
FROM tp_goods
ORDER BY gdName
LIMIT 1000;
受影响的行: 0
时间: 0.159s

图5-37　优化前的查询结果信息

该查询使用的索引为 idx_gdName，且该索引为二级索引，索引上仅保存了（gdName,gdID）的数据，每扫描一条索引数据需要根据索引上的 gdID 定位（随机 IO）到数据行上并取出对应 gdPrice 的值，也就是说需要 1000 次的随机 IO 才能完成查询。而全表扫描时，扫描是顺序的且数据量不是特别巨大，查询优化器认为这种消耗比使用索引要小，因而选择使用全表扫描。

要消除随机 IO 导致无法利用索引的问题，可以使用覆盖索引，首先在表上创建复合索引，将 gdPrice 列也放到索引中，SQL 语句如下。

```
ALTER TABLE tp_goods
ADD INDEX idx_gdName_gdPrice USING BTREE
(gdName asc,gdPrice asc);
```

查看该查询的执行计划，如图 5-38 所示。

信息	结果1	概况	状态							
id	select_type	table	type	possible_keys	key	key_len	ref	rows	Extra
▶ 1	SIMPLE	tp_goods	index	(Null)	idx_gdN	307	(Null)	1000	Using index

图5-38　优化后的查询执行计划

从查询计划可以看到查询使用了索引扫描，且扫描行数仅为 1000 行。再次执行该查询，结果信息如图 5-39 所示。

图5-39　优化后的查询结果信息

对比两次执行结果，图 5-37 显示优化前的执行时间为 159ms，而图 5-39 显示优化后的执行时间仅为 9ms，查询性能显著提高。

5.3.5　优化 Group By

Group By 子句用于对查询结果按照指定的字段进行分类统计，它的实现过程除了要使用排序操作外，还要进行分组操作，如果使用到一些聚合函数，还要进行相应的聚合计算。

查询优化器会尽可能地读取满足条件的索引键完成 Group By 操作，在使用索引时，必须保证 Group By 字段同时存放于同一个索引中。当查询优化器无法找到合适的索引时，就会选择将读取的数据放入临时表中来完成 Group By 操作，而使用临时表的数据查询对查询性能影响较大。

要解决 Group By 子句使用临时表实现分组统计操作，通常采用只查索引的方法来优化查询性能。为了验证查询优化后的性能提升，案例模拟表中有大量数据的情景，复制 orders 表为 tp_orders，并采用随机方式为该表添加了 10006 条记录。

【例 5.27】统计所有用户的历史消费总金额，列出用户名（uName）和消费总金额（sumTotal）。查询语句如下。

```
SELECT uName , SUM (oTotal) AS sumTotal
FROM users JOIN tp_orders USING (uid)
GROUP BY tp_orders.uid ;
```

此时，在 tp_orders 表的 uid 列上建立有名为 idx_ouid 的索引。分析其查询计划如图 5-40 所示。

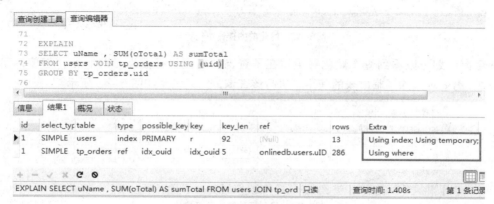

图5-40　优化前的查询执行计划

从查询计划可以看到，查询优化器在派生表中计划使用的索引为 idx_ouid，但其引用的列为用户表 users 中的 uID 列；扫描的行数虽然只有近 300 行，但查询使用了临时表来实现分组。执行该查询，查询结果信息如图 5-41 所示。

图5-41　优化前的查询结果信息

从图 5-41 看，查询结果执行的时间达到了 492ms，当数据量达到十万级时，时间将耗费更长。为了提高查询性能上，可以将 Group By 操作使用只查索引的方法对该语句优化，优化后的 SQL 语句如下。

```
SELECT uName,sumtotal
FROM users JOIN
            (SELECT uid ,SUM(oTotal) AS sumtotal
            FROM tp_orders GROUP BY  uid) AS t USING(uid);
```

查看该查询的执行计划，如图 5-42 所示。

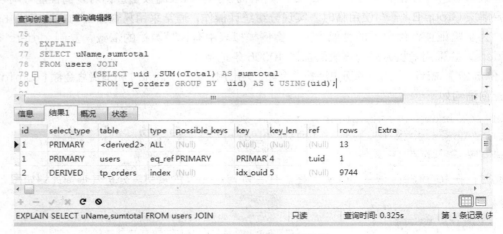

图5-42　优化前的查询执行计划

从查询计划可以看到查询优化器虽然在子查询中扫描的行数为 9744 行，但使用了索引 idx_ouid，有效地消除了临时表的使用。执行该查询，结果信息如图 5-43 所示。

图5-43　优化后的查询结果信息

对比两次执行结果，图 5-41 显示优化前的执行时间为 492ms，而图 5-43 显示优化后的执行时间仅为 29ms，查询性能显著提高。

学习提示：尽量不要对大结果集进行 Group By 操作，因为一旦数据量超过系统最大临时表大小时，MySQL 会将临时表里的数据拷贝到磁盘上然后再进行操作，性能会呈几何级下降。

习题

1. 单项选择题

（1）下面关于索引描述中错误的一项是（　　）。

　　A. 索引可以提高数据查询的速度

　　B. 索引可以降低数据的插入速度

　　C. InnoDB 存储引擎支持全文索引

　　D. 删除索引的命令是 DROP INDEX

（2）MySQL 中唯一索引的关键字是（　　）。

　　A. FULLTEXT INDEX 　　　　　　　B. ONLY INDEX

　　C. UNIQUE INDEX 　　　　　　　　D. INDEX

（3）下列不能用于创建索引的是（　　）。

　　A. 使用 CREATE INDEX 语句 　　　B. 使用 CREATE TABLE 语句

　　C. 使用 ALTER TABLE 语句 　　　　D. 使用 CREATE DATABASE 语句

（4）索引可以提高哪一操作的效率（　　）。

　　A. INSERT 　　　　B. UPDATE 　　　C. DELETE 　　　D. SELECT

（5）关系数据库中，主键（　　）。

　　A. 创建唯一的索引，允许空值 　　　B. 只允许以表中第一字段建立

　　C. 允许有多个 　　　　　　　　　　D. 为标识表中唯一的实体

（6）下列不适合建立索引的情况是（　　）。

　　A. 经常被查询的列 　　　　　　　　B. 包含太多重复值的列

　　C. 主键或外键列 　　　　　　　　　D. 具有唯一值的列

（7）在 SQL 语言中的视图 VIEW 是数据库的（　　）。

　　A. 外模式 　　　　B. 存储模式 　　　C. 模式 　　　　D. 内模式

（8）以下不可对视图执行的操作有（　　）。

　　A. SELECT 　　　　　　　　　　　　B. INSERT

　　C. DELETE 　　　　　　　　　　　　D. CREATE INDEX

（9）下列可以查看视图的创建语句是（　　）。

　　A. SHOW VIEW 　　　　　　　　　　B. SELECT VIEW

　　C. SHOW CREATE VIEW 　　　　　　D. DISPLAY VIEW

（10）在视图上不能完成的操作是（　　）。

　　A. 更新视图数据 　　　　　　　　　B. 在视图上定义新基本表

　　C. 在视图上定义新的视图 　　　　　D. 查询

（11）数据表 temp(a int,b int,t date)涉及 3 条 SQL 如下。

```
SELECT * FROM temp WHERE a=1 AND b=1 ;
SELECT * FROM temp WHERE b=1 ;
SELECT * FROM temp WHERE b=1 ORDER BY t DESC ;
```

现为该表只创建一个索引，如何创建性能最优（   ）。

    A. idx_ab(a,b)   B. idx_ba(b,a)

    C. idx_bt(b,t)   D. idx_abt (a,b,t)

（12）下列哪项操作不会影响查询的性能（   ）。

    A. 返回查询的所有列   B. 反复进行同样的查询

    C. 在查询列上未建立索引   D. 查询多余的记录

2. 简述题

（1）在数据库中的表中创建索引的作用是什么？

（2）分别简述在 MySQL 中创建、查看和删除索引的 SQL 语句。

（3）简述视图与表的区别。

项目实践

1. 实践任务

（1）创建索引、查看索引和维护索引。

（2）创建视图、管理和维护视图以及使用可更新视图。

（3）分析查询执行计划，优化数据查询。

2. 实践目的

（1）能分别使用 Navicat 图形工具和 SQL 语句创建索引。

（2）能使用 SHOW CREATE TABLE 命令和 SHOW INDEX FROM/SHOW KEYS FROM 命令查看索引。

（3）掌握维护索引的方法。

（4）能分别使用 Navicat 图形工具和 SQL 语句创建视图。

（5）掌握管理和维护视图的方式。

（6）能使用可更新视图。

（7）能使用 EXPLAIN 语句分析查询语句的执行情况。

（8）能实现子查询优化和 Limit 查询优化

3. 实践内容

（1）使用 Navicat 图形工具在 onlinedb.goodstype 表的 tName 列上创建一个为名 IX_tName 的普通索引。

（2）使用 SQL 语句在 onlinedb.goods 表的 gdCode 和 gdName 列上创建一个名为 IX_gdCN 的复合索引。

（3）分别使用 SHOW CREATE TABLE 命令和 SHOW INDEX FROM/SHOW KEYS FROM 命令查看（2）中所创建的索引 IX_gdCN 的相关信息。

（4）使用 SQL 语句删除（1）和（2）创建的索引。

（5）使用 Navicat 图形工具创建用来描述商品基本信息的视图，包括商品 ID、商品名称、商品价格和库存数量，视图名为 view_goods。

（6）使用 SQL 语句创建用来描述订单信息的视图，包括订单 ID、会员姓名、商品名称和总金额等信息，视图名为 view_orders。

（7）分别使用 SHOW TABLE STATUS 语句和 DESCRIBE/DESC 语句查看（5）中创建的视图信息。

（8）使用 SHOW CREATE VIEW 语句查看（6）中创建的视图的定义文本。

（9）分别使用 CREATE OR REPLACE VIEW 语句和 ALTER 语句修改（6）中创建的视图，修改后的视图信息包括订单 ID、商品名称和购买数量。

（10）删除（5）中创建的视图。

（11）使用 UPDATE 语句更新视图 view_goods，将所有商品的单价增加 10%。

（12）使用 DELETE 语句更新视图 view_goods，删除数据表 goods 中的最后一条记录。

（13）使用 EXPLAIN 语句分析如下查询语句，并对其进行优化。

```
SELECT uName,uSex,uBirth,uRegTime
FROM users
WHERE uID IN (SELECT uID
              FROM orders
              GROUP BY uID
              HAVING SUM(oTotal)>=1000);
```

（14）分别采用查询优化法和索引覆盖法对如下查询进行优化处理。

查询 Goods 表，显示从第 30000 行开始的连续 5 行记录的编号、名称和价格。

```
SELECT gdCode,gdName,gdPrice
FROM goods
LIMIT 30000,5;
```

6 Chapter

项目六
使用程序逻辑操作网上商城系统数据

计算机应用有科学计算、数据处理与过程控制三大主要领域。随着信息时代对数据处理的要求不断增多，数据处理在计算机应用领域中占有越来越大的比重，包括现在最流行的客户端/服务器模式（C/S）、Web 模式（B/S）应用等。在网上商城系统中，为了有效地提高数据访问效率和数据安全性，网上商城系统的开发过程更加专注于业务逻辑的处理，数据库负担为系统提供数据支持的任务，把复杂逻辑的数据处理放在数据库中，即数据库编程。

MySQL 提供了函数、存储过程、触发器、事件等数据对象来实现复杂的数据处理逻辑。本项目在数据库编程基础上，详细介绍了 MySQL 中函数、存储过程、触发器、事件在数据库应用系统开发中的作用，并通过实例阐明它们的使用方法。

【学习目标】
- 会创建和调用函数
- 会创建和调用存储过程
- 会创建和调用触发器
- 会创建和管理事件

MySQL

数据库编程基础

【任务描述】任何一种语言都是为了解决实际应用中的问题而存在的。SQL 程序的流程控制和游标的使用能够有效解决数据库程序设计中的复杂逻辑问题。本任务在 SQL 程序语言基础上，详细讨论了 SQL 的流程控制和游标的使用。

6.1.1 SQL 程序语言基础

1. 变量

变量是指程序运行过程中会变化的量，MySQL 支持的变量类型有 4 种。

* 用户变量：这种变量用一个@字符作为前缀，在 MySQL 会话末端结束其定义。

* 系统变量和服务器变量：这种变量包含了 MySQL 服务器的状态或属性。它们以@@字符作为前导符（例如：@@binlog_cache_size）。

* 结构化变量：是系统变量的一种特例。MySQL 目前只在需要定义更多的 MyISAM 索引缓存区时才会用到这些变量。

* 局部变量：只用于存储过程中的变量，而且只是在存储过程中有效。它们没有特殊的前导标识，因此，给它们起的名字必须与数据表和数据列的名字有所区别。

在 MySQL 5.0 及以前的版本里，MySQL 变量名一直区分字母大小写。但从 MySQL 5.0 版本开始，不再区分字母的大小写。因此，@name、@Name 以及@NAME 都表示同一个变量。

（1）用户变量

用户变量即用户定义的变量。用户变量可以被赋值，也可以在后面的其他语句中引用其值。用户变量的名称由 "@" 字符作为前缀标识符。

用户变量使用 SET 命令和 SELECT 命令给其赋值，SET 命令使用的赋值操作符是 "=" 或 ":="，SELECT 命令使用的赋值操作符只能是 ":="。另外，在 MySQL 5.0 版本之后，可以使用 SELECT 命令把一条记录的多个字段分别赋值给几个变量，这种用法只适用于返回结果只有一条记录的情况。

【例 6.1】变量赋值。

```
SET @id = 3;
SELECT @name := '刘立' ;
SELECT tID, tName FROM goodstype WHERE tID=1 INTO @id, @name;
```

可以使用 SELECT 命令查看用户变量的值。

【例 6.2】查看变量。

```
SET @id = 3;
SELECT @id;
```

（2）局部变量

局部变量一般用在 SQL 语句块（如存储过程的 BEGIN 和 END）中。其作用域仅限于语句块，当语句块执行完毕后，局部变量就消失了。局部变量一般用 DECLARE 来声明，可以使用 DEFAULT 来设置默认值。

【例 6.3】定义名称为 proc_add 的存储过程，该存储过程有两个 int 类型的参数，分别为 a 和 b。

```
CREATE PROCEDURE proc_add(in a int, in b int)
BEGIN
    DECLARE c int DEFAULT 0;
    SET c = a + b;
    SELECT c AS 'Result';
END;
```

局部变量和用户变量有所不同，主要区别如下。

- 用户变量以"@"字符开头，局部变量没有修饰符号。
- 用户变量使用 SET 语句进行定义和赋值，局部变量使用 DECLARE 语句声明。
- 用户变量在当前会话中有效，局部变量只在 BEGIN 和 END 语句块之间有效，该语句块执行完毕，局部变量就失效了。

（3）系统变量

MySQL 中的系统变量分为 SESSION（会话）变量和 GLOBAL（全局）变量。SESSION 变量只对当前会话（当前连接）有效，而 GLOBAL 变量则对整个服务器全局有效。无论是会话变量还是全局变量，都可以使用 SET 命令来修改其值。当一个全局变量被改变时，新的值对所有新的连接有效，但对已经存在的连接无效。而会话变量的改变只对当前连接有效，当一个新的连接出现时，会话变量的默认值起作用。

【例 6.4】设置和查看系统变量。

```
SET @@wait_timeout = 10000;                -- 会话变量
SET @@session.wait_timeout = 10000;        -- 会话变量
SET SESSION wait_timeout = 10000;          -- 会话变量
SET @@global.wait_timeout = 10000;         -- 全局变量
SET GLOBAL wait_timeout = 10000;           -- 全局变量
SELECT @@wait_timeout;
SELECT @@global.wait_timeout;
```

除了使用 SELECT 查看系统变量之外，还可以使用 SHOW VARIABLES 语句查看系统变量。

【例 6.5】使用 SHOW VARIABLES 查看系统变量。

```
SHOW SESSION VARIABLES;                     -- 查看所有会话变量
SHOW GLOBAL VARIABLES;                      -- 查看所有全局变量
```

2. 常量

常量是指在程序运行过程中，值不会改变的量。一个数字、一个字母或一个字符串等都可以是一个常量。MySQL 中提供了多种类型的常量。

（1）字符串常量

字符串是指用单引号或双引号括起来的字符序列，例如，'早上好'和"早上好"都是一个字符串常量。字符串常量分为两种。

● ASCII 字符串常量是用单引号括起来的，由 ASCII 字符构成的符号串，如'hello'和'How are you! '。

● Unicode 字符串常量与 ASCII 字符串常量相似，但它前面有一个 N 标识符。N 必须为大写，并且只能用单引号（'）括起字符串，如 N'hello'。

在字符串中不仅可以使用普通的字符，也可使用转义字符。转义字符可以代替特殊的字符，如换行符和退格符。每个转义序列以一个反斜杠（\）开始，指出后面的字符使用转义字符来解释，而不是普通字符。表 6-1 列出了常用的转义字符。

表 6-1　转义字符

转义字符	说明
\'	单引号（'）
\"	双引号（"）
\b	退格符
\n	换行符
\r	回车符
\t	Tab 字符
\\	反斜线（\）字符

（2）数值常量

数值常量可以分为整数常量和浮点数常量。整数常量即不带小数点的十进制数，例如+1453、20 和-213432 等。浮点数常量是使用小数点的数值常量，例如-5.43、1.5E6 和 0.5E-2 等。

（3）日期时间常量

用单引号将表示日期时间的字符串括起来就是日期时间常量。例如，'2008-05-12 14:26：24:00'就是一个合法的日期时间常量。

日期型常量包括年、月、日，数据类型为 DATE，表示为'2000-12-12'这样的值。时间型常量包括小时数、分钟数、秒数和微秒数，数据类型为 TIME，表示为'15:25:43:00'。MySQL 还支持日期/时间的组合，数据类型为 DATETIME，表示为'2000-12-12 15:25:43:00'。

（4）布尔值常量

布尔值只包含 TRUE 和 FALSE 两个值，其中 TRUE 表示真，数字值为 1；FALSE 表示假，数字值为 0。

（5）NULL 值常量

NULL 值适用于各种类型，它通常用来表示"没有值"、"无数据"等意义，并且与数字类型的"0"或字符串类型的空字符串不同。

3. 运算符和表达式

运算符是执行数学运算、字符串连接以及列、常量和变量之间进行比较的符号。运算符按照功能不同，分为以下几种。

算术运算符：+、-、*、/、%

赋值运算符：=、:=

逻辑运算符：!（NOT）、&&（AND）、||（OR）、XOR

位运算符：&、^、<<、>>、~

比较运算符：=、<> (!=)、<=>、<、<=、>、>=、IS NULL

以上运算符的意义和优先级与高级语言中的运算符基本相同，这里不再赘述。

表达式是按照一定的原则，用运算符将常量、变量、标识符等对象连接而成的有意义的式子。

【例 6.6】运算符和表达式使用示例。

```
SET @x = 5, @y = 3;
SET @x = @x + @y;
SELECT @x;
```

6.1.2　SQL 的流程控制

使用 SQL 语言也像其他程序设计语言一样有顺序结构、分支结构和循环结构等流程控制语句。通过流程控制语句来控制 SQL 语句、语句块、函数和存储过程的执行过程，实现数据库中较为复杂的程序逻辑。

1. 条件分支语句

条件分支语句是通过对特定条件的判断，选择一个分支的语句执行。SQL 中可以实现条件分支的语句有 IF、IFNULL、IF…ELSE、CASE 共 4 种。

（1）IF 语句

IF 语句是一个三目运算，其语法格式如下。

```
IF (条件表达式, 结果1, 结果2);
```

其中，当"条件表达式"的值为 TRUE 时，返回"结果 1"，否则返回"结果 2"。

【例 6.7】onlinedb 数据库中，查询 users 表的前 5 条记录，输出 uName 字段和 uEmail 字段的值。当 uEmail 字段的值为 NULL 时，输出字符串"Nothing"，否则显示当前字段的值。

```
SELECT uName, IF (uEmail is NULL, 'Nothing', uEmail) as uEmail
FROM users
LIMIT 5;
```

执行结果如图 6-1 所示。

从结果看出，第 3 行记录的 uEmail 的值显示为"Nothing"。

（2）IFNULL 语句

IFNULL 语句是一个双目运算，其语法格式如下。

```
IFNULL (结果1, 结果2);
```

其中，若结果 1 的值不为空，则返回结果 1，否则返回结果 2。

【例 6.8】查询 goods 表的前 5 条记录，输出 gdName 字段和 remark 字段的值。当 remark 字段不为空时，输出 remark 字段值，否则输出"no remark"。

```
SELECT gdName, IFNULL(remark,'no remark') as remark
FROM goods
LIMIT 5;
```

执行结果如图 6-2 所示。

从结果看出，第 4 行记录的 remark 值为"no remark"。

信息	结果1	概况	状态

uName	uEmail
▶ 郭炳颜	214896335@qq.com
蔡准	258269775@qq.com
段湘林	Nothing
盛伟刚	24596325@qq.com
李珍珍	24589632@qq.com

图6-1 IF语句示例

信息	结果1	概况	状态

gdName	remark
▶ 迷彩帽	透气夏天棒球帽男女鸭舌帽网(
牛肉干	牛肉干一般是用黄牛肉和其他(
零食礼包	养生零食,孕妇零食,减肥零食(
运动鞋	no remark
咖啡壶	一种冲煮咖啡的器具。咖啡壶(

图6-2 IFNULL语句示例

（3）IF…ELSE 语句

IF…ELSE 语句只能使用在存储过程中，实现了非此即彼的逻辑。使用方法和其他程序设计语言中的 IF…ELSE 完全相同。MySQL 中 IF…ELSE 语句允许嵌套使用，且嵌套层数没有限制。语法格式如下。

```
IF 条件表达式 1 THEN
    语句块 1;
[ELSEIF 条件表达式 2 THEN
    语句块 2;]
    ……
[ELSE
    语句块 m;]
END IF;
```

其中，当"条件表达式 1"的值为 TRUE 时，"语句块 1"将被执行；若没有"条件表达式"的值为 TRUE，则执行"语句块 m"，每个语句块都可以包含一个或多个语句。

【例 6.9】创建存储过程，查询 onlinedb 数据库中 uID 为 3 的用户是否有订单。

```
CREATE PROCEDURE myorders()
BEGIN
DECLARE num int;
SELECT count(*)INTO num FROM orders WHERE uID = 3;
IF num > 0 THEN
    SELECT '有订单';
ELSE
    SELECT '无订单';
END IF;
END;
```

（4）CASE 语句

CASE 语句在 SQL 中用于实现分支处理，能够根据表达式的不同取值，转向不同的计算或处理，类似高级程序语言中的 switch…case 语句。当条件判断的范围较大时，使用 CASE 会使得程序的结构更为简洁。适用于需要根据同一个表达式的不同取值来决定将执行哪一个分支的场合。CASE 语句具有简单结构和搜索结构两种语法。

① 简单 CASE 结构。

简单 CASE 结构将表达式与一组简单表达式进行比较以确定结果。语法格式如下。

```
CASE 表达式
WHEN 数值1 THEN
      语句1;
[WHEN 数值2 THEN
      语句2;]
……
[ELSE
      语句n+1;]
END CASE;
```

该结构用"表达式"的值与 WHEN 子句后的"数值"比较，找到完全相同的项时，则执行对应的"语句"，若未找到匹配项，则执行 ELSE 后的"语句"。

【例6.10】查询 users 表，输出前 5 个用户的 uName、uSex 和 SexValue，其中 SexValue 的取值若 uSex 为"男"为 1，否则为 0。

```
SELECT uName,uSex,
       CASE uSex
            WHEN '男' THEN 1
            ELSE 0
       END AS SexValue
FROM users
LIMIT 5;
```

执行结果如图6-3所示。

从结果看出，性别为男对应的 SexValue 值为 1，性别为女时对应的 SexValue 值为 0。

② CASE 搜索结构。

CASE 搜索结构用于搜索条件表达式以确定相应的操作。语法格式如下。

```
CASE
WHEN 条件表达式1 THEN
      语句1;
[WHEN 条件表达式2 THEN
      语句2;]
……
[ELSE
      语句n+1;]
END CASE;
```

该结构判断 WHEN 子句后的"条件表达式"的值是否为 TRUE，若为 TRUE，则执行对应的"语句"，若所有的"条件表达式"的值均为 FALSE，则执行 ELSE 后的"语句"。若无 ELSE 子句，则返回为 Null。

【例6.11】查询 users 表，输出前 5 个用户的 uName、uCredit 和 grade，其中 grade 的取值若 uCredit 大于等于 200，则为"金牌会员"，若大于等于 100 则为银牌会员，其余为铜牌会员。

```
SELECT uName,ucredit,
         CASE
```

```
            WHEN uCredit>=200 THEN '金牌会员'
            WHEN ucredit>=100 THEN '银牌会员'
            ELSE '铜牌会员'
        END AS grade
FROM users
```

执行结果如图 6-4 所示。

从结果看出，在 grade 列中根据规则正确显示了用户的等级。

uName	uSex	SexValue		uName	ucredit	grade
▶郭炳颜	男	1		▶郭炳颜	213	金牌会员
蔡准	男	1		蔡准	79	铜牌会员
段湘林	男	1		段湘林	85	铜牌会员
盛伟刚	男	1		盛伟刚	163	银牌会员
李珍珍	女	0		李珍珍	986	金牌会员

图6-3 简单CASE结构示例   图6-4 CASE搜索结构示例

2. 循环语句

除了条件语句之外，在 MySQL 中还经常会用循环语句，循环语句可以在函数、存储过程或者触发器等内容中使用。每一种循环都是重复执行的一个语句块，该语句块可包括一条或多条语句。循环语句有多种形式，MySQL 中只有 WHILE、REPEAT 和 LOOP 三种。

（1）WHILE 语句

WHILE 循环语句以 WHILE 关键字开始，以 END WHILE 语句结束。WHILE 语句的基本语法如下。

```
[开始标签:] WHILE 条件表达式 DO
    语句块;
END WHILE [结束标签];
```

其中，WHILE 语句内的语句块被重复执行，直至"条件表达式"的值为 FALSE；只有"开始标签"语句存在，"结束标签"语句才能被使用；若两者都存在，它们的名称必须相同；"语句块"表示需要循环执行的语句。

【例 6.12】创建存储过程，使用 WHILE 语句循环输出 1 到 100 的和。

```
CREATE PROCEDURE doWhile()
BEGIN
    SET @count = 1;
    SET @sum = 0;
    WHILE @count <= 100 DO
        SET @sum = @sum + @count;
        SET @count = @count + 1;
    END WHILE;
    SELECT @sum;
END;
```

（2）LOOP 语句

LOOP 语句可以使某些特定的语句重复执行，实现一个简单的循环。但是 LOOP 语句本身没有停止循环的语句，必须和 LEAVE 语句结合使用来停止循环。LOOP 语句的语法格式如下。

```
[开始标签:] LOOP
    语句块
END LOOP [结束标签];
```

其中，"开始标签"参数和"结束标签"参数分别表示循环开始和结束的标识，这两个标识必须相同，可以省略；"语句块"表示需要循环执行的语句。

【例 6.13】LOOP 语句示例。

```
add_num: LOOP
    SET @count = @count + 1;
END LOOP add_num;
```

本例中循环语句的开始标签为"add_num"，循环体执行变量@count 加 1 的操作。由于循环里没有跳出循环的语句，这个循环是死循环。

（3）LEAVE 语句

LEAVE 语句主要用于跳出循环控制，与高级语言中的 BREAK 语句相似。其语法格式如下。

```
LEAVE 标签名;
```

其中，"标签名"用于标识跳出的循环。

【例 6.14】修改例 6.13，使用 LEAVE 语句跳出循环。

```
add_num: LOOP
    SET @count = @count + 1;
    IF @count = 100 THEN
            LEAVE add_num;
END LOOP add_num;
```

本例中循环体仍执行@count 加 1 操作。与例 6.13 不同的是，当 count 的值等于 100 时，跳出标识为"add_num"的循环。

（4）ITERATE 语句

ITERATE 语句也可用于跳出循环，与高级语言中的 CONTINUE 语句相似。ITERATE 语句只跳出当次循环，然后直接进入下一次循环。ITERATE 语句的语法格式如下。

```
ITERATE 标签名;
```

其中，"标签名"表示循环的标识。

【例 6.15】修改例 6.14，使用 ITERATE 语句跳出本次循环示例。

```
SET @count = 0;
SET @sum = 0;
add_num:LOOP
    SET @count = @count + 1;
    IF @count = 100 THEN
            LEAVE add_num;
    ELSE IF MOD(@count, 3) = 0 THEN ITERATE add_num;
            END IF;
```

```
        END IF;
        SET @sum = @sum +@count
    END LOOP add_num;
```

本例中循环体仍执行@count 加 1 操作，并实现@count 值的累加。当 count 的值等于 100 时，跳出标识为 "add_num" 的循环；当@count 值被 3 整除时，不进行累加。

学习提示：LEAVE 语句和 ITERATE 语句都是用来跳出循环语句，但两者的功能是不一样的。LEAVE 语句是跳出整个循环，然后执行循环外的程序语句；ITERATE 语句是跳出本次循环，进入下一次循环。

（5）REPEAT 语句

REPEAT 语句是有条件控制的循环语句。当满足特定条件时，就会跳出循环语句。REPEAT 语句的语法格式如下。

```
[开始标签:] REPEAT
    语句块;
    UNTIL 条件表达式
END REPEAT [结束标签];
```

其中，UNTIL 关键字表示直到满足条件表达式时结束循环，其他参数释义同 WHILE 语句。

【例 6.16】 使用 REPEAT 语句循环输出 1~100 的和。

```
SET @count = 1;
SET @sum = 0;
REPEAT
    SET @sum = @sum + @count;
    SET @count = @count + 1;
    UNTIL @count > 100
END REPEAT;
```

学习提示：REPEAT 语句是在执行循环体里的语句块后再执行 "条件表达式" 的比较，不管条件是否满足，循环体至少执行一次；而 WHILE 语句则是先执行 "条件表达式" 的比较，当结果为 TRUE 时再执行循环体中的语句块。

6.1.3 游标的使用

SELECT 语句实现对数据集的查询操作，若需要对单行记录进行处理，就需要使用游标（Cursor）对象进行逐条处理。在 MySQL 中，游标是一种数据访问机制，允许用户访问数据集中的某一行，类似 C 语言中指针的功能。游标的使用包括声明游标、打开游标、使用游标和关闭游标。游标必须声明在变量和条件之后，且声明在处理程序之前。

1. 声明游标

MySQL 中使用 DECLARE 关键字来声明游标。其语法格式如下。

```
DECLARE cursor_name CURSOR FOR sql_statement;
```

其中，cursor_name 表示新定义的游标名称；sql_statement 则用于定义游标所要操作结果集的 SELECT 语句。

【例 6.17】 声明一个 cur_users 的游标。

```
DECLARE cur_users CURSOR
FOR SELECT uName FROM users;
```

该示例中，定义的游标名称为 cur_users，SELECT 语句查询 users 表中 uName 的值。

学习提示：游标使用前必须声明。

2. 打开游标

MySQL 中使用 OPEN 关键字来打开游标。其语法格式如下。

```
OPEN cursor_name;
```

【例 6.18】打开例 6.17 中声明的游标。

```
OPEN cur_users;
```

3. 使用游标

游标打开后，使用 FETCH 关键字来获取游标当前指针的记录，并将记录值传给指定变量列表。其语法格式如下。

```
FETCH cursor_name INTO var_name[,var_name…];
```

其中，cursor_name 表示游标的名称；var_name 用于存储游标中 SELECT 语句查询的结果信息。var_name 中变量必须事先定义，且变量的个数必须和游标返回字段的数量相同，否则游标提取数据失败。

【例 6.19】将【例 6.18】中查询出来的数据存入 uname 这个变量中。

```
FETCH cur_users INTO uname;
```

该示例中，将游标 cur_users 中 SELECT 语句查询出来的信息存入 uname 变量中。uname 变量必须在前面已经定义过。

学习提示：MySQL 中游标是仅向前的且只读的，也就是说，游标只能顺序地从前往后一条条读取结果集。

4. 关闭游标

MySQL 中使用 CLOSE 关键字来关闭游标。其语法格式如下。

```
CLOSE cursor_name;
```

【例 6.20】将【例 6.18】中打开的游标关闭。

```
CLOSE cur_users;
```

该示例中关闭了名称为 cur_users 的游标，关闭之后要使用游标必须重新打开。

【例 6.21】创建存储过程，删除指定用户的全部订单时，同时删除每个订单的订单明细。

```
CREATE PROCEDURE spDelAllOrders(id INT)
BEGIN
    DECLARE ordersid INT;
    DECLARE done INT;
    -- 声明游标
    DECLARE cur_orders CURSOR FOR
    SELECT oID FROM orders WHERE uID = id;
    -- 如果 SQLSTATE 等于 02000，也就是没有读到数据时，把 done 设置为 1。
```

```
    DECLARE CONTINUE HANDLER FOR
    SQLSTATE '02000' SET done = 1;
    -- 打开游标
    OPEN cur_orders;
    REPEAT
        -- 读取指定用户的订单ID
        FETCH cur_orders INTO ordersid;
        DELETE FROM orderdetail WHERE oID = ordersid;
        UNTIL done
    END REPEAT;
    -- 关闭游标
    CLOSE cur_orders;
    DELETE FROM orders WHERE uID = id;
END
```

学习提示：如果函数或存储过程中使用 SELECT 语句，并且 SELECT 语句会查询出多条记录，这种情况最好使用游标来逐条读取记录。游标必须在处理程序之前且在变量和条件之后声明，而且游标使用完后一定要关闭。

任务2 使用函数实现数据访问

【任务描述】MySQL 中提供了很丰富的函数，通过这些函数，可以简化用户的操作，也可以自定义函数来提高代码的重用性。本任务在介绍常用函数的基础上，介绍了 MySQL 中用户自定义函数的创建、调用和管理的方法，有效实现数据库中程序模块化设计。

6.2.1 函数概述

函数是存储在服务器端的 SQL 语句的集合。MySQL 中的函数分为 MySQL 提供的内部函数和用户自定义函数两大类。MySQL 提供了很丰富的内部函数，主要包括数学函数、字符串函数、日期时间函数、条件判断函数、系统信息函数、加密函数、格式化函数等。这些内部函数可以简化数据库操作，提高 MySQL 的处理速度。另外，根据业务需求，用户可以在 MySQL 中编写用户自定义函数来完成特定的功能。用户使用自定义函数，可以避免重复编写相同的 SQL 语句，减少客户端和服务器的数据传输。

6.2.2 MySQL 常用函数

MySQL 函数是 MySQL 数据库提供的内部函数。这些内部函数可以帮助用户更加方便地处理表中的数据。SQL 语句和表达式中都可以使用这些函数。下面介绍几类常用的 MySQL 函数。

1. 数学函数

数学函数主要用于处理数字，包括整数、浮点数等。数学函数包括绝对值函数、正弦函数、余弦函数和随机函数等，如表 6-2 所示。

表 6-2 **数学函数**

函数名称	作用
ABS(x)	返回 x 的绝对值
CEIL(x),CEILING(x)	返回大于或等于 x 的最小整数
FLOOR(x)	返回小于或等于 x 的最大整数
RAND()	返回 0~1 的随机数
RAND(x)	返回 0~1 的随机数，x 值相同时返回的随机数相同
SIGN(x)	返回 x 的符号，x 是负数、0、正数时分别返回-1、0 和 1
PI()	返回圆周率（3.141593）
TRUNCATE(x,y)	返回数值 x 保留到小数点后 y 位的值
ROUND(x)	返回离 x 最近的整数
ROUND(x,y)	返回 x 小数点后 y 位的值，但截断时要进行四舍五入
POW(x,y),POWER(x,y)	返回 x 的 y 次方
SQRT(x)	返回 x 的平方根
EXP(x)	返回 e 的 x 次方
MOD(x,y)	返回 x 除以 y 以后的余数
LOG(x)	返回自然对数（以 e 为底的对数）
LOG10(x)	返回以 10 为底的对数
RADIANS(x)	将角度转换为弧度
DEGREES(x)	将弧度转换为角度
SIN(x)	求正弦值
COS(x)	求余弦值
TAN(x)	求正切值
COT(x)	求余切值

【例 6.22】输出半径为 2 的圆的面积。

```
SELECT PI() * POW(2,2);
```

2. 字符串函数

字符串函数主要用于处理字符串。字符串函数包括字符串长度、合并字符串、在字符串中插入子串和大小字母之间切换等函数，如表 6-3 所示。

表 6-3 **字符串函数**

函 数 名 称	作 用
CHAR_LENGTH(s)	返回字符串 s 的字符数
LENGTH(s)	返回字符串 s 的长度
CONCAT(s1,s2,...)	将字符串 s1、s2 等多个字符串合并为一个字符串
CONCAT_WS(x,s1,s2,...)	同 CONCAT(s1,s2,...)函数，但是每个字符串要直接加上 x
INSERT(s1,x,len,s2)	将字符串 s2 替换成 s1 的 x 位置开始长度为 len 的字符串
UPPER(s),UCASE(s)	将字符串 s 的所有字母都变成大写字母

续表

函 数 名 称	作 用
LOWER(s),LCASE(s)	将字符串 s 的所有字母都变成小写字母
LEFT(s,n)	返回字符串 s 的前 n 个字符
RIGHT(s,n)	返回字符串 s 的后 n 个字符
LPAD(s1,len,s2)	字符串 s2 来填充 s1 的开始处，使字符串长度达到 len
RPAD(s1,len,s2)	字符串 s2 来填充 s1 的结尾处，使字符串长度达到 len
LTRIM(s)	去掉字符串 s 开始处的空格
RTRIM(s)	去掉字符串 s 结尾处的空格
TRIM(s)	去掉字符串 s 开始处和结尾处的空格
TRIM(s1 FROM s)	去掉字符串 s 中开始处到结尾处的字符串 s1
REPEAT(s,n)	将字符串 s 重复 n 次
SPACE(n)	返回 n 个空格
REPLACE(s,s1,s2)	用字符串 s2 替代字符串 s 中的字符串 s1
STRCMP(s1,s2)	比较字符串 s1 和 s2
SUBSTRING(s,n,len)	获取从字符串 s 中的第 n 个位置开始长度为 len 的子字符串
MID(s,n,len)	同 SUBSTRING(s,n,len)
LOCATE(s1,s),POSITION(s1 IN s)	返回字符串 s1 在字符串 s 中的起始位置
INSTR(s,s1)	返回字符串 s1 在字符串 s 中的起始位置
REVERSE(s)	将字符串 s 的顺序反过来
FIELD(s,s1,s2,...)	返回第一个与字符串 s 匹配的字符串的位置
FIND_IN_SET(s1,s2)	返回在字符串 s2 中与 s1 匹配的字符串的位置

【例 6.23】输出合并的两个字符串，并在两个子串之间插入 1 个空格。

```
SELECT CONCAT('beijing', SPACE(1), 'changsha');
```

3. 日期时间函数

日期时间函数主要用于处理日期和时间数据。日期时间函数包括获取当前日期的函数、获取当前时间的函数、计算日期的函数、计算时间的函数等，如表 6-4 所示。

表 6-4 日期时间函数

函 数 名 称	作 用
CURDATE(),CURRENT_DATE()	返回当前日期
CURTIME(),CURRENT_TIME()	返回当前时间
NOW(),CURRENT_TIMESTAMP()	返回当前日期和时间
UTC_DATE()	返回 UTC（国际协调时间）日期
UTC_TIME()	返回 UTC（国际协调时间）时间
MONTH(d)	返回日期 d 中的月份值，范围 1~12
MONTHNAME(d)	返回日期 d 中的月份名称，如 January、February 等
DAYNAME(d)	返回日期 d 是星期几，如 Monday、Tuesday 等

续表

函 数 名 称	作　用
DAYOFWEEK(d)	返回日期 d 是星期几，1 表示星期日，2 表示星期一等
WEEKDAY(d)	返回日期 d 是星期几，0 表示星期一，1 表示星期二等
WEEK(d)	计算日期 d 是本年的第几个星期，范围是 0~53
DAYOFYEAR(d)	计算日期 d 是本年的第几天
DAYOFMONTH(d)	计算日期 d 是本月的第几天
YEAR(d)	返回日期 d 中的年份值
HOUR(t)	返回时间 t 中的小时值
MINUTE(t)	返回时间 t 中的分钟值
SECOND(t)	返回时间 t 中的秒钟值

【例 6.24】获取系统当前日期时间的年份值、月份值、日期值、小时值和分钟值。

```
SET @mydate = CURDATE();
SET @mytime = CURTIME();
SELECT YEAR(@mydate), MONTH(@mydate), DAYOFMONTH (@mydate), HOUR(@mytime),
MINUTE(@mytime);
```

执行结果如图 6-5 所示。

YEAR(@mydate)	MONTH(@mydate)	DAYOFMONTH (@mydate)	HOUR(@mytime)	MINUTE(@mytime)
2017	5	18	16	10

图6-5　日期时间函数使用示例

运行结果的日期是 2017 年 5 月 18 日，时间为 16 点 10 分。

4. 系统信息函数

系统信息函数用来查询 MySQL 数据库的系统信息。例如，查询数据库版本、数据库当前用户等，如表 6-5 所示。

表 6-5　系统信息函数

函 数 名 称	作　用
VERSION()	返回数据库的版本号
CONNECTION_ID()	返回服务器的连接数
DATABASE(), SCHEMA()	返回当前数据库名
CURRENT_USER(), CURRENT_USER	返回当前用户

【例 6.25】获取 MySQL 版本号、连接数和数据库名。

```
SELECT VERSION(), CONNECTION_ID(), DATABASE();
```

执行结果如图 6-6 所示。

VERSION()	CONNECTION_ID()	DATABASE()
5.5.28	9	onlinedb

图6-6　系统信息函数使用示例

从结果可以看出，当前版本号为 5.5.28，连接 ID 值为 9，当前数据库为 onlinedb。

6.2.3　创建用户自定义函数

1. 创建用户自定义函数

MySQL 中，创建用户自定义函数的语法格式如下。

```
CREATE FUNCTION function_name ([proc_params_list])
    RETURNS type
    [characteristic[,…]
    Routine_body;
```

各参数的说明如下。

- function_name：是用户自定义函数的名称。
- proc_params_list：表示用户自定义函数的参数列表，每个参数由参数名称和参数类型组成；参数列表中参数的定义格式如下。

```
    param_name type
```

param_name 是指定函数的参数的名称，type 为参数类型，该类型可以是 MySQL 的任意数据类型。参数与参数间用逗号分隔。

- RETURNS type：指定函数返回值的类型。
- Routine_body：SQL 代码内容，可以用 BEGIN…END 来标识 SQL 代码的开始和结束。
- characteristic：用于指定用户自定义函数的特性。

【例 6.26】创建函数 fnCount，返回商品类别的数量。

```
CREATE FUNCTION fnCount()
RETURNS INTEGER
BEGIN
    RETURN (SELECT COUNT(*) FROM goodstype);
END
```

【例 6.27】创建函数 fnGetgdName，根据指定的商品 ID，查询商品名称。

```
CREATE FUNCTION fnGetgdName(id INT)
RETURNS VARCHAR(100)
BEGIN
    RETURN (SELECT gdName FROM goods WHERE gdid = id);
END;
```

【例 6.28】创建函数 fnReturnStr，返回指定长度的字母数字随机串。

```
CREATE FUNCTION fnReturnStr(n INT)
RETURNS VARCHAR(255)
BEGIN
    -- 定义字符库，由字母和数据组成
    DECLARE chars_str VARCHAR (100) DEFAULT
    'abcdefghijklmnopqrstuvwxyzABCDEFGHIJKLMNOPQRSTUVWXYZ0123456789';
```

```
    DECLARE return_str VARCHAR (255) DEFAULT '' ;
    DECLARE i INT DEFAULT 0;
    WHILE i < n DO
        -- 使用系统函数每次随机生成一个字符，并使用 CONCAT 函数将其连接成串
        SET return_str = CONCAT(return_str,SUBSTRING(chars_str ,
                                CEILING(RAND()*LENGTH(chars_str)),1));
        SET i = i +1;
    END WHILE;
    RETURN return_str;
END
```

2. 调用函数

MySQL 中，用户自定义函数的使用方法与 MySQL 内部函数的使用方法是一样的。区别在于用户自定义函数是用户自己定义的，而内部函数是 MySQL 的开发者定义的。所以调用用户自定义函数的方法也差不多，主要使用 SELECT 关键字。语法格式如下。

```
SELECT fn_name ([func_parameter[, …]]);
```

其中 fn_name 表示函数名称，func_parameter 表示函数参数列表。

【例 6.29】调用函数 fnCount。

```
SELECT fnCount();
```

执行结果如图 6-7 所示。

【例 6.30】调用函数 fnGetgdName，查询商品 ID 为 1 的商品名称。

```
SELECT fnGetgdName (1);
```

执行结果如图 6-8 所示。

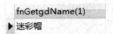

图6-7 调用函数示例 　　　　　　　　　图6-8 调用带参数函数示例

【例 6.31】调用函数 fnReturnStr，输出产生长度为 3、5、10 的随机字符串。

```
SELECT fnReturnStr(3),fnReturnStr(5),fnReturnStr(10);
```

执行结果如图 6-9 所示。

图6-9 多次调用带参数的函数

6.2.4 管理用户自定义函数

1. 查看函数的定义

MySQL 中可以通过 SHOW STATUS 语句来查看函数的状态，其语法格式如下。

```
SHOW FUNCTION STATUS [LIKE 'pattern'];
```

其中，LIKE 'pattern'参数用来匹配函数的名称。

MySQL 也可以通过 SHOW CREATE 语句来查看函数的定义，其语法格式如下。

```
SHOW CREATE FUNCTION fn_name;
```

其中，fn_name 参数表示函数的名称。

【例 6.32】查看函数 fnCount 的定义。

```
SHOW CREATE FUNCTION fnCount;
```

执行结果如下。

```
mysql> show create function fnCount \G ;
*************************** 1. row ***************************
      Function: fnCount
      sql_mode: STRICT_TRANS_TABLES,NO_AUTO_CREATE_USER,
                NO_ENGINE_SUBSTITUTION
  Create Function: CREATE DEFINER='root'@'localhost' FUNCTION
                'fnCount'() RETURNS int(11)
      BEGIN
                RETURN (SELECT COUNT(*) FROM goodstype);
       END
      character_set_client: utf8mb4
      collation_connection: utf8mb4_general_ci
      Database Collation: utf8_general_ci
1 row in set (0.00 sec)
```

2. 修改函数

MySQL 中通过 ALTER FUNCTION 语句来修改用户自定义函数，其语法格式如下。

```
ALTER FUNCTION fn_name [characteristic…]

characteristic:
    { CONTAINS SQL | NO SQL | READS SQL DATA | MODIFIES SQL DATA }
    | SQL SECURITY {DEFINER | INVOKER}
    | COMMENT 'string'
```

其中，fn_name 参数表示函数的名称；characteristic 参数的具体说明如下。

● LANGUAGE SQL：说明语句块部分是由 SQL 语言组成，MySQL 默认语言即为 SQL。

● [NOT] DETERMINISTIC：指明函数的执行结果是否确定。如果用 DETERMINISTIC 关键字修饰，则表示每次执行函数时，相同的输入会得到相同的输出。默认情况下为 NOT DETERMINISTIC。

● { CONTAINS SQL | NO SQL | READS SQL DATA | MODIFIES SQL DATA }：指明子程序中 SQL 语句的限制。其中 CONTAINS SQL 表示包含的 SQL 语句中不包括读写数据的语句；NO SQL 表示子程序中不包含 SQL 语句；READS SQL DATA 说明程序包含读写数据的语句；MODIFIES SQL DATA 表示程序中包含写数据的语句。默认为 CONTAINS SQL。

● SQL SECURITY{DEFINER I INVOKER}：指示谁有权限执行该函数。DEFINER 表示只有定义者才能执行；INVOKER 表示拥有权限的调用者可以执行。默认为 DEFINER。

● COMMENT 'string'：注释信息，可以用来描述用户自定义函数。

【例 6.33】修改函数 fnCount 的定义。将读写权限改为 MODIFIES SQL DATA，并指明调用者可以执行。

```
ALTER FUNCTION fnCount
MODIFIES SQL DATA
SQL SECURITY INVOKER;
```

3. 删除函数

删除函数指删除数据库中已经存在的函数。MySQL 中使用 DROP FUNCTION 语句来删除函数。其语法格式如下。

```
DROP FUNCTION fn_name;
```

其中，fn_name 参数表示函数的名称。

【例 6.34】删除函数 fuCount。

```
DROP FUNCTION fuCount;
```

任务 3 使用存储过程实现数据访问

【任务描述】存储过程也是数据库的重要对象，它可以封装具有一定功能的语句块，并将其预编译后保存在数据库中，供用户重复使用。本任务从存储过程的优点着手，详细介绍创建、执行、修改和删除存储过程的方法和技巧，有效实现数据库中程序模块化设计。

6.3.1 存储过程概述

MySQL 从 5.1 版本开始支持存储过程。在 MySQL 中，可以定义一段完成特定功能的 SQL 语句集，经编译后存储在数据库中，用户可以通过指定的存储过程名称并给出参数（如果该存储过程带有参数）来执行它，这样的语句集称为存储过程。存储过程是数据库对象之一，它提供了一种高效和安全的访问数据库的方法，经常被用来访问数据和管理要修改的数据。当希望在不同的应用程序或平台上执行相同的语句集，或者封装特定功能时，存储过程也是非常有用的。

使用存储过程的优点有如下几个方面。

（1）存储过程是在 MySQL 服务器中存储和执行的，可以减少客户端和服务器端的数据传输，可以利用服务器的计算能力，执行速度快。

（2）存储过程执行一次后，其执行规划就驻留在高速缓冲存储器中，在以后的操作中，只需从高速缓冲存储器中调用已编译好的二进制代码即可，提高了系统性能。

（3）存储过程在被创建后，可以在程序中多次调用，而不必重新编写，避免开发人员重复地编写相同的 SQL 语句。而且，数据库专业人员可以随时对存储过程进行修改，对应用程序源代码毫无影响。

（4）存储过程可以用流控制语句编写，有很强的灵活性，可以完成复杂的判断和较复杂的运算。

（5）确保数据库的安全性和完整性。系统管理员通过对某一存储过程的权限进行限制，能够实现对相应的数据的访问权限的限制，避免非授权用户对数据的访问。没有权限的普通用户不能直接访问数据库表，但可以通过存储过程在控制之下间接地存取数据库。因此，屏蔽数据库中表的细节，可保证表中数据的安全性。

6.3.2 创建存储过程

1. 创建存储过程

MySQL 中，创建存储过程的基本语法如下。

```
CREATE PROCEDURE sp_name ([proc_parameter[,…]])
    [characteristic…] routine_body

proc_parameter:
    [IN|OUT|INOUT]param_name type
```

参数说明如下。

* sp_name：定义的存储过程的名称。
* proc_parameter：表示存储过程的参数列表。
* characteristic：表示指定存储过程的特性；其说明跟函数定义里该参数的说明相同。
* routine_body：该参数是 SQL 代码的内容，可以用 BEGIN…END 来标识 SQL 代码的开始和结束。
* IN｜OUT｜INOUT：表示参数方向，其中 IN 表示输入参数；OUT 表示输出参数；INOUT 表示输入输出参数。
* param_name：表示存储过程的参数名称。
* type 表示指定存储过程的参数类型，该类型可以是 MySQL 的任意数据类型。

【例 6.35】创建存储过程，查询 goods 表中前 5 条商品的 gdName 和 gdPrice。

```
DELIMITER //
CREATE PROCEDURE spGetgdNames()
READS SQL DATA
BEGIN
    SELECT gdName,gdPrice
    FROM goods
    LIMIT 5;
END //
```

默认情况下，";"用于向 MySQL 提交查询语句，当编写的存储过程或程序块中包含多条语句时，需要用 delimiter 来更改 MySQL 的语句提交符号。本例中使用"//"符号作为结束提交符号。

2. 调用存储过程

MySQL 中使用 CALL 语句来调用存储过程。调用存储过程后，数据库系统将执行存储过程中的语句，将执行结果返回给输出。CALL 语句的基本语法如下。

```
CALL sp_name ([proc_parameter[,…]]);
```

其中，sp_name 是存储过程的名称；proc_parameter 表示存储过程的参数。

【例 6.36】执行名为 spGetgdNames 的存储过程，输出所有商品的名称。

```
CALL spGetgdNames();
```

执行结果如图 6-10 所示。

gdName	gdPrice
▶ 迷彩帽	63
牛肉干	94
零食礼包	145
运动鞋	400
咖啡壶	50

图6-10 存储过程使用示例

6.3.3 参数化存储过程

实际应用中，为了满足不同查询的需要，通常需要为存储过程指定参数，来实现通用的数据访问模块。

存储过程可以指定一个或多个参数，参数的声明由参数方向、参数名和参数类型 3 部分构成，一般至少提供参数名和参数类型。参数方向是指数据传输方向，在没有指定的情况下默认为输入参数。

1. 创建和调用带输入参数的存储过程

【例 6.37】创建存储过程 spGetgoodsbygdID，根据商品 ID 查询指定的商品信息，显示 gdCode、gdName、gdPrice 和 gdCity。

```
DELIMITER //
CREATE PROCEDURE spGetgoodsbygdID(id int)
READS SQL DATA
BEGIN
    SELECT gdCode,gdName,gdPrice,gdCity
    FROM goods
    WHERE gdID = id;
END//
```

【例 6.38】执行存储过程 spGetgoodsbygdID，查询 gdID 值为 1 的商品信息。

```
CALL spGetgoodsbygdID(1);
```

执行结果如图 6-11 所示。

2. 创建和调用带输入输出参数的存储过程

【例 6.39】创建存储过程 spGetuIDbyuName，根据用户名返回用户 ID。

```
DELIMITER //
CREATE PROCEDURE spGetuIDbyuName
(IN name VARCHAR(30), OUT id int)
```

```
BEGIN
    SELECT uID  INTO id
    FROM users
    WHERE uName = name;
END //
```

【例6.40】执行存储过程 spGetuIDbyuName，返回用户名为"郭炳颜"的用户 ID。

```
CALL spGetuIDbyuName ('郭炳颜',@id);
SELECT @id;
```

执行结果如图 6-12 所示。

gdCode	gdName	gdPrice	gdCity
▶ 001	迷彩帽	63	长沙

图6-11　带输入参数的存储过程示例　　　　　　　图6-12　带输入输出参数的存储过程示例

6.3.4　管理存储过程

1. 查看存储过程的定义

MySQL 中可以通过 SHOW STATUS 语句来查看存储过程的状态，其基本语法如下。

```
SHOW PROCEDURE STATUS [LIKE 'pattern'];
```

其中，PROCEDURE 参数表示查看存储过程；LIKE 'pattern'参数用来匹配存储过程的名称。
MySQL 也可以通过 SHOW CREATE 语句来查看存储过程的定义，其基本语法如下。

```
SHOW CREATE PROCEDURE sp_name;
```

其中，sp_name 参数表示存储过程的名称。

【例6.41】查看存储过程 spGetuIDbyuName 的定义。

```
SHOW CREATE PROCEDURE spGetuIDbyuName;
```

2. 修改存储过程

MySQL 中通过 ALTER PROCEDURE 语句来修改存储过程，其语法格式如下。

```
ALTER PROCEDURE sp_name [characteristic…]

characteristic:
    { CONTAINS SQL | NO SQL | READS SQL DATA | MODIFIES SQL DATA }
    | SQL SECURITY {DEFINER | INVOKER}
    | COMMENT 'string'
```

其中，sp_name 参数表示存储过程的名称；characteristic 参数指定存储过程的特性。
CONTAINS SQL 表示子程序包含 SQL 语句，但不包含读或写数据的语句；NO SQL 表示子程序
中不包含 SQL 语句；READS SQL DATA 表示子程序中包含读数据的语句；MODIFIES SQL DATA
表示子程序中包含写数据的语句。DEFINER 表示只有定义者自己才能执行；INVOKER 表示调用
者可以执行。COMMENT 'string'是注释信息。

【例 6.42】修改存储过程 spGetuIDbyuName 的定义，将读写权限改为 READS SQL DATA，并加上注释信息 "FIND uID"。

```
ALTER PROCEDURE spGetuIDbyuName
READS SQL DATA
COMMENT 'FIND uID';
```

3. 删除存储过程

MySQL 中使用 DROP PROCEDURE 语句来删除存储过程。语法格式如下。

```
DROP PROCEDURE sp_name;
```

其中，sp_name 参数表示要删除的存储过程的名称。

【例 6.43】删除名为 spGetuIDbyuName 的存储过程。

```
DROP PROCEDURE spGetuIDbyuName;
```

任务 4　使用触发器实现自动任务

【任务描述】触发器是数据库中的独立对象，为了确保数据完整性，设计人员可以用触发器实现复杂的业务逻辑。例如，当用户选购好商品之后，并完成了订单，那么用户所选购的商品的库存量应该根据用户订单中商品的数量进行减少。这时就可以使用触发器来完成。

6.4.1　触发器概述

触发器是一种特殊的存储过程，可以用来对表实施复杂的完整性约束，保持数据的一致性。当触发器所保护的数据发生改变时，触发器会自动被激活，并执行触发器中所定义的相关操作，以保证关联数据的完整性。一般激活触发器的事件包括 INSERT、UPDATE 和 DELETE 事件。

MySQL 中，定义在触发器中的 SQL 语句可以关联表中的任意列，但不能直接使用列的名称标识，那会使系统混淆，所以 MySQL 提供了两个逻辑表 NEW 和 OLD。NEW 和 OLD 的表结构与触发器所在数据表的结构完全一致，当触发器的执行完成之后，这两个表也会被自动删除。

OLD 表用来存放更新前的记录。对于 UPDATE 语句，OLD 表中存放的是更新前的记录（更新完后即被删除）；对于 DELETE 语句，该表中存放的是被删除的记录。

NEW 表用来存放更新后的记录。对于 INSERT 语句，NEW 表中存放的是要插入的记录；对于 UPDATE 语句，该表中存放的是要更新的记录。

6.4.2　创建触发器

在 MySQL 中，创建触发器的语法格式如下。

```
CREATE TRIGGER trigger_name trigger_time trigger_event
ON tbl_name FOR EACH ROW trigger_stmt
```

其中，trigger_name 参数指要创建的触发器的名称；trigger_time 参数是指触发器执行的时间，它可以是 BEFORE 或 AFTER，以指明触发器是在激活它的语句之前或之后触发；

trigger_event 参数是指激活触发程序的语句类型,包括 INSERT、UPDATE 和 DELETE;tbl_name 参数是指触发事件操作的表的名称;FOR EACH ROW 参数表示任何一条记录上的操作满足触发事件都会触发该触发器;trigger_stmt 参数指触发器被触发后执行的程序语句。

【例 6.44】创建触发器 trigInsertodetail,当向 orderdetail 表插入一条记录时,orders 表对应的 oTotal 的值增加,增加的值为订单详情中对应商品的数量。

```
DELIMITER //
CREATE TRIGGER trigInsertodetail
AFTER INSERT
ON orderdetail FOR EACH ROW
BEGIN
  DECLARE price DOUBLE;
  -- 获取添加的商品单价
  SET price = (SELECT gdprice
               FROM goods
               WHERE gdid = NEW.gdid);
  UPDATE orders
  SET oTotal = oTotal + price * NEW.odNum
  WHERE orders.oID = NEW.oID;
END //
```

【例 6.45】创建触发器 trigInsertusers,当向 users 表插入记录时,设置当前记录的 uRegTime 的值为系统日期时间。

```
DELIMITER //
CREATE TIGGER trigInsertusers
BEFORE INSERT
ON users FOR EACH ROW
BEGIN
    set new.uRegTime = NOW();
END//
```

触发器创建成功后,执行以下 SQL 语句。

```
INSERT INTO users(uname,upwd) VALUES('lily','123')
SELECT uid,uname,upwd,uRegTime
FROM users
WHERE uName = 'lily'
```

执行结果如图 6-13 所示。

uid	uname	upwd	uRegTime
▶ 13	lily	123	2017-05-18 23:32:58

图6-13　触发器执行结果示例

从结果可以看出,新插入的记录行的 uRegTime 值被填充为当前系统时间。

学习提示:当触发器中对表本身执行 INSERT 和 UPDATE 操作时,触发器的动作时间只能用 BEFORE 不能用 AFTER。当触发程序的语句类型是 INSERT 或者 UPDATE 时,在触发器里不能再用 UPDATE SET,应直接使用 SET,避免出现 UPDATE SET 重复错误。

6.4.3　管理触发器

1. 查看触发器的定义

MySQL 中可以通过 SHOW TRIGGERS 语句来查看触发器的基本信息，其语法格式如下。

```
SHOW TRIGGERS;
```

执行结果如图 6-14 所示。

信息	结果1	概况	状态								
Trigger	Event	Table	Statement	Timing	Created	sql_mode	Definer	character_set_client	collation_connection	Database Collation
trigInsertGoods	INSERT	goods	INSERT INTO	BEFORE	(Null)	STRICT_TRANS	root@localhost	utf8mb4	utf8mb4_general_ci	latin1_swedish_ci
trigInsertorderdetail	INSERT	orderdetail	BEGINUPDATE	AFTER	(Null)	STRICT_TRANS	root@localhost	utf8mb4	utf8mb4_general_ci	latin1_swedish_ci
trigInsertusers	INSERT	users	BEGINSET NEV	BEFORE	(Null)	STRICT_TRANS	root@localhost	utf8mb4	utf8mb4_general_ci	latin1_swedish_ci

图6-14　运行结果

结果中显示了当前数据库中所有触发器的定义情况。

2. 删除触发器

删除触发器指删除数据库中已经存在的触发器。MySQL 使用 DROP TRIGGER 语句来删除触发器，其基本语法如下。

```
DROP TRIGGER [schema_name.]trigger_name;
```

【例 6.46】删除名称为 trigInsertusers 的触发器。

```
DROP TIGGER trigInsertusers;
```

任务5　使用事件实现自动任务

【**任务描述**】数据库管理是一项重要且烦琐的工作，许多日常管理任务往往会频繁地、周期性地执行，例如定期维护索引、定时刷新数据、定时关闭账户、定义打开或关闭数据库等操作，实际应用中，数据库管理员会定义事件对象以自动化完成这些任务。本任务将详细介绍 MySQL 中事件的创建、维护和管理等。

6.5.1　事件概述

事件（event）是 MySQL 5.1.x 版本后引入的新特性。事件是在特定时刻调用的数据库对象。一个事件可调用一次，也可周期性地被调用，它由一个特定的线程来管理，也就是"事件调度器"。

事件和触发器类似，都是在某些事情发生的时候启动。当数据库上启动一条语句的时候，触发器就启动了，而事件是根据调度事件来启动的。由于它们具有相似性，所以事件也称为临时性触发器。事件取代了原先只能由操作系统的计划任务来执行的工作，而且 MySQL 的事件调度器可以精确到每秒钟执行一个任务，而操作系统的计划任务（如：Linux 下的 CRON 或 Windows 下的任务计划）只能精确到每分钟执行一次。事件在实时性要求较高的应用（如股票、期货等）中广泛使用。

事件调度器是 MySQL 数据库服务器的一部分，负责事件的调度，它不断监视某个事件是否需要被调用。在创建事件前，必须先打开事件调度器。MySQL 中的全局变量@@GLOBAL.EVENT_SCHEDULER 用于监控事件调度器是否开启。

【例 6.47】查看 MySQL 服务器事件调度器的状态。

```
SHOW VARIABLES LIKE 'EVENT_SCHEDULER';
```

执行上述语句的结果如图 6-15 所示。

从执行结果可以看出，事件调度器当前处于关闭状态。

【例 6.48】打开 MySQL 服务器事件调度器。

```
SET @@GLOBAL.EVENT_SCHEDULER=ON;
```

执行上述语句的结果如图 6-16 所示。

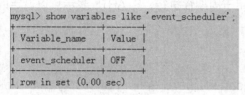

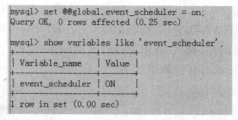

图6-15　查看服务器事件调度器的开启状态　　　　图6-16　开启事件调度器

也可以使用如下语句设置事件调度器的状态。

```
SET  GLOBAL  EVENT_SCHEDULER=1;
```

其中值"1"表示开启，"0"表示关闭。

当服务器重启时，事件调度器的状态会恢复到默认值。若要想永久改变事件调度器的状态，可以修改 my.ini 文件，并在[mysqld]部分添加如下内容，然后重启 MySQL。

```
EVENT_SCHEDULER =1
```

6.5.2　创建事件

在 MySQL 中，要完成自动化作业就需要创建事件。每个事件由事件调度（event schedule）和事件动作（event action）两个主要部分组成。其中事件调度表示事件何时启动以及按什么频率启动，事件动作表示事件启动时执行的代码。

创建事件由 CREATE EVENT 语句完成，其语法格式如下。

```
CREATE EVENT
    [IF NOT EXISTS]
    event_name
    ON SCHEDULE schedule
    [ON COMPLETION [NOT] PRESERVE]
    [ENABLE | DISABLE | DISABLE ON SLAVE]
    [COMMENT 'comment']
    DO event_body;
```

参数说明如下。

● IF NOT EXISTS：只有在同名 event 不存在时才创建，否则忽略。建议不使用以保证 event 创建成功。

- event_name：表示事件的名称。
- ON SCHEDULE：定义执行的时间和时间间隔。

schedule 的取值如下。

```
schedule:
    AT timestamp [+ INTERVAL interval] | EVERY interval
    [STARTS timestamp [+ INTERVAL interval] ...]
    [ENDS timestamp [+ INTERVAL interval] ...]
```

其中，AT timestamp 一般用于只执行一次，使用时可以使用当前时间加上延后的一段时间，例如：AT CURRENT_TIMESTAMP + INTERVAL 1 HOUR。也可以定义一个时间常量，例如：AT '2017-02-10 23:59:00'。EVERY interval 一般用于周期性执行，STARTS 表示可以设定的开始时间，ENDS 表示可以设定的结束时间。

interval 的取值如下。

```
interval:
quantity {YEAR | QUARTER | MONTH | DAY | HOUR | MINUTE |WEEK | SECOND | YEAR_MONTH
| DAY_HOUR | DAY_MINUTE |DAY_SECOND | HOUR_MINUTE | HOUR_SECOND | MINUTE_SECOND}
```

- ON COMPLETION [NOT] PRESERVE：默认是执行完之后会自动删除。如果想保留该事件使用 ON COMPLETION PRESERVE；如果不想保留也可以设置 ON COMPLETION [NOT] PRESERVE。
- ENABLE | DISABLE | DISABLE ON SLAVE：用于设置启用或者禁止该事件，其中 Enable 表示系统执行这个事件，Disable 表示系统不执行该事件。在主从环境下的 event 操作中，若自动同步主服务器上创建事件的语句，则会自动加上 DISABLE ON SLAVE。
- COMMENT：表示增加注释。
- DO 子名：用于指定事件执行的动作。可以是一条 SQL 语句，也可以是一个简单的 INSERT 或者 UPDATE 语句，还可以是一个存储过程或者 BEGIN…END 的语句块。

【例 6.49】创建名为 event_goodsbak 的即时事件，将商品信息表 goods 中的所有商品插入商品历史表 goodshistory 中。

创建的 SQL 语句如下。

```
CREATE EVENT event_goodsbak
ON SCHEDULE
AT NOW()
DO
INSERT INTO goodshistory
SELECT * FROM goods;
```

其中 AT NOW() 表示该事件为创建时立即执行。

执行上述语句，事件立即执行。使用 SELECT 语句，查看 goodshistory 表的内容，结果如图 6-17 所示。

```
SELECT * FROM goodshistory;
```

从执行结果可以看出，goods 表中的所有信息都插入到了 goodshistory 表中。

学习提示：事件执行完后会释放，如立即执行事件，执行完后，事件便自动删除，多次调用事件或等待执行事件可以查看到。

gdID	tID	gdCode	gdName	gdPrice	gdQuantity	gdSaleQty	gdCity	gdInfo	gdAddTime
1	1	001	迷彩帽	63	1500	29	长沙	透气夏天棒球	2016-09-07 10:21:38
3	2	003	牛肉干	94	200	61	重庆	牛肉干一般员	2016-09-07 10:21:38
4	2	004	零食礼包	145	17900	234	济南	养生零食,孕	2015-09-07 10:21:38
5	1	005	运动鞋	400	1078	200	上海	运动,健康	2016-09-07 10:21:38
6	5	006	咖啡壶	50	245	45	北京	一种冲煮咖啡	2016-09-07 10:21:38
8	1	008	A字裙	128	400	200	长沙	2016秋季新款	2016-09-07 16:31:12
9	5	009	LED小台灯	29	100	31	长沙	皮克斯LED小	2016-09-07 16:33:21
10	3	010	华为P9_PLUS	3980	20	7	深圳	【华为官方旗	2016-09-07 20:34:18

图6-17　事件执行后结果

【例6.50】创建名为 event_reindex_orderdetails 的事件,每周一次调用存储过程 pro_reIndex_orderdetails,该存储过程的作用为重建表 ordersdetails 上的索引 ix_evaluation。

首先,要重建表上的索引常用的方式就是先删除建立在该表上的索引,并重新创建该索引,创建存储过程 pro_reIndex_orderdetails 的语句如下。

```
CREATE PROCEDURE pro_reIndex_orderdetails()
BEGIN
    IF EXISTS(SELECT * FROM information_schema.statistics
                    WHERE table_schema='onlinedb'
                    AND table_name = 'orderdetail'
                    AND index_name = 'ix_evaluation') THEN
            DROP INDEX ix_evaluation ON orderdetail;
    END IF;
    CREATE INDEX ix_evaluation ON orderdetail(dEvaluation);
END;
```
调用存储过程 pro_reIndex_orderdetails 的事件代码如下。
```
CREATE EVENT event_reindex_orderdetails
ON SCHEDULE
EVERY 1 WEEK
DO
CALL pro_reIndex_orderdetails();
```

其中,EVERY 1 WEEK 表示每周执行一次。

6.5.3　管理事件

1. 查看事件

MySQL 中,重复事件对象可以使用 SHOW EVENTS 语句查看事件,其语法格式如下。
```
SHOW EVENTS
```
【例6.51】查看当前数据库中的事件,并格式化显示。
```
SHOW EVENTS \G;
```
执行结果如图 6-18 所示。

图6-18　查看事件

从图 6-18 可以看出该事件的详细信息，包括名称、创建者、类型、开始时间、结束时间、启用状态及编码方式等。

要查看事件的创建信息，其语法格式如下。

```
SHOW CREATE EVENT event_name;
```

其中，event_name 为待查看的事件对象名称。

2. 修改事件

当事件的功能和属性发生变化时，可以使用 ALTER EVENT 来修改事件，如禁用事件、启用事件、更改事件的执行频率等。

修改事件的语法格式如下。

```
ALTER
[DEFINER = { user | CURRENT_USER }]
EVENT event_name
[ON SCHEDULE schedule]
[ON COMPLETION [NOT] PRESERVE]
[RENAME TO new_event_name]
[ENABLE | DISABLE | DISABLE ON SLAVE]
[COMMENT 'comment']
[DO event_body]
```

其中，参数 RENAME 表示修改事件名称，其他参数与创建事件的参数相同。

【例 6.52】禁用名为 event_reindex_orderdetails 的事件。

```
ALTER EVENT event_reindex_orderdetails DISABLE;
```

【例 6.53】启用名为 event_reindex_orderdetails 的事件。

```
ALTER EVENT event_reindex_orderdetails ENABLE;
```

【例 6.54】修改事件 event_reindex_orderdetails 的执行频率，改为每 15 天执行一次，开始时间为 2017 年 7 月 10 日凌晨 3 点，结束时间为 2018 年 7 月 10 日中午 12 点。

修改事件的语句如下。

```
ALTER EVENT event_reindex_orderdetails
ON SCHEDULE EVERY 15 DAY
```

```
STARTS '2017-7-10 3:00:00'
ENDS '2018-7-10 12:00:00' ;
```

使用 SHOW EVENTS 查看该事件。结果如图 6-19 所示。

如图 6-19 所示，事件 event_reindex_orderdetails 的执行时间间隔、开始时间和结束时间都发生了变更。

3. 删除事件

当事件不再被需要时，使用 DROP EVENT 删除事件。其语法格式如下。

```
DROP EVENT [IF EXISTS][database_name.] event_name
```

其中，database_name 为事件所在的数据名称，event_name 为待删除的事件对象名称。

【例 6.55】删除名为 event_reindex_orderdetails 的事件。

```
DROP EVENT event_reindex_orderdetails;
```

```
mysql> show events \G;
*************************** 1. row ***************************
                  Db: onlinedb
                Name: event_reindex_orderdetails
             Definer: root@localhost
           Time zone: SYSTEM
                Type: RECURRING
          Execute at: NULL
      Interval value: 15
      Interval field: DAY
              Starts: 2017-07-10 03:00:00
                Ends: 2018-07-10 12:00:00
              Status: ENABLED
          Originator: 0
character_set_client: utf8mb4
collation_connection: utf8mb4_general_ci
  Database Collation: utf8_general_ci
1 row in set (0.01 sec)
```

图6-19　修改事件

习题

1. 单项选择题

（1）MySQL 支持的变量类型有用户变量、系统变量、服务器变量、结构化变量和（　　）。

　A. 成员变量　　　　B. 局部变量　　　　C. 全局变量　　　D. 时间变量

（2）表达式 SELECT (9+6*5+3%2)/5-3 的运算结果是（　　）。

　A. 1　　　　　　　B. 3　　　　　　　C. 5　　　　　　D. 7

（3）返回 0~1 的随机数的数学函数是（　　）。

　A. RAND()　　　　B. SIGN(x)　　　　C. ABS(x)　　　D. PI()

（4）计算字段的累加和函数是（　　）。

　A. SUM()　　　　B. ABS()　　　　C. COUNT()　　　D. PI()

（5）返回当前日期的函数是（　　）。

　A. curtime()　　　B. adddate()　　　C. curnow()　　　D. curdate()

（6）创建用户自定义函数的关键语句是（　　　）。

　A. CREATE FUNCTION　　　　　　B. ALTER FUNCTION

　C. CREATE PROCEDURE　　　　　　D. ALTER PROCEDURE

（7）存储程序中选择语句有（　　）。

    A. IF　　　　　　　　B. WHILE　　　　　C. SELECT　　　D. SWITCH

（8）MySQL 中使用（　　）来调用存储过程。

    A. EXEC　　　　　　B. CALL　　　　　C. EXECUTE　　D. CREATE

（9）下面的哪个语句用来声明游标？（　　）

    A. CREATE CURSOR　　　　　　　　B. ALTER CURSOR

    C. SET CURSOR　　　　　　　　　　D. DECLARE CURSOR

（10）一般激活触发器的事件包括 INSERT、UPDATE 和（　　）事件。

    A. CREATE　　　　　B. ALTER　　　　　C. DROP　　　D. DELETE

（11）下列说法中错误的是（　　）。

    A. 常用触发器有 insert、update、delete 三种

    B. 对于同一张数据表，可以同时有两个 BEFORE UPDATE 触发器

    C. NEW 表在 INSERT 触发器中用来访问被插入的行

    D. OLD 表中值只读不能被更新

2. 简述题

（1）简述使用存储过程的益处。

（2）简述事件和触发器的区别。

（3）简述游标的应用场景及使用方法。

项目实践

1. 实践任务

（1）创建和调用函数。

（2）创建和调用存储过程。

（3）创建和调用触发器。

（4）创建事件。

2. 实践目的

（1）能正确使用 SQL 语言中的流程控制语句。

（2）能正确使用 MySQL 提供的常用函数。

（3）能使用 SQL 语句创建和调用用户自定义函数。

（4）能使用 SQL 语句创建、调用和管理存储过程。

（5）能使用 SQL 语句创建和管理触发器。

（6）能使用 SQL 语句创建和管理事件。

3. 实践内容

（1）创建并调用用户自定义函数 fnUsersCount，查询 2015 年 1 月 1 日以后注册的用户总数。

（2）使用 SQL 语句查看用户自定义函数 fnUsersCount。

（3）创建并调用存储过程 spGetInteger，输入 100 以内能够同时被 3 和 5 整除的整数。

（4）创建并调用存储过程 spRandRecord，为 users 表添加 10000 条测试记录。

（5）创建并调用存储过程 spUserOrder，根据指定的 uID 查询该用户的订单总数。

（6）删除存储过程 spUserOrder。

（7）创建存储过程 spOrdersCount，统计查询每个用户的订单数。

（8）创建触发器，当更改表 goodstype 中某个商品类别 ID 时，同时将 goods 表对应的商品类别 ID 全部更新。

（9）创建事件调用存储过程 spOrdersCount，每星期查看一次每个用户的统计订单数。

7 Chapter

项目七
维护网上商城系统的安全性

随着信息化、网络化水平的不断提升，重要数据信息的安全受到越来越大的威胁，而大量的重要数据往往都存放在数据库系统中。如何保护数据库，有效防范信息泄露和篡改成为重要的安全保障目标。

MySQL 提供了用户认证、授权、事务和锁等机制实现和维护数据的安全，以避免用户恶意攻击或者越权访问数据库中的数据对象，并能根据不同用户分配相应的访问数据库对象及数据的权限。本项目详细介绍了 MySQL 中用户权限、授权、事务和锁在数据库应用系统开发中的作用，并通过实例进行了阐述。

【学习目标】

● 会在数据库中创建、删除用户
● 会对数据库中的权限进行授予、查看和收回操作
● 了解事务的基本原理，会使用事务控制程序的执行
● 了解事务的 4 种隔离级别

任务1 数据库用户权限管理

【任务描述】MySQL 是一个多用户数据库管理系统,具有功能强大的访问控制体系。本任务详细介绍了 MySQL 数据库用户权限管理的实现,以防止不合法的使用所造成的数据泄露、更改和破坏。

7.1.1 用户与权限

数据库的安全性是指只允许合法用户进行其权限范围内的数据库相关操作,保护数据库,以防止任何不合法的使用所造成的数据泄露、更改或破坏。数据库安全性措施主要涉及用户认证和访问权限两个方面的问题。

MySQL 用户主要包括 root 用户和普通用户。root 用户是超级管理员,拥有操作 MySQL 数据库的所有权限。如 root 用户的权限包括创建用户、删除用户和修改普通用户的密码等管理权限,而普通用户仅拥有创建该用户时赋予它的权限。

在安装 MySQL 时,会自动安装名为 mysql 的数据库,该数据库中包含了 6 个用于管理 MySQL 中权限的表,分别是 user、db、host、table_priv、columns_priv 和 procs_priv。其中 user 表是顶层的,是全局的权限,db、host 是数据库层级的权限,table_priv 是表层级权限,columns_priv 是列层级权限,procs_priv 则是定义在存储过程上的权限。当 MySQL 服务启动时,会读取 mysql 数据库中的权限表,并将表中的数据加载到内存,当用户进行数据库访问操作时,MySQL 会根据权限表中的内容对用户做相应的权限控制。

mysql 数据库中的 user 表是权限表中最为重要的表,它记录了允许连接到服务器的账号信息和一些全局级的权限信息。为了使读者对用户和权限有更好的了解,接下来列举 user 表中的常用属性,如表 7-1 所示。

表 7-1　user 表

属性名	数据类型	是否主键	默认值	说明
Host	char(60)	是		登录服务器的主机名
User	char(16)	是		登录服务器的用户名
Password	char(41)			登录服务器的密码
Select_priv	enum('N', 'Y')		N	查询记录权限
Insert_priv	enum('N', 'Y')		N	插入记录权限
Update_priv	enum('N', 'Y')		N	更新记录权限
Delete_priv	enum('N', 'Y')		N	删除记录权限
Create_priv	enum('N', 'Y')		N	创建数据库中对象的权限
Drop_priv	enum('N', 'Y')		N	删除数据库中对象的权限
Reload_priv	enum('N', 'Y')		N	重载 MySQL 服务器的权限
Shutdown_priv	enum('N', 'Y')		N	终止 MySQL 服务器的权限
Grant_priv	enum('N', 'Y')		N	授予 MySQL 服务器的权限

续表

属性名	数据类型	是否 主键	默认值	说明
ssl_type	enum('','ANY','X509', 'SPECIFIED')		''	用于加密
ssl_cipher	blob			用于加密
x509_issuer	blob			标识用户
x509_subject	blob			标识用户
max_questions	int(11) unsigned		0	每小时允许用户执行查询操作的次数
max_updates	int(11) unsigned		0	每小时允许用户执行更新操作的次数
max_connections	int(11) unsigned		0	每小时允许用户建立连接的次数
max_user_connecitons	int(11) unsigned		0	允许单个用户同时建立连接的次数

7.1.2 用户账户管理

登录到 MySQL 服务器的用户可以进行 MySQL 的账户管理。账户管理包括创建用户、删除用户、密码管理等。要实现对用户账户的管理，必须有相应的操作权限。

在进行用户账户管理前，可以通过 SELECT 语句查看 mysql.user 表，查看当前 MySQL 服务器中有哪些用户。查询结果如图 7-1 所示。

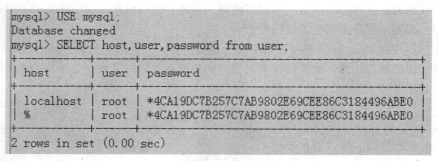

```
mysql> USE mysql;
Database changed
mysql> SELECT host,user,password from user;
+-----------+------+-------------------------------------------+
| host      | user | password                                  |
+-----------+------+-------------------------------------------+
| localhost | root | *4CA19DC7B257C7AB9802E69CEE86C3184496ABE0 |
| %         | root | *4CA19DC7B257C7AB9802E69CEE86C3184496ABE0 |
+-----------+------+-------------------------------------------+
2 rows in set (0.00 sec)
```

图7-1 查看MySQL中的用户

从查询结果看到，当前服务器中仅有一个 root 用户。其中 host 值为"localhost"表示允许从本机登录，值为"%"表示允许从任意主机登录。

1. 创建用户

在 MySQL 中，可以使用 CREATE USER 语句、GRANT 语句或直接操作 MySQL 的权限表来创建新用户。

（1）用 CREATE USER 语句创建用户。

使用 CREATE USER 语句来创建新用户时，必须拥有 CREATE USER 权限。CREATE USER 语句的基本语法格式如下。

```
CREATE USER user [IDENTIFIED BY [PASSWORD] 'password']
    [, user [IDENTIFIED BY [PASSWORD] 'password']][,…];
```

参数说明如下。

● user：表示新建用户名称，其格式为"user_name@host_name"。其中 user_name 为用户名，host_name 为主机名。若只指定 user_name，则 host_name 默认为"%"（表示对所有主机开放权限）；当 host_name 为 localhost 时，表示本地主机。

● IDENTIFIED BY：用来设置用户密码，可以省略；password 参数表示用户密码的字符串。

● PASSWORD：表示使用哈希值设置密码，如果密码是一个普通明文字符串，该参数就不需要使用。

学习提示： CREATE USER 语句可以同时创建多个用户。新用户可以没有初始密码。

【例 7.1】创建名为 user1 的用户，密码为 user1111，其主机名为 localhost。

创建用户 user1 的 SQL 语句如下。

```
CREATE USER 'user1'@'localhost' IDENTIFIED BY 'user111';
```

执行语句，成功创建用户 user1。

【例 7.2】创建名为 user2 和 user3 的用户，密码分别为 user222 和 user333，其中 user2 可以从本地主机登录，user3 可以从任意主机登录。

同时创建多个用户的 SQL 语句如下。

```
CREATE USER 'user2'@'localhost' IDENTIFIED BY 'user222',
    'user3'@'%' IDENTIFIED BY 'user333';
```

执行成功后，通过 SELECT 语句验证用户是否创建成功，查询结果如图 7-2 所示。

```
mysql> SELECT host,user,password from user;
+-----------+-------+-------------------------------------------+
| host      | user  | password                                  |
+-----------+-------+-------------------------------------------+
| localhost | root  | *4CA19DC7B257C7AB9802E69CEE86C3184496ABE0 |
| %         | root  | *4CA19DC7B257C7AB9802E69CEE86C3184496ABE0 |
| localhost | user1 | *34D3B87A652E7F0D1D371C3DBF28E291705468C4 |
| localhost | user2 | *12A20BE57AF67CBF230D55FD33FBAF5230CFDBC4 |
| %         | user3 | *4570676E59FAC04669A75B74C31338296F688A44 |
+-----------+-------+-------------------------------------------+
5 rows in set (0.00 sec)
```

图7-2　使用CREATE USER新建用户

从查询结果可以看出，当前 MySQL 服务器中新增了 3 个用户。其中用户 user3 可以从任意主机登录，用户 user1 和 user2 仅能从本机登录。

在 MySQL 中创建用户时，必须拥有 MySQL 的全局 CREATE USER 权限或 INSERT 权限。

学习提示： MySQL 允许相关的用户不使用密码登录，也就是说在创建新用户时可以不指定密码，但从数据库安全的角度来看，不推荐使用空密码。

（2）用 GRANT 语句创建用户。

MySQL 中还可以使用 GRANT 语句来创建新用户。在创建用户时可以为用户授权，但必须拥有 GRANT 权限，关于权限管理的问题将在 7.1.3 节进行详细说明。

GRANT 语句的基本语法格式如下。

```
GRANT priv_type ON database.table
    TO user [IDENTIFIED BY [PASSWORD] 'password']
```

```
      [, user [IDENTIFIED BY [PASSWORD] 'password']] ;
```

参数说明如下。

- priv_type：表示赋予用户的权限类型。
- database.table：表示用户的权限范围，即只能在指定的数据库和表上使用权限。
- user：表示新用户的账户名，同 CREATE USER 语句中 user 的释义相同。
- IDENTIFIED BY：用来设置用户的密码；password 参数表示用户密码的字符串。
- PASSWORD：表示使用哈希值设置密码。

【例 7.3】创建名为 user4 的用户，主机名为 localhost，密码为 user444。并设置该用户对服务器中所有数据库的所有表都有 SELECT 权限。

其 SQL 语句如下。

```
GRANT SELECT ON *.* TO 'user4'@'localhost' IDENTIFIED BY 'user444';
```

其中，*.*表示所有数据库下的所有表。

执行上述语句，使用 SELECT 语句查看 mysql.user 表，结果如图 7-3 所示。

```
mysql> GRANT SELECT ON *.* TO 'user4'@'localhost' IDENTIFIED BY 'user4';
Query OK, 0 rows affected (0.01 sec)

mysql> SELECT host,user,password from user;
ERROR 1046 (3D000): No database selected
mysql> use mysql;
Database changed
mysql> SELECT host,user,password from user;
+-----------+-------+-------------------------------------------+
| host      | user  | password                                  |
+-----------+-------+-------------------------------------------+
| localhost | root  | *4CA19DC7B257C7AB9802E69CEE86C3184496ABE0 |
| %         | root  | *4CA19DC7B257C7AB9802E69CEE86C3184496ABE0 |
| localhost | user4 | *9246DFDBF8341B128B1B132A4626D3AFFEF03F0C |
| localhost | user1 | *34D3B87A652E7F0D1D371C3DBF28E291705468C4 |
| localhost | user2 | *12A20BE57AF67CBF230D55FD33FBAF5230CFDBC4 |
| %         | user3 | *4570676E59FAC04669A75B74C31338296F688A44 |
+-----------+-------+-------------------------------------------+
6 rows in set (0.00 sec)
```

图7-3　使用GRANT新建用户

从执行结果看到，用户 user4 成功添加，该用户仅能从本机登录。

学习提示：GRANT 语句也可以同时创建多个用户。

（3）直接操作 mysql.user 表创建用户。

在 MySQL 中创建用户，其实质是向系统自带的 MySQL 数据库的 user 表中添加新的记录，因此在创建新用户时，可以直接使用 INSERT 语句，向 mysql.user 表中添加新记录，即可添加新用户。

【例 7.4】创建名为 user5 的用户，主机的 IP 地址为 10.1.25.173，密码为 user555。

其 SQL 语句如下。

```
INSERT INTO mysql.user(host,user,password,ssl_cipher,x509_issuer,x509_subject)
values('10.1.25.173','user5',PASSWORD('user555'),'','','');
```

执行上述语句，使用 SELECT 语句查看 mysql.user 表，结果如图 7-4 所示。

从执行结果看到，用户 user5 成功添加，且登录主机 IP 地址限制为 "10.1.25.173"。

学习提示：mysql.user 表中，ssl_cipher,x509_issuer,x509_subject 这 3 个字段没有默认值且不能为

空，因此在向 **mysql.user** 表添加新记录时，一定要设置这 3 个字段的值。PASSWORD()函数则实现对明文密码进行哈希运算。

```
mysql> SELECT host,user,password from user;
+-------------+-------+--------------------------------------------+
| host        | user  | password                                   |
+-------------+-------+--------------------------------------------+
| localhost   | root  | *4CA19DC7B257C7AB9802E69CEE86C3184496ABE0  |
| %           | root  | *4CA19DC7B257C7AB9802E69CEE86C3184496ABE0  |
| localhost   | user4 | *9246DFDBF8341B128B1B132A4626D3AFFEF03F0C  |
| localhost   | user1 | *34D3B87A652E7F0D1D371C3DBF28E291705468C4  |
| localhost   | user2 | *12A20BE57AF67CBF230D55FD33FBAF5230CFDBC4  |
| %           | user3 | *4570676E59FAC04669A75B74C31338296F688A44  |
| 10.1.25.173 | user5 | *EE0AEA25B21B2D11C36B82B27BF18794AAC3861E  |
+-------------+-------+--------------------------------------------+
7 rows in set (0.00 sec)
```

图7-4　直接操作mysql.user表创建用户

在使用 INSERT 语句创建新用户后，并不能立即使用该用户的账号和密码登录，需要使用 FLUSH 命令使新添加的用户生效，语句如下。

```
FLUSH PRIVILEGES;
```

执行该语句后，用户 user5 就可以登录 MySQL 服务器。使用 FLUSH 命令可以从 MySQL 数据库中的 user 表中重新装载权限，执行该命令需要 RELOAD 权限。

学习提示：除以上提供的方法外，创建用户的操作还可以使用图形化工具实现。

2. 修改用户名称

使用 RENAME USER 语句可以对用户进行重命名，其语法格式如下。

```
RENAME USER old_user TO new_user,[,old_user TO new_user] ;…
```

其中参数 old_user 为已经存在的用户名，参数 new_user 为新的用户名。

【例 7.5】修改用户 USER1 和 USER2 的名称分别为 lily 和 Jack，且 lily 可以从任意主机登录。

修改用户名称的 SQL 语句如下。

```
RENAME USER ' user1'@'localhost' to 'lily'@'%',
'user2'@'localhost' to 'Jack'@'localhost';
```

执行上述代码，使用 SELECT 语句查询 mysql.user 表，结果如图 7-5 所示。

```
mysql> SELECT host,user,password from mysql.user;
+-------------+-------+--------------------------------------------+
| host        | user  | password                                   |
+-------------+-------+--------------------------------------------+
| localhost   | root  | *4CA19DC7B257C7AB9802E69CEE86C3184496ABE0  |
| %           | root  | *4CA19DC7B257C7AB9802E69CEE86C3184496ABE0  |
| localhost   | user4 | *9246DFDBF8341B128B1B132A4626D3AFFEF03F0C  |
| %           | lily  | *34D3B87A652E7F0D1D371C3DBF28E291705468C4  |
| localhost   | Jack  | *12A20BE57AF67CBF230D55FD33FBAF5230CFDBC4  |
| %           | user3 | *4570676E59FAC04669A75B74C31338296F688A44  |
| 10.1.25.173 | user5 | *EE0AEA25B21B2D11C36B82B27BF18794AAC3861E  |
| localhost   | user6 | *3B90053D7CAB6AE2F262D5C1C8052543A090DEF1  |
+-------------+-------+--------------------------------------------+
8 rows in set (0.00 sec)
```

图7-5　用户重命名

从查询结果看出，用户名修改成功，且用户"lily"对所有主机都开放权限。

3. 修改用户密码

用户密码是正确登录 MySQL 服务器的凭据，为保证数据库的安全性，用户需要经常修改密码，以防止密码泄露。

使用 mysqladmin 命令、SET 语句和 UPDATE 语句都可以修改用户密码。

（1）使用 mysqladmin 命令修改用户密码。

mysqladmin 是 MySQL 服务器的管理工具，修改用户密码的语法格式如下。

```
mysqladmin -u user_name [-h host_name] -p password new_password
```

参数说明如下。

- –u：指示待修改的用户名 user_name，通常为 root。
- –h：指定待修改的登录主机名 host_name，默认为 localhost。
- –p：指定要修改的为密码，其后的 password 为关键字，new_password 为新密码。

mysqladmin 为 MySQL 服务器工具，运行在 Windows 的命令提示符下。

【例 7.6】 修改用户 root 的密码为"admin123"。

其命令语句如下。

```
mysqladmin -u root -p password admin123
```

在命令行窗口中输入以上语句，并输入 root 用户的旧密码，即可将 root 用户的密码修改为admin123，如图 7-6 所示。

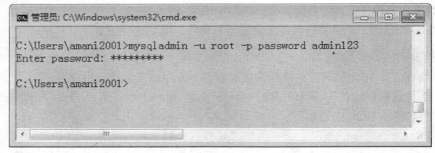

图7-6　使用mysqladmin修改用户密码

学习提示：mysqladmin 工具存放在 MySQL 的安装目录的 bin 文件夹下。

（2）使用 SET 语句修改用户密码。

语法格式如下。

```
SET PASSWORD [FOR user] = PASSWORD('new_password');
```

由于 SET 语句没有对密码加密的功能，因此在使用 SET 语句进行密码修改时，必须使用PASSWORD()函数对明文密码进行哈希运算。

【例 7.7】 修改用户 lily 的密码为 queen。

```
SET PASSWORD FOR 'lily'@'%' = PASSWORD('queen');
```

学习提示：只有 root 用户才可以设置或修改当前用户或其他特定用户的密码。

（3）使用 UPDATE 语句修改 mysql.user 表中指定用户的密码。

MySQL 中，由于用户名和密码都存储在 mysql.user 表中，因此用户密码的修改也可以直接使用 UPDATE 语句对该表进行操作。

【例 7.8】修改用户 Jack 的密码为 king 。

```
UPDATE mysql.user
SET password = PASSWORD('king')
WHERE user='Jack' and host = 'localhost';
```

执行语句，结果如图 7-7 所示。

```
mysql> update mysql.user set password=PASSWORD('king')
    -> where user='Jack' and host='localhost';
Query OK, 1 row affected (0.00 sec)
Rows matched: 1  Changed: 1  Warnings: 0
```

图7-7　使用update语句修改用户密码

学习提示：由于 UPDATE 语句不能刷新权限表，因此一定要使用 FLUSH PRIVILEGES 语句重新加载用户权限，修改后的密码才会生效。

4. 删除用户

当不需要用户时，就可以删除用户。在 MySQL 中，可以使用 DROP USER 语句和 DELETE 语句删除用户。

（1）使用 DROP USER 删除用户。

使用 DROP USER 语句可以删除一个或多个用户，其语法格式如下。

```
DROP USER user_name[,user_name][,…];
```

其中 user_name 为待删除用户的名称，由用户名和主机名组成。

【例 7.9】删除用户 user4、user5 和 user6。

其语句如下。

```
DROP USER user4@localhost ,user5@10.1.25.173,user6@localhost;
```

执行上述语句，可以删除用户 user4、user5 和 user6 三个用户。

（2）使用 DELETE 语句删除用户。

与创建和修改用户相似，在 MySQL 中可以使用 DELETE 语句直接删除 mysql.user 表中的用户数据。

【例 7.10】删除用户 user3。

```
DELETE FROM mysql.user
WHERE host='%' and user='user3';
```

执行上述语句，并使用 SELECT 语句查看服务器中用户情况，结果如图 7-8 所示。

```
mysql> select host,user,password from mysql.user;
+-----------+------+-------------------------------------------+
| host      | user | password                                  |
+-----------+------+-------------------------------------------+
| localhost | root | *4CA19DC7B257C7AB9802E69CEE86C3184496ABE0 |
| %         | root | *4CA19DC7B257C7AB9802E69CEE86C3184496ABE0 |
| %         | lily | *AD13E1F37B7D3CADA9734A22BC20A91DC8F91E4E |
| localhost | Jack | *0C6F8A2CE8ABFD18609CCE4CDFAB3C15DAD20718 |
+-----------+------+-------------------------------------------+
4 rows in set (0.00 sec)
```

图7-8　删除用户

从查询的用户列表来看,用户 user3、user4、user5 和 user6 都已经被删除。

学习提示:删除用户时,必须拥有数据库的全局 CREATE USER 权限或 DELETE 权限。使用 DELETE 删除用户后,也要使用 FLUSH PRIVILEGES 语句重新加载用户权限。

7.1.3 权限管理

权限是指登录到 MySQL 服务器的用户,能够对数据库对象执行何种操作的规则集合。所有的用户权限都存储在 mysql 数据库的 6 个权限表中,在 MySQL 启动时,服务器会将数据库中的各种权限信息读入到内存,以确定用户可进行的操作。为用户分配合理的权限可以有效保证数据库的安全性,不合理的授权会给数据库带来安全隐患。

1. MySQL 中的权限类型

在 MySQL 数据库中,根据权限的范围,可以将权限分为多个层级。

(1)全局层级:使用 ON *.*语法赋予权限。

(2)数据库层级:使用 ON db_name. *语法赋予权限。

(3)表层级:使用 ON db_name.tbl_name 语法赋予权限。

(4)列层级:使用 SELECT(col1,col2…)、INSERT(col1,col2…)和 UPDATE(col1, col2…)语法授予权限。

(5)存储过程、函数级:使用 execute on procedure 或 execute on function 语法授予权限。

表 7-2 中列出了 MySQL 中常用的权限。

表 7-2 MySQL 中的各种权限

权限名称	对应 user 表中的列	权限的范围
CREATE	Create_priv	数据库、表或索引
DROP	Drop_priv	数据库或表
GRANT OPTION	Grant_priv	数据库、表、存储过程或函数
REFERENCES	References_priv	数据库或表
ALTER	Alter_priv	修改表
DELETE	Delete_priv	删除表
INDEX	Index_priv	用索引查询表
INSERT	Insert_priv	插入表
SELECT	Select_priv	查询表
UPDATE	Update_priv	更新表
CREATE VIEW	Create_view_priv	创建视图
SHOW VIEW	Show_view_priv	查看视图
ALTER ROUTINE	Alter_routine_priv	修改存储过程或存储函数
CREATE ROUTINE	Create_routine_priv	创建存储过程或存储函数
EXECUTE	Execute_priv	执行存储过程或存储函数
FILE	File_priv	加载服务器主机上的文件
CREATE USER	Create_user_priv	创建用户
SUPER	Super_priv	超级权限

通过权限设置，用户可以拥有不同的权限。拥有 GRANT 权限的用户可以为其他用户设置权限。拥有 REVOKE 权限的用户可以收回自己设置的权限。

2. 分配权限

分配权限是给特定的用户授予对象的访问权限。MySQL 中使用 GRANT 来为用户分配权限。GRANT 语句的语法格式如下。

```
GRANT priv_type [(column_list)][, priv_type [(column_list)]][,…n]
ON {table | * | *.* | database.* | database.table}
    TO user [IDENTIFIED BY [PASSWORD] 'password']
    [, user [IDENTIFIED BY [PASSWORD] 'password']]…
    [WITH GRANT OPTION]
```

参数说明如下。

- priv_type：表示赋予用户的权限类型。
- column_list：表示权限作用在哪些列上，列名间由逗号隔开，默认时表示作用于整张表。
- ON 子句：指出所授权限的范围。
- database.table：表示用户的权限范围，即只能在指定的数据库和表上使用权限。
- user：表示用户的账户，同 CREATE USER 语句中 user 的释义相同。
- IDENTIFIED BY：用来设置用户的密码；password 参数表示用户的密码。
- PASSWORD：表示使用哈希值设置密码。
- WITH GRANT OPTION：表示在授权时可以将该用户的权限转移给其他用户。

【例 7.11】授予用户 lily@%对数据库 onlinedb 所有表有 SELECT、INSERT、UPDATE 和 DELETE 的权限。

```
GRANT SELECT,INSERT,UPDATE,DELETE ON onlinedb.* TO 'lily'@'%';
```

执行上述语句，结果如图 7-9 所示。

```
mysql> grant select ,update,delete,insert on onlinedb.* to 'lily'@'%';
Query OK, 0 rows affected (0.01 sec)
```

图7-9 分配权限

若想知道特定用户所拥有的权限，可以使用 SHOW GRANTS 语句查看用户权限。语法格式如下。

```
SHOW GRANTS FOR user;
```

其中 user 表示用户的账户名，同 CREATE USER 语句中 user 的释义。若不指定用户账户，则表示查看当前用户的权限。

【例 7.12】查看用户 lily@%的权限。

SQL 语句如下。

```
SHOW GRANTS FOR 'lily'@'%';
```

执行语句，结果如图 7-10 所示。

从图中显示的结果看，用户 lily@%拥有登录权限和对 onlinedb 数据库所有表的插、查、删、改的权限。

```
mysql> show grants for 'lily'@'%';
+---------------------------------------------------------------------------------------------+
| Grants for lily@%                                                                           |
+---------------------------------------------------------------------------------------------+
| GRANT USAGE ON *.* TO 'lily'@'%' IDENTIFIED BY PASSWORD '*AD13E1F37B7D3CADA9734A22BC20A91DC8F91E4E' |
| GRANT SELECT, INSERT, UPDATE, DELETE ON `onlinedb`.* TO 'lily'@'%'                           |
+---------------------------------------------------------------------------------------------+
2 rows in set (0.00 sec)
```

图7-10　查看用户权限

【例 7.13】授予用户 Jack@localhost 对数据库 onlinedb 在 goods 表中 gdPrice、gdQuantity、gdCity、gdInfo 四列数据有 UPDATE 的权限。

```
GRANT UPDATE(gdPrice,gdQuantity,gdCity,gdInfo)
ON onlinedb.goods TO 'Jack'@'localhost';
```

执行上述代码，并使用 SHOW GRANTS 查看该用户权限，如图 7-11 所示。

```
mysql> show grants for 'Jack'@'localhost';
+---------------------------------------------------------------------------------------------+
| Grants for Jack@localhost                                                                   |
+---------------------------------------------------------------------------------------------+
| GRANT USAGE ON *.* TO 'Jack'@'localhost' IDENTIFIED BY PASSWORD '*0C6F8A2CE8ABFD18609CCE4CDFAB3C15DAD20718' |
| GRANT UPDATE (gdprice, gdQuantity, gdInfo, gdCity) ON `onlinedb`.`goods` TO 'Jack'@'localhost'  |
+---------------------------------------------------------------------------------------------+
2 rows in set (0.00 sec)
```

图7-11　给用户授予部分列的权限

【例 7.14】授予用户 Jack@localhost 对数据库 onlinedb 中名为 "spGetgdNames" 存储过程的执行权限。

```
GRANT EXECUTE ON PROCEDURE onlinedb.spGetgdNames TO 'Jack'@'localhost';
```

执行上述代码，并使用 SHOW GRANTS 查看该用户权限，如图 7-12 所示。

```
mysql> grant execute on procedure onlinedb.spGetgdNames to 'Jack'@'localhost';
Query OK, 0 rows affected (0.27 sec)

mysql> show grants for 'Jack'@'localhost';
+---------------------------------------------------------------------------------------------+
| Grants for Jack@localhost                                                                   |
+---------------------------------------------------------------------------------------------+
| GRANT USAGE ON *.* TO 'Jack'@'localhost' IDENTIFIED BY PASSWORD '*0C6F8A2CE8ABFD18609CCE4CDFAB3C15DAD20718' |
| GRANT UPDATE (gdprice, gdQuantity, gdInfo, gdCity) ON `onlinedb`.`goods` TO 'Jack'@'localhost'  |
| GRANT EXECUTE ON PROCEDURE `onlinedb`.`spgetgdnames` TO 'Jack'@'localhost'                   |
+---------------------------------------------------------------------------------------------+
3 rows in set (0.00 sec)
```

图7-12　给用户授予存储过程的执行权限

学习提示：除了使用 GRANT 给用户分配权限外，还可以使用 UPDATE 语句修改特定权限表，实现权限的分配。

3. 收回权限

收回权限就是取消某个用户的特定权限。例如，当数据库管理员认为某个用户不应该拥有 DELETE 权限，那么可以将 DELETE 权限收回。收回权限可以保证数据库的安全。MySQL 中，使用 REVOKE 收回用户的部分或所有权限。

REVOKE 的语法格式如下。

```
REVOKE priv_type [(column_list)][, priv_type [(column_list)]][,…]
    ON {table | * | *.* | database.* | database.table}
    FROM user [,user]…
```

参数说明如下。

- priv_type：表示用户的权限类型。
- column_list：表示权限作用在哪些列上，列名间由逗号隔开，默认时表示作用整张表。
- ON 子句：指明回收权限的范围。
- database.table：表示用户的权限范围，即只能在指定的数据库和表上使用权限。
- user：表示用户的账户，同 CREATE USER 语句中 user 的释义相同。

【例 7.15】收回用户 Jack@localhost 对数据库 onlinedb 中名为"spGetgdNames"存储过程的执行权限。

SQL 语句如下。

```
REVOKE EXECUTE ON PROCEDURE onlinedb. spGetgdNames
FROM 'Jack'@'localhost';
```

执行上述代码，并使用 SHOW GRANTS 语句查看该用户权限，结果如图 7-13 所示。

```
mysql> show grants for 'Jack'@'localhost';
| Grants for Jack@localhost                                                                                    |
| GRANT USAGE ON *.* TO 'Jack'@'localhost' IDENTIFIED BY PASSWORD '*0C6F8A2CE8ABFD18609CCE4CDFAB3C15DAD20718' |
| GRANT UPDATE (gdprice, gdQuantity, gdInfo, gdCity) ON `onlinedb`.`goods` TO 'Jack'@'localhost'             |
2 rows in set (0.00 sec)
```

图7-13　收回用户权限

从结果可以看到，用户 Jack 没有存储过程 spGetgdNames 的执行权限。

当要回收用户的所有权限时，只需要在 REVOKE 中增加 ALL PRIVILEGES 关键字，其语法格式如下。

```
REVOKE ALL PRIVILEGES,GRANT OPTION FROM user[,user][,…]
```

【例 7.16】收回用户 Jack@localhost 的所有权限。

SQL 语句如下。

```
REVOKE ALL PRIVILEGES,GRANT OPTION FROM user 'Jack'@'localhost';
```

执行上述代码，结果如图 7-14 所示。

```
mysql> revoke all privileges,grant option from 'Jack'@'localhost';
Query OK, 0 rows affected (0.00 sec)

mysql> show grants for 'Jack'@'localhost';
| Grants for Jack@localhost                                                                                    |
| GRANT USAGE ON *.* TO 'Jack'@'localhost' IDENTIFIED BY PASSWORD '*0C6F8A2CE8ABFD18609CCE4CDFAB3C15DAD20718' |
1 row in set (0.00 sec)
```

图7-14　收回用户所有权限

从结果可以看出，用户 Jack@localhost 的权限都已被收回。

学习提示： 在使用 GRANT 授权或 REVOKE 收回权限后，都必须 FLUSH PRIVILEGES 语句，重新加载权限表，否则无法立即生效。

任务 2　使用事务和锁防止数据脏读

【任务描述】通常情况下，每个查询的执行都是相互独立的，不必考虑哪个查询在前，哪个查询在后。实际应用中，较为复杂的业务逻辑通常都需要执行一组 SQL 语句，且这一组语句执行的数据结果存在一定的关联，语句组的执行要么都执行成功，要么什么都不做。为了控制语句组的执行过程，MySQL 提供事务的机制进行控制。本任务在 SQL 程序基础上，详细讨论事务的基本原理和 MySQL 中事务的使用方法。

7.2.1　事务概述

事务是一组有着内在逻辑联系的 SQL 语句。支持事务的数据库系统要么正确执行事务里的所有 SQL 语句，要么把它们当作整体全部放弃，也就是说事务永远不会只完成一部分。

事务可以由一条非常简单的 SQL 语句组成，也可以由一组复杂的 SQL 语句组成。在事务中的操作，要么都执行，要么都不执行，这就是事务的目的，也是事务的重要特征之一。使用事务可以大大提高数据安全性和执行效率，因为在执行多条 SQL 语句的过程中不需要使用 LOCK 命令锁定整个数据表。MySQL 目前只有 InnoDB 和 BDB 存储引擎支持在数据表上的使用事务。

从理论上讲，事务有着极其严格的定义，它必须同时满足 4 个特征，即原子性（Atomicity）、一致性（Consistency）、隔离性（Isolation）和持久性（Durability），俗称为 ACID 标准。

1. 原子性

原子性是指数据库事务是不可分割的操作单位。只有使事务中所有的数据库操作都执行成功，整个事务的执行才算成功。事务中任何一个 SQL 语句执行失败，那么已经执行成功的 SQL 语句都必须撤销，数据库状态应该退回到执行事务前的状态。

例如，一个用户在 ATM 机上将钱从自己的账户转到另一个账户，在 ATM 机上主要完成如下两步操作。

（1）从用户自己的账户下把钱划走。

（2）在另一个账户下增加用户划走的钱。

这两步操作过程应该视为原子操作，要么都做，要么都不做。不能出现用户的钱已经从自己的账户下扣除，但另一个账户下的钱并没有增加。通过事务，可以保证该操作的原子性。

2. 一致性

一致性是指事务将数据库从一种状态变成另一种状态。在事务开始之前和事务结束之后，数据的完整性约束没有被破坏。例如，在表中有一列为姓名，在它之上建立了唯一约束，即在表中姓名不能重复。如果一个事务对表进行修改，但是在事务提交或当事务操作发生回滚后，表中的数据姓名变得非唯一了，那么就破坏了事务的一致性要求。因此，事务是逻辑一致的工作单元，如果事务中某个动作失败了，系统可以自动地撤销事务使其返回到初始化的状态。

在 MySQL 中，一致性主要由 MySQL 的日志机制处理，它记录了数据库的所有变化，为事务恢复提供了跟踪记录。如果系统在事务处理中发生错误，MySQL 恢复过程将使用这些日志来发现事务是否已经完全成功执行，是否需要返回。

3. 隔离性

隔离性要求每个读写事务的对象与其他事务的操作对象能相互分离，即该事务提交前对其他事务都不可见，通常使用锁来实现。数据库系统中提供了一种粒度锁的策略，允许事务仅锁住一个实体对象的子集，以此来提高事务之间的并发度。

4. 持久性

事务一旦提交，其结果就是永久性的，即使发生死机等故障，数据库也能将数据恢复。持久性只能从事务本身的角度来保证结果的永久性，如事务提交后，所有的变化都是永久的，即使当数据库由于崩溃而需要恢复时，也能保证恢复后提交的数据都不会丢失。

7.2.2　事务的隔离级别

数据库是多线程并发的，所以容易出现多个线程同时开启事务的情况，这样就会出现重复读、脏读或幻读的情况，为了避免这种情况发生，在 MySQL 中定义了 4 类隔离级别，用来限定事务内外的哪些改变是可见的，哪些是不可见的。低级别的隔离一般支持高级别的并发处理，并拥有更低的系统开销。这 4 类隔离级别分别是未提交读（ READ UNCOMMITTED ）、已提交读（ READ COMMITTED ）、可重复读（ REPEATABLE READ ）和可序列化（ SERIALIZABLE ）。

1. 未提交读

读取未提交内容隔离级别，即所有事务都可以看到其他未提交事务的执行结果。该隔离级别很少用于实际应用，因为它的性能不如其他级别好。

2. 已提交读

该隔离级别满足隔离的简单定义，即一个事务只能看见已经提交事务所做的改变。这种情况下，用户可以避免脏读。这种隔离级别支持所有的不可重复读（ NONREPEATABLE READ ），因为同一个事务的其他实例在该实例处理期间可能会有新的事务提交，所以同一查询可能返回不同结果。

3. 可重复读

可重复读隔离级别，是 MySQL 的默认事务隔离级别。它确保同一个事务的多个实例在并发读取数据时，会看到同样的数据行。

REPEATABLE READ 隔离级别只允许读取已经提交的记录，而且在一个事务两次读取一个记录期间保持一致，但是该事务不要求其他事务可串行化。例如，一个事务可以找到由一个已提交事务更新的记录，但是可能产生幻读问题。幻读指用户读取某一范围的数据行时，另一个事务又在该范围内插入新行，当用户再读取该范围的数据行时，就发现数据改变了。InnoDB 存储引擎通过多版本并发控制机制解决了该问题。

4. 可序列化

该级别是最高的隔离级别。它通过强制事务排序，使之不可能相互冲突，从而解决幻读、脏读和重复读的问题。它是在每个读的数据行上加上共享锁，如果一个事务来查询同一份数据就必须等待，直到前一个事务完成并解除锁定位置。这个级别可能导致大量的超时现象和锁竞争，对数据库查询性能影响较大，因此实际中很少使用。

在 MySQL 中，四种隔离级别分别有可能产生问题如表 7-3 所示。

表 7-3　MySQL 四种隔离级别可能产生的问题

隔离级别	读数据一致性	脏读	不可重复读	幻读
未提交读（READ UNCOMMITTED）	最低级别，只能保证不读取物理上损坏的数据	Y	Y	Y

续表

隔离级别	读数据一致性	脏读	不可重复读	幻读
已提交读（READ COMMITTED）	语句级	N	Y	Y
可重复读（REPEATABLE READ）	事务级	N	N	Y
可序列化（SERIALIZABLE）	最高级别，事务级	N	N	N

注：其中 Y 表示会出现，N 表示不会出现该问题。

7.2.3　MySQL 的锁机制

为解决数据库并发控制问题，MySQL 中使用了锁机制。如在同一时刻，客户端对于同一个表做更新或者查询操作，为保证数据的一致性，需要对并发操作进行控制。与此同时，为实现 MySQL 的各个隔离级别，锁机制为其提供了安全保障。

1. MySQL 中锁的分类

MySQL 中锁的种类主要有以下几种。

（1）共享锁（S 锁）

共享锁的锁粒度是行或者多行。一个事务获取了共享锁之后，可以对锁定范围内的数据执行读操作。

（2）排他锁（X 锁）

排他锁的粒度与共享锁相同，也是行或者多行。一个事务获取了排他锁之后，可以对锁定范围内的数据执行写操作。

如有两个事务 A 和 B，如果事务 A 获取了一个多行的共享锁，事务 B 还可以立即获取这个多行的共享锁，但不能立即获取这个多行的排他锁，必须等到事务 A 释放共享锁之后。如果事务 A 获取了一个多行的排他锁，事务 B 不能立即获取这个多行的排共享锁，也不能立即获取这个多行的排他锁，必须等到事务 A 释放排他锁之后。

（3）意向锁

意向锁是一种表锁，锁定的粒度是整张表，分为意向共享锁（IS 锁）和意向排他锁（IX 锁）两类。意向共享锁表示一个事务有意对数据上共享锁或者排他锁。"有意"表示事务想执行操作但还没有真正执行。锁和锁止键的关系，要么是相容的，要么是互斥的。

锁 a 和锁 b 相容是指操作同样一组数据时，如果事务 t1 获取了锁 a，另一个事务 t2 还可以获取锁 b。锁 a 和锁 b 互斥是指操作同样一组数据时，如果事务 t1 获取了锁 a，另一个事务 t2 在 t1 释放锁 a 之前无法获取锁 b。

其中共享锁、排他锁、意向共享锁、意向排他锁相互之间的兼容/互斥关系如表 7-4 所示，Y 表示相容，N 表示互斥。

表 7-4　MySQL 锁兼容情况

参数	排他锁	共享锁	意向排他锁	意向共享锁
排他锁	N	N	N	N
共享锁	N	Y	N	Y
意向排他锁	N	N	Y	Y
意向共享锁	N	Y	Y	Y

为了尽可能提高数据库的并发量，需每次锁定的数据范围越小越好，越小的锁其耗费系统越多，系统性能下降。为在高并发响应和系统性能两方面进行均衡，这就产生了锁粒度的概念。

锁的粒度主要分为表锁和行锁。表锁管理锁的开销最小，同时允许的并发量也是最小的。MyISAM 存储引擎使用该锁机制。当要写入数据时，整个表记录被锁。此时，其他读写操作一律等待。行锁可以支持最大的并发。InnoDB 存储引擎使用该锁机制。如果要支持并发读写，建议采用 InnoDB 存储引擎。

不同的事务隔离级别下，不同的数据操作加锁也不相同。当事务级别为未提交时，不加锁；在已提交读和可重复读的事务隔离下，数据读操作都不加锁，但插入、删除和修改都会加上 X 锁，该级别以下的级别中读写不冲突；在可序列化事务隔离级别下，读写冲突，其中读加共享锁，而写则加排他锁。

学习提示：对于同一条 SQL 语句，其加锁机制除受隔离级别影响外，还受是否是主键、是否有索引、是否是唯一索引及 SQL 的查询计划有关。

2. 死锁的处理

InnoDB 存储引擎自动检测事务的死锁，并回滚一个或几个事务来防止死锁。InnoDB 存储引擎不能在 MySQL 设定表锁的范围或者涉及 InnoDB 之外的存储引擎所设置锁定的范围检测死锁。可以通过设置 innodb_lock_wait_timeout 系统变量的值来解决这些情况。如果要依靠锁等待超时来解决死锁问题，对于更新事务密集的应用，将有可能导致大量事务的锁等待，导致系统异常，所以不推荐在一个事务中混合更新不同存储类型的表，也不推荐相同类型的表采用不同的锁定方式加锁。

7.2.4 MySQL 中的事务应用

事务的开始与结束可以由用户显示控制。在 MySQL 服务器中，显示操作事务的语句主要包括 START TRANSACTION、COMMIT 和 ROLLBACK 等。

1. 启动事务

在默认设置下，MySQL 中的事务是默认提交的。MySQL 中使用 START TRANSACTION 或 BEGIN 语句可以显示控制一个事务的开始，其语法格式如下。

```
START TRANSACTION | BEGIN [WORK]
```

MySQL 中不允许事务的嵌套。若在第 1 个事务中使用 START TRANSACTION 命令，当第 2 个事务开启时，系统会自动提交第 1 个事务。

2. 提交事务

MySQL 使用 COMMIT 或者 COMMIT WORK 语句提交事务。提交事务后，对数据库的修改将是永久性的，其语法格式如下。

```
COMMIT [WORK] [AND [NO] CHAIN] [[NO] RELEASE]
```

其中，CHAIN 和 RELEASE 子句分别用来定义在事务提交之后的操作，CHAIN 会立即启动一个新事务，并且和刚才的事务具有相同的隔离级别；而 RELEASE 则会断开和客户端的连接。

学习提示：MySQL 中对象的创建、修改和删除操作都会隐式地执行事务的提交。如 CREATE DATABASE、ALTER TABLE、DROP INDEX 等。

3. 回滚事务

MySQL 中，使用 ROLLBACK 或者 ROLLBACK WORK 语句回滚事务，回滚事务会撤销正在进行的所有未提交的修改。其语法格式如下：

```
ROLLBACK [WORK] [AND [NO] CHAIN] [[NO] RELEASE]
```

其中，CHAIN 和 RELEASE 子句参考提交事务中的说明。

4. 事务保存点

除了启动事务、提交事务和回滚事务外，在事务中还可以设置保存点 SAVEPOINT，可以将处理的事务回滚至保存点。具体用法如下。

（1）SAVEPOINT identifier

允许在事务中创建一个保存点，一个事务中可以有多个保存点。

（2）RELEASE SAVEPOINT identifier

删除一个事务的保存点，当没有一个保存点时执行此语句会抛出一个异常。

（3）ROLLBACK TO [SAVEPOINT] identifier

如果给出 SAVEPOINT，可以把事务回滚到 SAVEPOINT 指定的保存点，如果回滚到一个不存在的保存点，会抛出异常。如果不给出 SAVEPOINT，则回滚到启动事务之前的状态。

5. 设置事务的隔离级别

MySQL 中设置事务隔离级别的语法格式如下。

```
SET [GLOBAL | SESSION] TRANSACTION ISOLATION LEVEL
[READ UNCOMMITTED | READ COMMITTED | REPEATABLE READ
 | SERIALIZABLE] ;
```

其中 GLOBAL 表示此语句将应用于之后的所有会话（SESSION），而当前已经存在的 SESSION 不受影响。而 SESSION 表示此语句将应用于当前 SESSION 内之后的所有事务。若为默认则表示此语句将应用于当前 SESSION 内的下一个还未开始的事务。

在 MySQL 中通过@@global.tx_isolation、@@session.tx_isolation、@@tx_isolation 分别存储当前隔离级别的值。

使用如下语句也可以设置事务的隔离级别。

```
SET [@@global.tx_isolation | @@session.tx_isolation] =['READ-UNCOMMITTED' |
'READ-COMMITTED' | 'REPEATABLE-READ' | 'SERIALIZABLE']
```

【例 7.17】查看各种隔离级别。

SQL 语句如下。

```
SELECT @@global.tx_isolation,@@session.tx_isolation,@@tx_isolation;
```

执行上述查询，结果如图 7-15 所示。

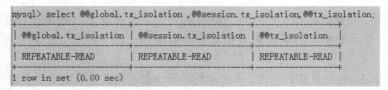

图7-15　查看数据库中事务的隔离级别

从查询结果可以看出，当前事务的隔离级别为 REPEATABLE-READ，该级别也是 MySQL 默认的事务级别。

【例 7.18】修改当前会话的隔离级别 READ UNCOMMITTED。

SQL 语句如下。

```
SET SESSION TRANSACTION ISOLATION LEVEL READ UNCOMMITTED;
```

或

```
SET @@session.tx_isolation] ='READ-UNCOMMITTED'
```

执行上述查询，并查看当前会话的事务隔离级别，结果如图 7-16 所示。

```
mysql> set session transaction isolation level read uncommitted;
Query OK, 0 rows affected (0.00 sec)

mysql> select @@global.tx_isolation ,@@session.tx_isolation,@@tx_isolation;
+-----------------------+------------------------+------------------+
| @@global.tx_isolation | @@session.tx_isolation | @@tx_isolation   |
+-----------------------+------------------------+------------------+
| REPEATABLE-READ       | READ-UNCOMMITTED       | READ-UNCOMMITTED |
+-----------------------+------------------------+------------------+
1 row in set (0.00 sec)
```

图7-16 修改后的隔离级别

从查询结果可以看出，当前会话及下一个未开始的事务的隔离级别都改成了未提交读（READ UNCOMMITTED）。

【例 7.19】创建存储过程，实现用户确认下单之后，需要删除该用户在购物车中的商品信息，并将其添加到订单表中，使用事务完成。

```
CREATE PROCEDURE upAddOrders(id INT)
BEGIN
    DECLARE odtotal INT;
    DECLARE odid INT;
    -- 指定事务的起始位置
loop_label:LOOP
    -- 启动事务
    START TRANSACTION;
    -- 获取当前用户购物车中商品的数量
    SELECT SUM(scNum*(SELECT gdPrice FROM goods WHERE gdID = a.gdID))
    INTO odtotal
    FROM scar a WHERE uID = id ;
    -- 创建订单
    INSERT INTO orders(uID, oTime, oTotal) VALUES(id, NOW(), odtotal);
    -- 如果创建失败，回滚
    IF ROW_COUNT() < 1 THEN
        ROLLBACK;
        LEAVE loop_label;
    END IF;
    -- 获取订单ID
    SET odid = LAST_INSERT_ID();
    -- 将购物车中的商品添加到订单详细表中
```

```
    INSERT INTO orderdetail(oID, gdID, odNum)
    SELECT odid, gdID, scNum
    FROM scar
    WHERE uID = id;
    -- 如果添加失败，回滚
    IF ROW_COUNT() <1 THEN
        ROLLBACK;
    END IF;
    LEAVE loop_label;
    -- 删除购物车中的商品
    DELETE FROM scar WHERE uID = id;
    -- 如果删除失败回滚，否则提交
    IF ROW_COUNT() < 1 THEN
        ROLLBACK;
    ELSE
        COMMIT;
    END IF;
    LEAVE loop_label;
    END LOOP;
END
```

这里需要注意的是处理多个 SQL 语句的回滚情况，不能直接使用 ROLLBACK，这样不能实现回滚，或者可能出现意外的错误。通常使用 LOOP 定位事务的范围，解决上述问题。

【例 7.20】指定事务隔离级别下，多事务对数据读写操作。

（1）为了模拟事务隔离下数据读写可能出现的问题，除使用默认用户'root'@'%'外，另创建用户'amani2001'@'localhost'，且授予该用户对 onlinedb 数据库中 goods 表(商品表)的 SELECT、INSERT、UPDATE 权限，SQL 语句如下。

```
CREATE USER 'amani2001'@'localhost' IDENTIFIED BY '111'
GRANT SELECT,UPDATE,DELETE,INSERT ON ONLINEDB.GOODS TO 'amani2001'@'localhost';
```

（2）打开两个 MySQL 的客户端，其中事务 A 的登录用户为"root"用户，事务 B 的登录用户为"amani2001"。

（3）设置事务 A 会话中事务的隔离级别为"未提交读（ READ UNCOMMITTED ）"，并查看会话状态事务隔离级别，如图 7-17 所示。

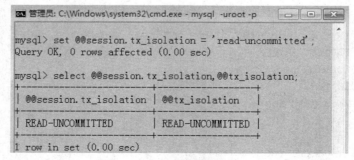

图7-17　设置事务A会话隔离级别为"未提交读"

（4）在事务 A 中开启事务，并查看类别 ID 为 1 的商品编号、商品名称和商品价格信息，如图 7-18 所示。

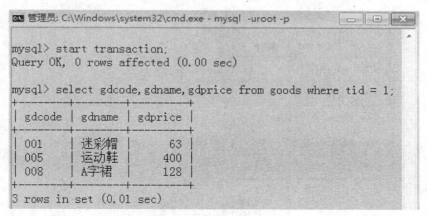

图7-18　事务A查看商品信息

（5）在客户端以"amani2001"用户登录到 MySQL，并修改商品编号为"001"的商品价格为 55，并在事务 B 中查询类别 ID 为 1 的商品编号、商品名称和商品价格信息，如图 7-19 所示。

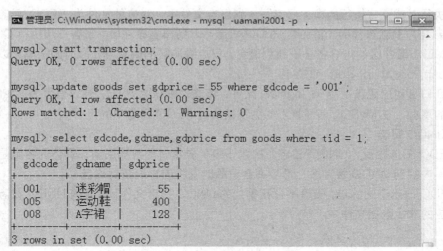

图7-19　事务B修改商品并查看

从图 7-19 可以看出，事务 B 中商品"迷彩帽"的价格修改成了 55。

（6）在事务 A 中再次查看类别为 1 的商品信息，如图 7-20 所示。

从图 7-20 可以看出，事务 A 可以查询出未提交记录，这就造成脏读现象。未提交读是最低的隔离级别。

读者可以根据本例方法分别在事务 A 中设置不同的隔离级别，并在事务 B 中进行操作修改操作，查看不同事务隔离级别下，事务 A 中读数据的情况并加以分析。

6. 事务日志

MySQL 中，InnoDB 存储引擎引入了与事务相关 UNDO 日志和 REDO 日志。

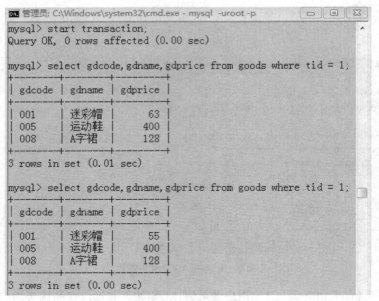

图7-20　事务A中再次查看商品信息

（1）REDO 日志

　　事务执行时需要将执行的事务日志写入到日志文件里，对应的文件为 REDO 日志。当每条 SQL 进行数据库更新操作时，首先将 REDO 日志写入到日志缓冲区。当客户端执行 COMMIT 命令提交时，日志缓冲区的内容将被刷新到磁盘，日志缓冲区的刷新方式和时间间隔可以通过参数 innodb_flush_log_at_trx_commit 控制。

　　REDO 日志对应磁盘上的 ib_logfileN 文件，该文件默认为 5MB，建议设置为 512MB，以便容纳较大的事务。在 MySQL 崩溃恢复时会重新执行 REDO 日志中的记录。

（2）UNDO 日志

　　与 REDO 日志相反，UNDO 日志主要用于事务异常时的数据回滚，具体内容就是复制事务前的数据库内容到 UNDO 缓冲区，然后在合适的时间将内容刷新到磁盘。

　　与 REDO 日志不同的是，磁盘不存在单独的 UNDO 日志文件，所有的 UNDO 日志均存放在表空间对应的.ibd 数据文件中。

习题

1. 单项选择题

（1）以下哪个语句用于撤销权限（　　）。

　　A. DELETE　　　　B. DROP　　　　C. REVOKE　　　　D. UPDATE

（2）MySQL 中存储用户全局权限的表是（　　）。

　　A. table_priv　　　B. procs_priv　　C. columns_priv　　D. user

（3）创建用户的语句是（　　）。

　　A. CREATE USER　　　　　　　　B. INSERT USER

　　C. CREATE root　　　　　　　　　D. MySQL user

（4）用于将事务处理提交到数据库的语句是（ ）。

    A. insert   B. rollback   C. commit   D. savepoint

（5）如果要回滚一个事务，则要使用（ ）语句。

    A. commit transaction   B. begin transaction

    C. revoke   D. rollback transaction

（6）MySQL 中，预设的、拥有最高权限超级用户的用户名为（ ）。

    A. test   B. Administrator   C. DA   D. root

（7）MySQL 中，使用（ ）语句来为指定的数据库添加用户。

    A. CREATE USER   B. GRANT

    C. INSERT   D. UPDATE

（8）在事务的 ACID 特性中，（ ）是指事物将数据库从一种状态变成另一种一致的状态。

    A. Atomicity   B. Durability   C. Consistency   D. Isolation

（9）在下列的 MySQL 存储引擎中，（ ）存储引擎支持事务。

    A. MyISAM   B. MEMORY

    C. InnoDB   D. PERFORMANCE_SCHEMA

2. 简述题

（1）数据库中创建的新用户可以给其他用户授权吗？

（2）简述 MySQL 中用户和权限的作用。

（3）为什么事务非正常结束时会影响数据库数据的正确性？

（4）简述事务的隔离级别。

项目实践

1. 实践任务

（1）创建用户。

（2）授予用户权限。

（3）创建事务。

2. 实践目的

（1）能正确使用 SQL 语句创建用户。

（2）能正确使用 SQL 语句设置用户权限。

（3）能正确使用 SQL 语句修改用户密码。

（4）能正确使用 SQL 语句创建事务。

3. 实践内容

（1）使用 SQL 语句创建一个无密码的用户 admin。

（2）使用 SQL 语句创建一个用户 zhang，密码为 123456。

（3）使用 SQL 语句创建一个用户 wang，密码是 123456，同时授予该用户对数据库 onlinedb 的表 users 上拥有 SELECT 权限。

（4）使用 SQL 语句修改用户名为 zhang 的登录密码，修改为 zhang123456。

（5）使用 SQL 语句为已经创建的用户 zhang，授予对数据库 onlinedb 的表 orders 的

UPDATE 权限。

（6）使用 SQL 语句收回对用户 zhang 在 orders 表上的 UPDATE 权限。

（7）使用事务实现，当更改表 goodstype 中某个商品类别 ID 时，同时将 goods 表对应的商品类别 ID 全部更新。

（8）在 onlinedb 数据库中使用事务实现，向 orderdetail 表中增加一条记录时，orders 表中如果有对应用户的记录，则更新该记录中的 oTotal 字段，其值增加 odNum 的值；如果没有对应用户的记录，则增加一条该用户的订单记录，其中 oTotal 字段值为 odNum 的值。

（9）根据【例 7.20】，在事务 A 中设置隔离级别为"READ COMMITTED"，并在事务 B 中进行数据修改操作，查看事务 A 中读数据的情况。

（10）根据【例 7.20】，在事务 A 中设置隔离级别为"REPEATABLE READ"，并在事务 B 中进行数据修改操作，查看事务 A 中读数据的情况。

（11）根据【例 7.20】，在事务 A 中设置隔离级别为"SERIALIZABLE"，并在事务 B 中进行数据修改操作，查看事务 A 中读数据的情况。

8 Chapter

项目八
维护网上商城系统的高可用性

随着信息技术的普及，越来越多的数据都保存到了数据库中。数据是信息系统运行的基础和核心，数据的安全性和高可用性也随之受到人们的关注。用户操作错误、存储介质损坏、黑客入侵和服务器故障等不可抗拒因素都将导致数据丢失，从而引起灾难性后果。因此必须对数据库系统采取必要的措施，以保证在发生故障时，可以将数据库恢复到最新的状态，将数据损失降低到最小。

本项目主要探讨数据库备份和恢复机制，文件的迁移，数据的导入导出，各种日志以及使用日志备份数据库。

【学习目标】
- 会使用数据备份与恢复
- 会操作数据库的迁移
- 会使用数据的导入与导出
- 会使用日志文件还原数据

MySQL

备份和恢复数据

【任务描述】数据库的备份与恢复是数据库管理最重要的工作之一。系统的意外崩溃或系统硬件的损坏都可能导致数据丢失或损坏，数据库管理员务必定期地备份数据，当数据库中的数据出现了错误或损坏时，就可以使用已备份的数据进行数据还原。本任务将介绍数据库备份与恢复、数据库迁移和数据的导入与导出等操作方法。

8.1.1　数据备份

数据备份就是对应用数据库建立相应副本，包括数据库结构、对象及数据。

根据备份的数据集合的范围来划分，数据备份分为完全备份、增量备份和差异备份。

- 完全备份：是指某一个时间点上的所有数据或应用进行的一个完全拷贝，包含用户表、系统表、索引、视图和存储过程等所有数据库对象。
- 增量备份：是备份数据库的部分内容，包含自上一次完整备份或最近一次增量备份后改变的内容。
- 差异备份：是指在一次全备份后到进行差异备份的这段时间内，对那些增加或者修改文件的备份，在进行恢复时，只需对第一次全备份和最后一次差异备份进行恢复。

三种备份的优缺点如表 8-1 所示。

表 8-1　三种备份类型的优缺点

备份类型	优　点	缺　点
完全备份	备份数据完整，恢复操作简单	各个全备份中数据大量重复，且一次备份所需时间长
增量备份	没有重复的备份数据，备份所需的时间很短	恢复数据较麻烦，操作员必须把每一次增量的结果逐个按顺序进行恢复；每个增量数据构成一个链，恢复时缺一不可。恢复时间长
差异备份	比完全备份需要时间短、节省磁盘空间；恢复操作比增量备份步骤少、恢复时间短	

从数据备份时数据库服务器的在线情况来划分，数据备份分为热备份、温备份和冷备份。其中热备份是指数据库在线服务正常运行的情况下进行数据备份；而温备份是指进行备份操作时，服务器在运行，但只能读不能写；冷备份则是指数据库已经正常关闭的情况下进行的，这种情况下提供的备份都是完全备份。

MySQL 中，使用 SQL 语句和图形工具都可以轻松完成数据备份工作。

1. 使用 Navicat 图形工具备份数据

使用 Navicat 图形工具备份数据可以简单、快速地完成备份操作。

【例 8.1】使用 Navicat 图形工具备份数据库 onlinedb。

操作步骤如下。

（1）启动 Navicat 图形工具，打开 onlinedb 所在服务器的连接，选中 onlinedb 数据库中的"备份"对象，如图 8-1 所示。

（2）点击对象标签中"新建备份"按钮，弹出"新建备份"窗口，如图 8-2 所示。

图8-1 选中"备份"对象

（3）选择"新建备份"窗口中的"高级"选项卡，选中"使用指定文件名"复选框并在对应的文本框中输入备份数据库文件名 onlinedb1，如图 8-3 所示。

图8-2 新建备份窗口

图8-3 新建备份高级属性设置

（4）单击"开始"按钮，系统开始执行备份，如图 8-4 所示。

（5）备份执行完毕后，点击"保存"按钮，在弹出的"设置文件名"对话框中输入文件名 onlinedb，如图 8-5 所示，并单击"确定"按钮，完成数据备份操作。

图8-4 执行数据备份

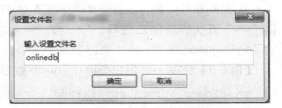

图8-5 设置备份文件名

学习提示：MySQL 中备份文件的扩展名为 psc，以笔者的 Windows 7 系统为例，文件默认存放在 C:\Users\Administrator\Documents\Navicat\MySQL\ servers\MySQL02 目录下，打开该文件夹，该文件夹中已经保存了名为 onlinedb1.psc 的备份文件。

2. 使用 mysqldump 命令备份数据库

mysqldump 命令是 MySQL 提供的实现数据库备份的工具，在 Windows 控制台的命令行窗口中执行。该文件存放在 MySQL 安装目录的 bin 文件夹下。

mysqldump 是采用 SQL 级别的备份机制，它将数据表导出成 SQL 脚本文件，该文件包含多个 CREATE 和 INSERT 语句，使用这些语句可以重新创建表和插入数据。在不同的 MySQL 版本之间升级时相对比较合适，这也是最常用的备份方法。

使用 mysqldump 命令可以备份一个数据库，也可以备份多个数据库，还可以备份一个连接实例中的所有数据库。

（1）使用 mysqldump 备份一个数据库。

语法格式如下。

```
mysqldump -uusername -ppassword dbname [tbname1,tbname2…] >BackName.sql
```

其中，username 表示用户名，password 表示用户密码，dbname 表示数据库名，tbname1、tbname2…表示表名。BackName.sql 表示备份文件的输出名称，实际备份时需要在该文件名前添加备份地址的绝对路径。

（2）备份多个数据库。

语法格式如下。

```
mysqldump -uusername -ppassword -databases dbname1 dbname2 >BackName.sql
```

其中 databases 选项表示其后可以指定的多个数据库名称，其他释义同上。

（3）备份所有数据库。

语法格式如下。

```
mysqldump -uusername -ppassword --all-databsaes >BackName.sql
```

其中 –all-databases 选项表示用于备份服务器上所有数据库。其他释义同上。

【例 8.2】使用 root 用户备份 onlinedb 数据库下的 goods 表和 users 表，并将备份好的文件保存到 D 盘根目录，文件名为 db1.sql。

Windows 命令行语句如下。

```
mysqldump -uroot -p88888888 onlinedb goods users>D:\db1.sql
```

命令执行后，在 D 盘根目录下找到 db1.sql 文件，并用记事本打开，部分文件内容如图 8-6 所示。

从图 8-6 可以看到，备份文件记录了 MySQL 的版本、备份的主机名和数据库名。文件中，以 "--" 开头的是 SQL 注释，"/* */" 包含的数据块也是 MySQL 的注释。此外，文件中还包含了创建 goods 表和 users 表的 SQL 代码。

【例 8.3】使用 root 用户备份 onlinedb 数据库和 mysql 数据库。

```
mysqldump -uroot -p88888888 -database onlinedb mysql>D:\db2.sql
```

命令执行后，在 D 盘根目录下找到 db2.sql 文件，并用记事本打开，部分文件内容如图 8-7 所示。

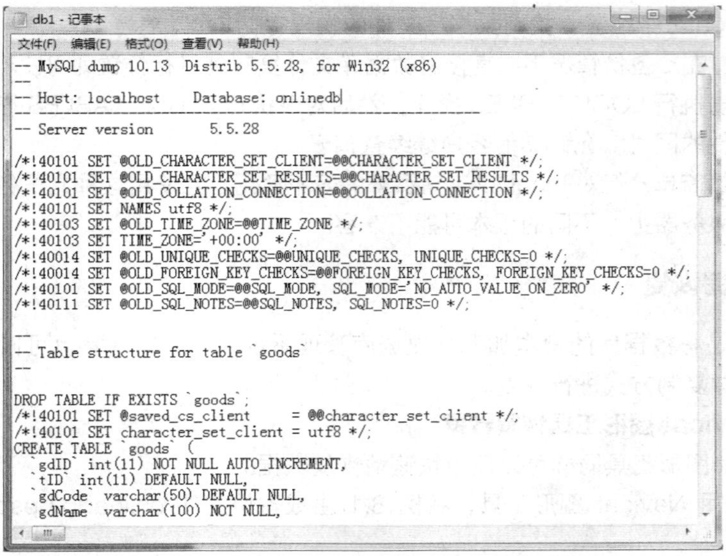
db1 - 记事本
文件(F) 编辑(E) 格式(O) 查看(V) 帮助(H)

```
-- MySQL dump 10.13  Distrib 5.5.28, for Win32 (x86)
--
-- Host: localhost    Database: onlinedb
-- ------------------------------------------------------
-- Server version	5.5.28

/*!40101 SET @OLD_CHARACTER_SET_CLIENT=@@CHARACTER_SET_CLIENT */;
/*!40101 SET @OLD_CHARACTER_SET_RESULTS=@@CHARACTER_SET_RESULTS */;
/*!40101 SET @OLD_COLLATION_CONNECTION=@@COLLATION_CONNECTION */;
/*!40101 SET NAMES utf8 */;
/*!40103 SET @OLD_TIME_ZONE=@@TIME_ZONE */;
/*!40103 SET TIME_ZONE='+00:00' */;
/*!40014 SET @OLD_UNIQUE_CHECKS=@@UNIQUE_CHECKS, UNIQUE_CHECKS=0 */;
/*!40014 SET @OLD_FOREIGN_KEY_CHECKS=@@FOREIGN_KEY_CHECKS, FOREIGN_KEY_CHECKS=0 */;
/*!40101 SET @OLD_SQL_MODE=@@SQL_MODE, SQL_MODE='NO_AUTO_VALUE_ON_ZERO' */;
/*!40111 SET @OLD_SQL_NOTES=@@SQL_NOTES, SQL_NOTES=0 */;

--
-- Table structure for table `goods`
--

DROP TABLE IF EXISTS `goods`;
/*!40101 SET @saved_cs_client     = @@character_set_client */;
/*!40101 SET character_set_client = utf8 */;
CREATE TABLE `goods` (
  `gdID` int(11) NOT NULL AUTO_INCREMENT,
  `tID` int(11) DEFAULT NULL,
  `gdCode` varchar(50) DEFAULT NULL,
  `gdName` varchar(100) NOT NULL,
```

图8–6 备份文件db1.sql的部分内容

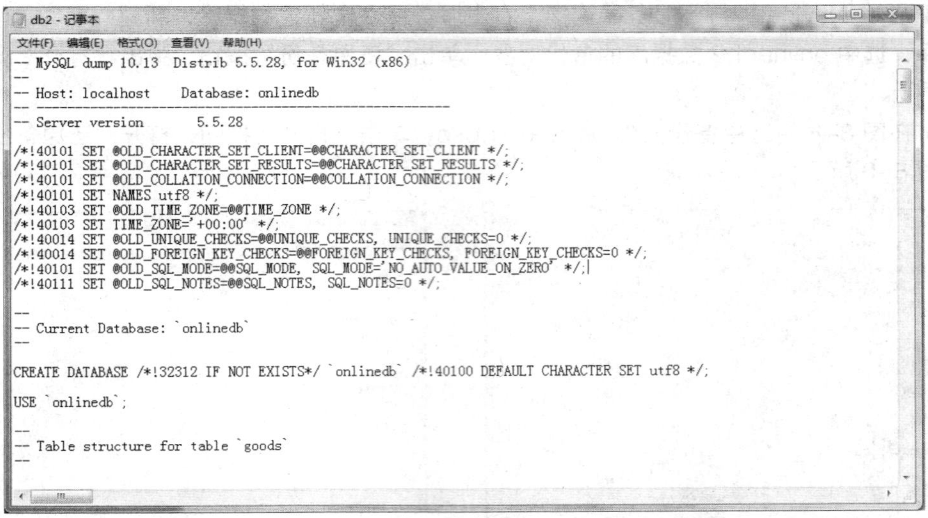
db2 - 记事本
文件(F) 编辑(E) 格式(O) 查看(V) 帮助(H)

```
-- MySQL dump 10.13  Distrib 5.5.28, for Win32 (x86)
--
-- Host: localhost    Database: onlinedb
-- ------------------------------------------------------
-- Server version	5.5.28

/*!40101 SET @OLD_CHARACTER_SET_CLIENT=@@CHARACTER_SET_CLIENT */;
/*!40101 SET @OLD_CHARACTER_SET_RESULTS=@@CHARACTER_SET_RESULTS */;
/*!40101 SET @OLD_COLLATION_CONNECTION=@@COLLATION_CONNECTION */;
/*!40101 SET NAMES utf8 */;
/*!40103 SET @OLD_TIME_ZONE=@@TIME_ZONE */;
/*!40103 SET TIME_ZONE='+00:00' */;
/*!40014 SET @OLD_UNIQUE_CHECKS=@@UNIQUE_CHECKS, UNIQUE_CHECKS=0 */;
/*!40014 SET @OLD_FOREIGN_KEY_CHECKS=@@FOREIGN_KEY_CHECKS, FOREIGN_KEY_CHECKS=0 */;
/*!40101 SET @OLD_SQL_MODE=@@SQL_MODE, SQL_MODE='NO_AUTO_VALUE_ON_ZERO' */;
/*!40111 SET @OLD_SQL_NOTES=@@SQL_NOTES, SQL_NOTES=0 */;

--
-- Current Database: `onlinedb`
--

CREATE DATABASE /*!32312 IF NOT EXISTS*/ `onlinedb` /*!40100 DEFAULT CHARACTER SET utf8 */;

USE `onlinedb`;

--
-- Table structure for table `goods`
--
```

图8–7 备份文件db2.sql的部分内容

从图 8–7 可以看到，除基本信息外，文件中存储了创建 onlinedb 数据库和 mysql 数据库以及它们包含的数据表的 SQL 语句。

【例 8.4】使用 root 用户备份该服务器下的所有数据库。

```
mysqldump -uroot -p88888888 --all-database>D:\alldb.sql
```

命令执行后，可以在 D 盘根目录下找到 alldb.sql 文件。文件中记录了该服务器中的所有数据库的信息，包括创建数据库和数据表的代码。

3. 采用复制方式备份数据

MySQL 还提供直接复制数据库文件的备份方法。由于 MySQL 的数据库目录位置不一定相同，先用记事本打开“C:\Program Files\MySQL\MySQL Server 5.5”文件夹下的 my.ini 文件，

在该文件中找到 datadir 配置，找到数据库文件的物理存储位置。

复制方式下，在冷备份情况下，直接将数据库文件复制到目标位置即可。若是温备份，则需在备份前对相关表执行 LOCK TABLES 操作，然后对表执行 FLUSH TABLES 操作，这样当复制数据库目录中文件的同时，允许其他客户继续查询表。

这种方法虽然简单，但对 InnoDB 存储引擎的表不适用。且使用这种方法备份的数据最好还原到相同版本的服务器中，不同的版本可能不兼容。

8.1.2　数据恢复

数据恢复就是将数据库的副本加载到数据库管理系统中。数据恢复也可以使用图形工具、mysql 命令或通过复制方式进行恢复。

1. 使用 Navicat 图形工具恢复数据

使用 Navicat 图形工具同样可以简单快速地恢复数据。

【例 8.5】使用 Navicat 图形工具，将例 8.1 生成备份文件 onlinedb1.psc，还原到数据库 onlinedb2 中。

操作步骤如下。

（1）启动 Navicat，打开服务器连接，右击服务器点击新建数据库，新建立名为 onlinedb2 的数据库，选中 onlinedb2 数据库的备份对象，单击"还原备份"按钮，弹出"打开"窗口，如图 8-8 所示。

（2）在图 8-8 中选中备份文件 onlinedb1.psc，单击"打开"按钮，打开"还原备份"对话框，如图 8-9 所示。

图8-8　选择备份文件

图8-9　还原备份对话框

（3）单击"还原备份"对话框中"对象选择"选项中，选择待还原数据库对象，如图 8-10 所示。

（4）单击"还原备份"对话框中"高级"选项中，设置所需的服务器选项和对象选项，如图 8-11 所示。

（5）单击"还原备份"窗口中的"开始"按钮，在弹出的"警告"对话框中单击"确定"按钮，执行数据库还原操作，如图 8-12 所示。

（6）还原操作执行完后，单击"还原备份"窗口中的"关闭"按钮。选择数据库 onlinedb2

的表对象，可以看到数据库 onlinedb 的表已经全部还原至 onlinedb2 中，如图 8-13 所示。

图8-10　"对象选择"选项卡　　　　　　　　　图8-11　"高级"选项卡

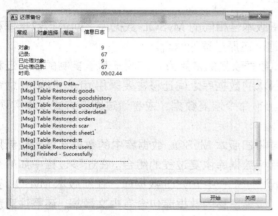

图8-12　执行还原

图8-13　还原后数据库内容

2. 使用 mysql 命令恢复数据

对于包含 CREATE、INSERT 语句的 SQL 脚本文件（扩展名为 sql），可以使用 mysql 命令进行数据恢复，其语法格式如下。

```
mysql -uusername -ppassword[dbname]<backup.sql
```

语法说明：

- username：表示用户名。
- password：表示密码。
- dbname：表示数据库名，该参数是可选参数。如果 backup.sql 文件为 mysqldump 命令创建的包含创建数据库语句的文件，则可以不指定数据库名。
- backup.sql：表示需要恢复的脚本文件，文件名前面可以加上一个绝对路径。

【例 8.6】使用 mysql 命令将 D 盘根目录的脚本文件"db1.sql"还原成数据库 onlinedb1。

```
mysql -uroot -p88888888 onlinedb1<D:\db1.sql
```

执行上述语句前，必须先在 MySQL 服务器中创建名为 onlindedb1 的数据库。命令执行成功后，db1.sql 文件中的 SQL 语句会自动被执行，从而在 onlinedb1 数据库中成功恢复了 goods

和 users 表。

3. 通过复制恢复数据

如果数据库是通过复制数据库备份文件备份的，则可以直接复制备份的文件到 MySQL 数据目录下实现恢复。通过这种方式恢复数据时，必须保证备份数据库和还原数据库的服务器版本相同，并且关闭 MySQL 服务，将备份的文件或目录覆盖 MySQL 服务器中的 data 目录，再重新启动服务。使用复制方式恢复数据的方法不适合使用 InnoDB 引擎的表。

8.1.3　数据库迁移

随着信息系统数据量不断增加，数据迁移是企业解决存储空间不足、新老系统切换和信息系统升级改造等过程中必须面对的一个现实问题。数据库迁移是指把数据从一个系统移动到另一个系统上。在 MySQL 中，数据的迁移主要有三种方式，分别是相同版本的 MySQL 数据库之间的迁移，不同版本的 MySQL 数据库之间的迁移和不同数据库之间的迁移。

（1）相同版本的 MySQL 数据库之间的迁移。

相同版本的 MySQL 数据库之间的迁移是指版本号相同的 MySQL 数据库之间进行数据库移动。迁移过程实质就是源数据库备份和目标数据库还原过程的组合。

在 8.1.1 和 8.1.2 中分别介绍了数据备份和数据恢复的常用方法。由于基于复制的数据迁移方法不适合 InnoDB 引擎的表。因此，在相同版本的数据库之间迁移主要采用 mysqldump 命令备份数据，然后在目标数据库服务器中使用 mysql 命令恢复数据，或者通过图形方式操作实现。

（2）不同版本的 MySQL 数据库之间的迁移。

实际应用中，由于数据库升级等原因，需要将旧版本 MySQL 数据库中的数据迁移到较新版本的数据库中。迁移过程仍是源数据库备份和目标数据库恢复过程的组合。在迁移过程中如果想保留旧版本中的用户访问控制信息，则需要备份 MySQL 中 mysql 数据库，在新版本 MySQL 安装好之后，重新读入 mysql 备份文件中的信息。如果迁移的数据库包含有中文数据，还需注意新旧版本使用的默认字符集是否一致，若不一致则需对其进行修改。

新旧版本还具有一定兼容性问题，从旧版本的 MySQL 向新版本的 MySQL 迁移时，对于 MyISAM 引擎的表，可以直接复制数据库文件，也可以使用 mysqldump 工具等。对于 InnoDB 引擎的表，一般只能使用 mysqldump 命令备份数据，然后使用 mysql 命令恢复数据。而从新版本向旧版本的 MySQL 迁移数据时要特别小心，最好使用 mysqldump 命令备份数据，再使用 mysql 恢复数据。

（3）不同数据库之间的迁移。

不同类型的数据库之间的迁移，是指把 MySQL 的数据库转移到其他类型的数据库，例如从 MySQL 迁移到 SQL Server 等。

迁移之前，需要了解不同数据库的架构，比较它们之间的差异。不同数据库中定义相同类型的数据的关键字可能会不同。例如 MySQL 中 ifnull()函数在 SQL Sever 中应写为 isnull()。另外，数据库厂商并没有完全按照 SQL 标准来设计数据库系统，导致不同的数据库系统的 SQL 语句有差别。因此在迁移时必须对这些不同之处的语句进行映射处理。

8.1.4　数据导出

MySQL 数据库中不仅提供数据库的备份和恢复方法，还可以直接通过导出数据实现对数据的迁移。MySQL 中数据可以导出到外部存储文件中，可以导出成文本文件、XML 文件或者 HTML

文件等。这些类型的文件也可以导入至 MySQL 数据库中。在数据库的日常维护中，经常需要进行数据表的导入和导出操作。

　　MySQL 提供了多种导出数据的工具，包括图形工具或是 SQL 语句，其中 SQL 语句又分为 SELECT…INTO OUTFILE 语句、mysqldump 命令、mysql 命令。

1. 使用 Navicat 图形工具导出数据

　　使用 Navicat 图形工具导出数据方法简单、快捷。

　　【例 8.7】使用 Navicat 图形工具导出 onlinedb 数据库中的 orderdetail 表中的数据，要求导出文件格式是文本文件。

　　操作步骤如下。

　　（1）启动 Navicat，打开 onlinedb 所在服务器的连接，选中 onlinedb 数据库，单击对象选项卡上的"导出向导"按钮，打开"导出向导"对话框，如图 8-14 所示。

　　（2）选择导出格式中的"文本文件(*.txt)"，单击"下一步"按钮，打开导出对象选择对话框，如图 8-15 所示。

图8-14　导出格式选项

图8-15　导出对象选择

　　（3）选中 orderdetail 表，并设置导出文件的路径，如图 8-16 所示。

　　（4）单击"下一步"按钮，打开设置导出数据列的对话框，如图 8-17 所示。

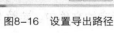

图8-16　设置导出路径

图8-17　设置导出的数据列

（5）单击"下一步"按钮，打开设置附加选项的对话框，设置字段分隔符为逗号，文本限定符为双引号，如图 8-18 所示。

（6）单击"下一步"，打开导出向导配置完成对话框，单击"开始"按钮，完成导出数据，如图 8-19 所示。

图8-18　附加选项对话框

图8-19　数据导出

数据导出执行完成后，可以看到 D 盘根目录下生成了 orderdetail.txt 文件。查看 orderdetail.txt 文件，文本内容如图 8-20 所示。

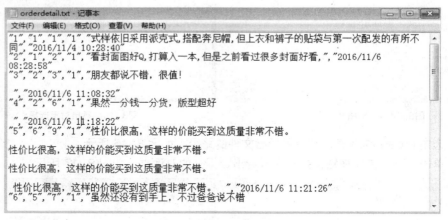

图8-20　orderdetail.txt文件的文本数据

2. 使用 SELECT…INTO OUTFILE 语句导出数据

除使用图形方式外，使用 SELECT…INTO OUTFILE 语句也可以将表的数据导出到文本文件中。语法格式如下。

```
SELECT 列名 FROM 表名
[WHERE 条件表达式]
INTO OUTFILE '目标文件名'
[OPTIONS]
```

该语句将 SELECT 语句的查询结果导出到"目标文件名"指定的文件中。参数 OPTIONS 有

5 种常用选项，说明如下。

- FIELDS TERMINATED BY 'value'：设置字符串为字段的分隔符，默认值是"\t"。
- FIELDS [OPTIONALLY] ENCLOSED BY 'value'：设置字段的分隔字符，只能为单个字符，如果使用了 OPTIONALLY 则只有 CHAR 和 VERCHAR 等字符数据字段被包括。
- FIELDS ESCAPED BY 'value'：设置转义字符，默认值为"\"。
- LINES STARTING BY 'value'：设置每行数据开头的字符，可以为单个或多个字符，默认情况下不使用任何字符。
- LINES TERMINATED BY 'value'：设置每行数据结尾的字符，可以为单个或多个字符，默认值为"\n"。

学习提示：FIELDS 和 LINES 两个子句都是自选的，如果两个都被指定了，FIELDS 必须位于 LINES 的前面。多个 FIELDS 子句排列在一起时，后面的 FIELEDS 必须省略；同样，多个 LINES 子句排列在一起时，后面的 LINES 也必须省略。

【例8.8】使用 SELECT…INTO OUTFILE 语句导出 onlinedb 数据库中的 goods 表中的数据。其中，字段之间用"、"隔开，字符型数据用双引号分隔。

```
SELECT * FROM GOODS
INTO OUTFILE 'D:\goods.txt'
FIELDS TERMINATED BY '\、' OPTIONALLY ENCLOSED BY '\" '
LINES TERMINATED BY '\r\n';
```

TERMINATED BY '\r\n'语句是保证每条记录占一行。执行完上述命令后，在 D 盘根目录生成了名为 goods.txt 的文本文件，其文件的内容如图 8-21 所示。

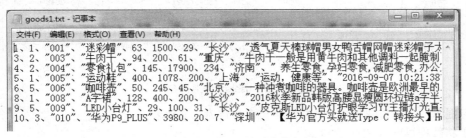

图8-21 goods.txt文本文件内容

3. 使用 mysqldump 命令导出数据

mysqldump 命令不仅可以备份数据库，还能将数据库中的数据导出成文本文件和 XML 文件。

（1）将数据导出为文本文件。

语法格式如下。

```
mysqldump -uroot -pPassword -T 目标目录 dbname table [options]
```

其中，Password 表示 root 用户的密码，密码紧挨着-p 选项；dbname 表示数据库的名称；table 表示表的名称；"目标目录"参数是导出的文本文件的路径；options 参数是可选参数，有 5 个常用的选项，说明如下。

- FIELDS TERMINATED BY 'value'：设置字符串为字段的分隔符，默认值是"\t"。

- FIELDS [OPTIONALLY] ENCLOSED BY 'value'：设置字段的分隔字符，只能为单个字符，如果使用了 OPTIONALLY 则只有 CHAR 和 VERCHAR 等字符数据字段被包括。
- FIELDS ESCAPED BY 'value'：设置转义字符，默认值为"\"。
- LINES STARTING BY 'value'：设置每行数据开头的字符，可以为单个或多个字符，默认情况下不使用任何字符。
- LINES TERMINATED BY 'value'：设置每行数据结尾的字符，可以为单个或多个字符，默认值为"\n"。

【例 8.9】使用 mysqldump 命令导出 onlinedb 数据库中 users 表的数据，要求字段之间使用逗号","间隔，字符类型字段值用双引号分隔，记录以回车换行符"\r\n"结尾。

数据导出命令如下。

```
mysqldump -uroot -p88888888 -T D:\ onlinedb users "--fields-terminated-by=,"
"--fields-optionally-enclosed-by=\"" --lines-terminated-by=\r\n" ;
```

执行上述命令，将在 D 盘根目录下生成两个文件，它们分别是 users.sql 和 users.txt。users.sql 文件包含了创建 users 表的 CREATE 语句；users.txt 文件则以文本内容存储 users 表中的数据，该文件内容如图 8-22 所示。

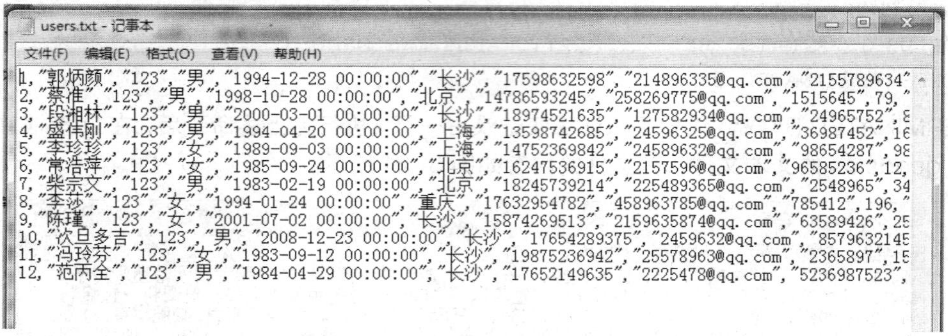

图8-22　users.txt文件内容

学习提示：导出的表脚本及数据默认以表名作为主文件名。

（2）将数据导出为 XML 文件。

语法格式如下。

```
mysqldump -uroot -pPassword -X dbname table >目标文件
```

其中目标文件包括文件的物理路径及文件名称。其余参数与导出到文本文件相同。

【例 8.10】使用 mysqldump 命令导出 onlinedb 数据库中 goodstype 表的数据，要求输出文件为 xml 格式。

数据导出命令行如下。

```
mysqldump -uroot -p88888888 -X onlinedb goodstype >D:\goodstype.xml
```

执行上述命令，在 D 盘根目录下将生成名为 goodstype.xml 的文件，其内容如图 8-23 所示。从图 8-23 中显示的文件内容可以看到，数据以标签对的形式存储。

4. 使用 mysql 命令导出数据

mysql 命令与 mysqldump 命令相似，它在 Windows 命令窗口执行，是一个功能丰富的命令工具。mysql 命令不仅可以用来登录服务器、还原备份文件，它还可以将查询结果导出为文本文件、XML 文件或 HTML 文件。

图8-23　goodstype.xml文件内容

语法格式如下。

```
mysql -uroot -pPassword [OPTIONS] "SELECT 语句" dbname>目标文件
```

其中，Password 表示 root 用户的密码；dbname 表示数据库的名称；"SELECT 语句"表示一个指定的查询；"目标文件"则包括文件的物理路径及文件名称；OPTIONS 参数的取值表示输出文件的类型，说明如下。

- –e：导出为 TXT 文件。
- –X：导出为 XML 文件。
- –H：导出为 HTML 文件。

【例 8.11】使用 mysql 命令来导出 onlinedb 数据库中的 orders 表中的数据。

数据导出命令如下。

```
mysql -uroot -p88888888 -e "SELECT * FROM orders" onlinedb>D:\orders.txt
```

执行上述命令后，打开 D 盘根目录下生成的 orders.txt 文件，其内容如图 8-24 所示。

图8-24　order.txt文件内容

学习提示：使用 mysql 命令导出文本文件时，不需要指定数据分隔符。文件中自动使用了制表符分隔数据，并且自动生成了列名。

【例 8.12】使用 mysql 命令导出 onlinedb 数据库中 orders 表的数据，生成 HTML 文件。

数据导出命令如下。

```
mysql -uroot -p88888888 -H "SELECT * FROM orders" onlinedb>D:\orders.html
```

执行上述命令，在 D 盘根目录下将生成名为 orders.html 的网页文件，在浏览器中打开该文件，如图 8-25 所示。

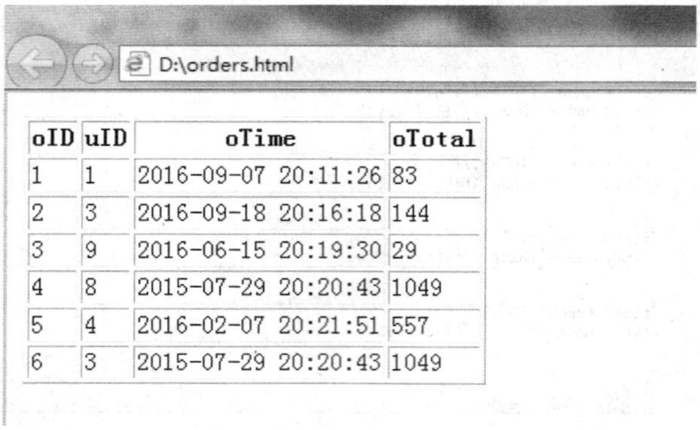

oID	uID	oTime	oTotal
1	1	2016-09-07 20:11:26	83
2	3	2016-09-18 20:16:18	144
3	9	2016-06-15 20:19:30	29
4	8	2015-07-29 20:20:43	1049
5	4	2016-02-07 20:21:51	557
6	3	2015-07-29 20:20:43	1049

图8-25 浏览器中打开orders.html文件

8.1.5 数据导入

MySQL 允许将数据导出到外部文件，也可以将符合格式要求的外部文件导入到数据库中。MySQL 提供了丰富的导入数据工具，包括图形工具、LOAD DATA INFILE 语句、mysqlimport 命令等。

1. 使用 Navicat 图形工具导入数据

【例 8.13】使用 Navicat 图形工具，将 orderdetail.txt 文件中的数据导入到 onlinedb 数据库的 orderdetail 表中。

操作步骤如下。

（1）启动 Navicat，打开服务器的连接，选中 onlinedb 数据库，单击对象选项卡上的"导入向导"，打开"导入向导"对话框，选择导入格式，选择文本文件格式，如图 8-26 所示。

（2）单击"下一步"按钮，打开选择导入文件的对话框，选择需导入的文件和编码，如图 8-27 所示。

（3）单击"下一步"按钮，打开设置分隔符的对话框，设置记录分隔符"CRLF"、字段分隔符","和文本限定符""""，如图 8-28 所示。

（4）单击"下一步"按钮，打开设置附加选项的对话框，设置字段名行为"0"，第一个数据行为"1"，其他均为默认值，如图 8-29 所示。

（5）单击"下一步"，打开选择目标表的对话框，设置好源表和目标表均为 users 表。如图 8-30 所示。

（6）单击"下一步"，打开设置字段对应的对话框，设置好源表与目标表对应的列，如图 8-31 所示。

图8-26　选择导入格式　　　　　　　　　图8-27　选择导入文件和编码

图8-28　设置数据分隔符　　　　　　　　图8-29　设置附加选项

图8-30　选择目标表　　　　　　　　　　图8-31　设置列

（7）单击"下一步"，打开设置导入模式的对话框，选择添加记录到目标表的选项，如图 8-32
所示。

（8）单击"下一步"，在打开的对话框中点击"开始"按钮，完成导入数据，如图 8-33

所示。

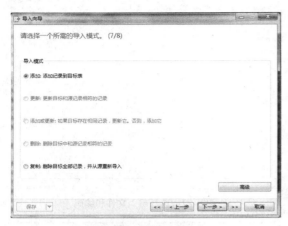 

图8-32 设置导入模式　　　　　　　　图8-33 导入数据

2. 使用 LOAD DATA INFILE 语句导入数据

LOAD DATA INFILE 语句用于从外部存储文件中读取行，并导入到数据库的某个表中，语法格式如下。

```
LOAD DATA INFILE 'filename.txt'
INTO TABLE tablename
[OPTIONS] [IGNORE number LINES]
```

语法说明如下。

● filename：表示导入数据的来源文件，文件名称必须是文字字符串。

● tablename：表示导入的数据表名称。

● OPTIONS：可选参数，为导入数据指定分隔符，其释义与导出数据相同。

● IGNORE number LINES：表示忽略文件开始处的行数，number 表示忽略的行数，执行 LOAD DATA 语句需要 FILE 权限。

【例 8.14】使用 LOAD DATA INFILE 语句将 D 盘根目录下 goods.txt 文件中的数据导入至数据库 onlinedb 中 goods 表中。

导入数据前，先删除 goods 表中的数据，SQL 语句如下。

```
DELETE FROM goods;
```

数据导入语句如下。

```
LOAD DATA INFILE 'D:\goods.txt'
INTO TABLE onlinedb.goods
FIELDS TERMINATED BY '、' OPTIONALLY ENCLOSED BY '\" '
LINES TERMINATED BY '\r\n';
```

上述语句执行后，使用 SELECT 语句查看 goods 表中的记录，查询结果与数据删除之前相同。

学习提示：在导入数据时，为了避免主键冲突，可以使用 REPLACE INTO TABLE 直接将数据进行替换来实现数据的导入或恢复。

3. 使用 mysqlimport 命令导入数据

mysqlimport 用来将外部文件导入到数据库中。它在 Windows 命令窗口执行，提供了许多与 LOAD DATA INFILE 语句相同的功能，其语法格式如下。

```
mysqlimport -uroot -pPassword dbname filename.txt [OPTIONS]
```

其中 dbname 表示目标表所在的数据库；OPTIONS 为可选参数，为导入数据指定分隔符，其释义与导出数据相同。

在 mysqlimport 命令不需要指定导入数据库的表名称，数据表的名称由导入文件名确定，即文件名作为表名，并且导入数据之前该表必须存在。

【例 8.15】使用 mysqlimport 命令将 D 盘根目录中文件名为 users.txt 的文件数据导入到数据库 onlinedb 中的 users 表中。

导入数据前，先删除 users 表中的数据，SQL 语句如下。

```
DELETE FROM users;
```

使用 mysqlimport 命令导入数据，命令如下。

```
mysqlimport -uroot -p88888888 onlinedb D:\users.txt -fields-terminated-by=','
-fields-optionally-by=\" -lines-terminated-by=\r\n;
```

上述语句执行后，使用 SELECT 语句查看 users 表中的记录，查询结果与数据删除之前相同。

任务 2　使用日志备份和恢复数据

【任务描述】数据库日志是数据管理中重要的组成部分，它记录了数据库运行期间发生的任何变化，用来帮助数据库管理员追踪数据库曾经发生的各种事件。当数据库遇到意外损害或是出错时，可以通过对日志文件进行分析查找出错原因，也可以通过日志记录对数据进行恢复。MySQL 提供的二进制日志、错误日志和查询日志文件，它们分别记录着 MySQL 数据库在不同方面的踪迹。本任务主要阐述各种日志的作用和使用方法，以及使用二进志日志文件恢复数据。

8.2.1　MySQL 日志概述

在数据库领域，日志就是将数据库中的每一个变化和操作时产生的信息记载到一个专用的文件里，这种文件就叫做日志文件。从日志中可以查询到数据库的运行情况、用户操作、错误信息等，为数据库管理和优化提供必要的信息。

MySQL 中日志主要分为 3 类，分别说明如下。

- 二进制日志：以二进制文件的形式记录数据库中所有更改数据的语句。
- 错误日志：记录 MySQL 服务的启动、运行或停止 MySQL 服务时出现的问题。
- 查询日志：又分为通用查询日志和慢查询日志。其中通用查询日志记录建立的客户端连接和记录查询的信息；慢查询日志记录所有执行时间超过 long_query_time 的所有查询或不使用索引的查询。

除二进制日志外，所有日志文件都是文本文件。日志文件通常存储在 MySQL 数据库的数据目录下。只要日志功能处于启用状态，日志信息就会不断地被写入相应的日志文件中。

使用日志可以帮助用户提高系统的安全性，加强对系统的监控，便于对系统进行优化，建立镜像机制和让事务变得更加安全。但日志的启动会降低 MySQL 数据库的性能，在查询频繁的数据库系统中，若开启了通用查询日志和慢查询日志，数据库服务器会花费较多的时间用于记录日志，且日志文件会占用较大的存储空间。

学习提示：默认情况下，MySQL 服务器只启动错误日志功能，其他日志类型都需要数据库管理员进行配置。

8.2.2 二进制日志

二进制日志记录了所有的 DDL 语句和 DML 语句对数据的更改操作。语句以"事件"的形式保存，它描述了数据的更改过程。二进制日志是基于时间点的恢复，对于数据灾难时的数据恢复起着极其重要的作用。

二进制日志文件主要包括如下两类文件。

● 二进制日志索引文件：用于记录所有的二进制文件，文件名后缀为.index 。

● 二进制日志文件：用于记录数据库所有的 DDL 语句和 DML（除了 SELECT 操作）语句的事件，文件名后缀为.00000n，n 是从 1 开始的自然数。

1. 启动和设置二进制日志

默认情况下，二进制日志是关闭的，可以通过修改 MySQL 的配置文件 my.ini 来设置和启动二进制日志。

在配置文件 my.ini 中与二进制日志相关的参数在[mysqld]组中设置，主要参数如下。

```
[mysqld]
log-bin[=path/[filename]]
expire_logs_days=10
max_binlog_size=100M
```

其中各参数说明如下。

● log-bin：用于设置开启二进制日志；path 表明日志文件所在的物理路径，在目录的文件夹命名中不能有空格，否则在访问日志时会报错。filename 则指定了日志文件的名称，如文件的命名为 filename.000001，filename000002 等，另外，还有一个名称为 filename.index 的文件，文件内容为所有日志的清单，该文件为文本文件。

● expire_logs_days：用来定义 MySQL 清除过期日志的时间，即二进制日志自动删除的天数。默认值为 0，表示没有自动删除。

● max_binlog_size：表示定义了单个日志文件的大小限制，如果二进制日志写入的内容大小超出给定值，日志就会发生滚动（关闭当前文件，重新打开一个新的日志文件）。不能将该变量设置大于 1GB 或小于 4KB。默认值是 1GB。

二进制日志设置完成添加完毕之后，只有重新启动 MySQL 服务，配置的二进制日志信息才能生效。用户可以通过 SHOW VARIABLES 语句来查询日志设置。

学习提示：若想关闭二进制日志功能，只需注释[mysqld]组中与二进制日志相关的参数设置。

【例 8.16】 启动 mysql 的二进制日志，二进制日志文件存放在 MySQL 的安装目录，并查看日志设置。

操作步骤如下。

（1）在 my.ini 配置文件中的[mysqld]组下添加如下语句，并保存。

```
log-bin="C:\Program Files\MySQL\MySQL Server 5.5\logbin.log"
```

（2）重新启动 MySQL 服务。

（3）执行 SHOW VARIABLES 语句查看日志设置，如图 8-34 所示。

```
mysql> SHOW VARIABLES  LIKE 'log_%';
+-----------------------------------+-------------------------------------------------+
| Variable_name                     | Value                                           |
+-----------------------------------+-------------------------------------------------+
| log_bin                           | ON                                              |
| log_bin_trust_function_creators   | OFF                                             |
| log_error                         | C:\ProgramData\MySQL\MySQL Server 5.5\Data\y    |
| 1-PC.err |
| log_output                        | FILE                                            |
| log_queries_not_using_indexes     | OFF                                             |
| log_slave_updates                 | OFF                                             |
| log_slow_queries                  | OFF                                             |
| log_warnings                      | 1                                               |
+-----------------------------------+-------------------------------------------------+
8 rows in set (0.46 sec)
```

图8-34　MySQL服务器日志设置情况

从图 8-34 中可以看到 log_bin 变量的值为 ON，表示二进制日志已经开启。MySQL 重启后，在 MySQL 的数据文件夹或 MySQL 的安装目录下产生文件后缀为.index 和.000004 的两个文件。日志文件的名称格式一般是"文件名.00000n"（文件名+日志序号），此处的日志文件后缀名是.000004 说明 MySQL 服务启动了 4 次，生成了第 4 个日志文件。

学习提示：数据库文件和日志文件最好不要放在同一磁盘驱动器上，当数据库磁盘发生故障时，可以使用日志文件恢复数据。

2. 读取二进制日志

（1）使用 SHOW BINARY LOGS 语句查看二进制日志个数及文件名

【例 8.17】使用 SHOW BINARY LOGS 语句查看当前二进制日志个数及文件信息

SQL 语句如下。

```
SHOW BINARY LOGS
```

执行上述语句，结果如图 8-35 所示。

```
mysql> SHOW BINARY LOGS;
+----------------+-----------+
| Log_name       | File_size |
+----------------+-----------+
| logbin.000001  |       107 |
+----------------+-----------+
1 row in set (0.00 sec)
```

图8-35　查看二进制日志文件

从图 8-35 中可知，当前二进制日志个数只有一个，文件名是 logbin.000001。日志文件的个数与 MySQL 服务启动的次数相同，每启动一次服务，就会产生一个新的日志文件。

（2）使用 mysqlbinlog 查看二进制日志内容。

二进制日志是以二进制编码对数据更改进行的记录，因此需要特殊工具读取该文件。MySQL 提供的 mysqlbinlog 的工具可以查看二进制日志文件的具体内容。

mysqlbinlog 的命令语法如下。

```
mysqlbinlog "二进制日志文件"
```

其中，二进制日志文件包含其物理路径。

【例 8.18】使用 mysqlbinlog 命令查看二进制日志文件 logbin.000001 的具体内容。

（1）先通过 DOS 命令 CD 将二进制日志文件所在的磁盘目录设置为当前目录。

CD　C:\ProgramData\MySQL\MySQL Server 5.5\data

（2）使用 mysqlbinlog 查看日志文件。

```
mysqlbinlog  logbin.000001
```

执行结果如图 8-36 所示。

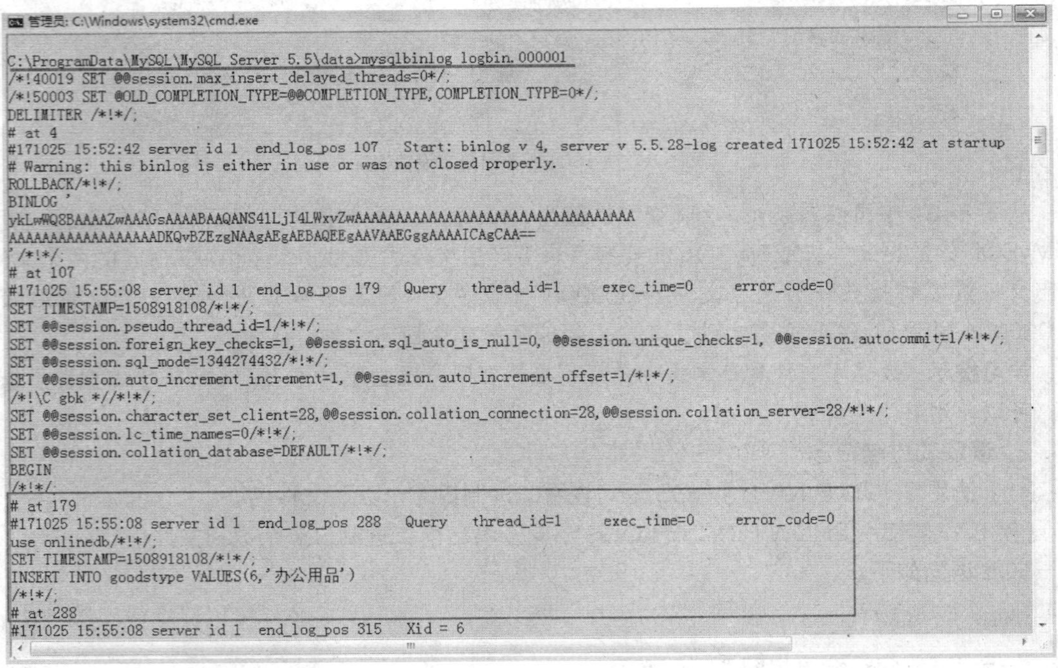

```
管理员: C:\Windows\system32\cmd.exe

C:\ProgramData\MySQL\MySQL Server 5.5\data>mysqlbinlog logbin.000001
/*!40019 SET @@session.max_insert_delayed_threads=0*/;
/*!50003 SET @OLD_COMPLETION_TYPE=@@COMPLETION_TYPE,COMPLETION_TYPE=0*/;
DELIMITER /*!*/;
# at 4
#171025 15:52:42 server id 1  end_log_pos 107   Start: binlog v 4, server v 5.5.28-log created 171025 15:52:42 at startup
# Warning: this binlog is either in use or was not closed properly.
ROLLBACK/*!*/;
BINLOG '
ykLwWQ8BAAAAZwAAAGsAAAABAAQANS41LjI4LWxvZwAAAAAAAAAAAAAAAAAAAAAAAAAAAAAAAAAA
AAAAAAAAAAAAAAAAAADKQvBZEzgNAAgAEgAEBAQEEgAAVAAEGggAAAAICAgCAA==
'/*!*/;
# at 107
#171025 15:55:08 server id 1  end_log_pos 179   Query   thread_id=1     exec_time=0     error_code=0
SET TIMESTAMP=1508918108/*!*/;
SET @@session.pseudo_thread_id=1/*!*/;
SET @@session.foreign_key_checks=1, @@session.sql_auto_is_null=0, @@session.unique_checks=1, @@session.autocommit=1/*!*/;
SET @@session.sql_mode=1344274432/*!*/;
SET @@session.auto_increment_increment=1, @@session.auto_increment_offset=1/*!*/;
/*!\C gbk *//*!*/;
SET @@session.character_set_client=28,@@session.collation_connection=28,@@session.collation_server=28/*!*/;
SET @@session.lc_time_names=0/*!*/;
SET @@session.collation_database=DEFAULT/*!*/;
BEGIN
/*!*/;
# at 179
#171025 15:55:08 server id 1  end_log_pos 288   Query   thread_id=1     exec_time=0     error_code=0
use onlinedb/*!*/;
SET TIMESTAMP=1508918108/*!*/;
INSERT INTO goodstype VALUES(6,'办公用品')
/*!*/;
# at 288
#171025 15:55:08 server id 1  end_log_pos 315   Xid = 6
```

图8-36　使用mysqlbinlog工具查看二进制日志文件

从图 8-36 看到，该日志包含了一系列的事件。每个事件都有固定长度的头，例如当前的时间戳和默认的数据库。为了帮助读者更好理解各数据行的作用，截取日志文件中的部分数据，并为每行标明行号，信息如下。

```
1 # at 179
2 #171025 15:55:08 server id 1 end_log_pos 288 Query thread_id=1 exec_time=0
```

```
                                                                error_code=0
3 use onlinedb/*!*/;
4 SET TIMESTAMP=1508918108/*!*/;
5 INSERT INTO goodstype VALUES(6,'办公用品')
```

各行数据解析如下。

- 第 1 行：记录了日志文件内的偏移字节值，这里偏移值为 179。
- 第 2 行：包含了事件的日期和时间，MySQL 会使用它们来产生时间戳；server 记录了服务器的 ID 值；end_log_pos 表示下一事件的偏移值；Query 表示事件的类型；thread_id 表示执行该事件的线程 ID；exec_time 表示语句的时间戳和写入二进制日志的时间差；error_code 表示事件产生的错误代码。
- 第 3 行：记录了当前事件操作的数据库。
- 第 4 行：用于设置当前语句执行时有效的时间戳。
- 第 5 行：记录了数据变更操作的语句。该行表示对 goodstype 表添加了一条新记录。

为了方便查看二进制日志内容，mysqlbinlog 命令还可以将二进制日志文件生成为数据库的脚本文件，命令格式如下。

```
mysqlbinlog "二进制日志文件名" > "目标文件名"
```

【例 8.19】将二进制日志文件 logbin.000001 的内容，输出到名为 mysql_temp.sql 文件。

```
mysqlbinlog logbin.000001 > mysql_temp.sql
```

执行上述命令，在当前目录中生成了 mysql_temp.sql 的文件。读者可以打开该文件查看内容。

3．从二进制日志中恢复数据

在数据量较小的情况下，数据库备份操作通常采用 mysqldump 命令进行数据库完全备份，但是当数据量达到一定程度之后，常采用增量备份的方法。在 MySQL 中，增量备份主要是通过恢复二进制日志文件完成。MySQL 数据库会以二进制形式自动把用户对 MySQL 数据库的操作记录到文件，当用户需要恢复时则使用二进制日志备份文件进行恢复。因此，二进制日志文件可以说就是 MySQL 的增量备份文件。

mysqlbinlog 工具除了可以查看二进制日志文件内容外，还可以将二进制日志文件两个指定时间点之间的所有对数据修改的操作进行恢复。mysqlbinlog 恢复数据的语法格式如下。

```
mysqlbinlog [option] filename |mysql -u user -pPassword
```

其中 filename 为二进制日志文件名，option 为可选参数，说明如下。

- --start-date：恢复数据操作的起始时间点。
- --stop-date：恢复数据操作的结束时间点。
- --start-position：恢复数据操作的起始偏移位置。
- --stop-position：恢复数据操作的结束偏移位置

【例 8.20】使用 mysqlbinlog 恢复 MySQL 数据库到 2017 年 10 月 24 日 09:57:00 时的状态。

（1）首先，在存放二进制日志文件的目录下找到 2017 年 10 月 24 日 09:57:00 这个时间点的日志文件对应为 logbin.000004。

（2）打开 Windows 命令行窗口，将二进制日志文件所在的目录设置为当前目录。

（3）在命令窗口中输入如下命令。

```
mysqlbinlog --stop-date="2017-10-24 09:57:00" "C:\Program Files\ logbin.000004"
|mysql -uroot -p
```

（4）根据提示输入 root 用户的登录密码。

命令执行成功后，MySQL 服务器会恢复 logbin.000004 日志文件中 2017-10-24 09:57:00 时间点以前的所有操作。

【例 8.21】使用 mysqlbinlog 恢复 logbin.000001 文件中偏移位置从 179 至 288 之间的所有操作恢复。

（1）在 Windows 命令窗口中输入如下命令。

```
mysqlbinlog --start-position=179 --stop-position=309--database=onlinedb
logbin.000001 | mysql -uroot -p
```

其中，--database 参数用来指明待恢复的数据库名。本例中数据库名为 onlinedb。

（2）根据提示输入 root 用户的登录密码。

命令执行成功后，MySQL 服务器会将日志文件 logbin.000001 中的偏移位置 179 到 288 之间的所有操作进行恢复。

4. 删除二进制日志

二进制日志文件会记录用户对数据的修改操作，随着时间的推移，该文件会不断增长，势必影响数据库服务器的性能，对于过期的二进制日志应当及时删除。MySQL 的二进制日志文件可以配置为自动删除，也可以采用安全的手动删除方法。

（1）使用 RESET MASTER 语句删除所有二进制日志文件。

语法格式如下。

```
RESET MASTER;
```

执行该语句后，当前数据库服务器下所有的二进制日志文件将被删除，MySQL 会重新创建二进制日志文件，日志文件扩展名的编号重新从 000001 开始。

（2）使用 PUREG MASTER LOGS 语句删除指定日志文件。

使用 PUREG MASTER LOGS 语句删除指定日志文件有两种语法，格式如下。

```
PURGE {MASTER|BINARY} LOGS TO 'log_name'
```

或

```
PURGE {MASTER|BINARY} LOGS BEFORE 'data'
```

其中，MASTER 与 BINARY 等效。第 1 种方法指定文件名，执行该命令将删除文件名编号比指定文件名编号小的所有日志文件。第 2 种方法指定日期，执行该命令将删除指定日期以前的所有日志文件。

学习提示：RESET MASTER 删除所有的二进制日志文件；PURGE MASTER LOGS 只删除部分二进制文件。

【例 8.22】使用 PURGE MASTER LOGS 删除比 logbin.000004 编号小的日志文件。

（1）使用 SHOW BINARY LOGS 语句查看当前二进制日志文件，结果如图 8-37 所示。

（2）删除比 logbin.000004 编号小的日志文件，语句如下。

```
PURGE BINARY LOGS TO 'logbin.000004' ;
```

（3）再次执行 SHOW BINARY LOGS 语句查看当前二进制日志文件，结果如图 8-38 所示。

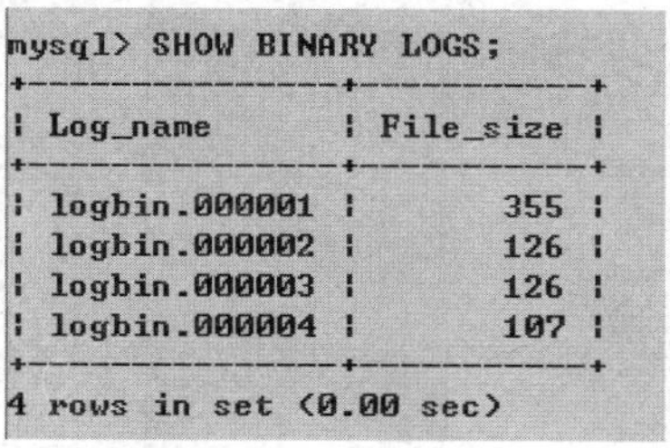

```
mysql> SHOW BINARY LOGS;
+---------------+-----------+
| Log_name      | File_size |
+---------------+-----------+
| logbin.000001 |       355 |
| logbin.000002 |       126 |
| logbin.000003 |       126 |
| logbin.000004 |       107 |
+---------------+-----------+
4 rows in set (0.00 sec)
```

图8-37　显示所有二进制日志文件

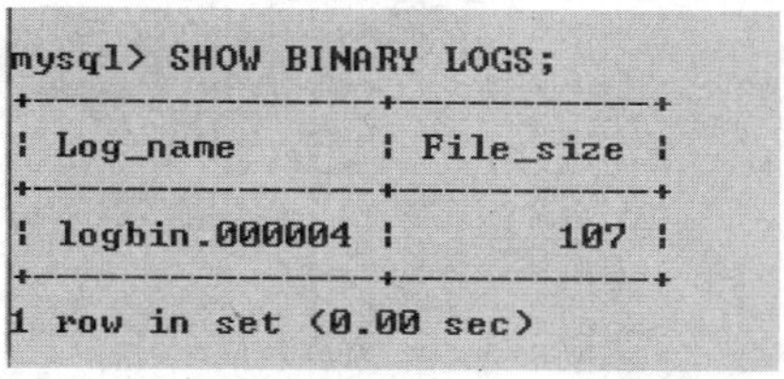

```
mysql> SHOW BINARY LOGS;
+---------------+-----------+
| Log_name      | File_size |
+---------------+-----------+
| logbin.000004 |       107 |
+---------------+-----------+
1 row in set (0.00 sec)
```

图8-38　删除指定日志文件后显示结果

从图 8-38 显示结果可以看到，执行二进制日志删除语句后，比 logbin.000004 编号小的日志文件都已被删除。

8.2.3　错误日志

错误日志记载着 MySQL 服务器数据库系统的诊断和出错信息，包括 MySQL 服务器启动、运行和停止数据库的信息以及所有服务器出错信息。

1. 启动和设置错误日志

默认情况下，MySQL 会开启错误日志，用于记录 MySQL 服务器运行过程中发生的错误相关信息。错误日志文件默认存放在 MySQL 服务器的 data 目录下，文件名默认为主机名.err。错误日志的启动和停止及日志文件名，都可以通过修改 my.ini 来配置，只需在 my.ini 文件的[mysqld]组中配置 log-error 参数，就可以启动错误日志。如果需要指定文件名，则配置如下：

```
[mysqld]
log-error=[path/[file_name]]
```

path 为日志文件所在的目录路径，file_name 为日志文件名。修改配置后，重新启动 MySQL 服务即可。

学习提示：若想关闭数据库错误日志功能，只需注释 log-error 参数行。

2. 查看错误日志

通过错误日志可以监视系统的运行状态，便于及时发现故障、修复故障。MySQL 错误日志是以文本文件形式存储的，可以使用文本编辑器直接查看错误日志。

【例 8.23】查看 MySQL 的错误日志。

可以通过 SHOW VARIABLES 语句查看错误日志名和路径。

```
SHOW VARIABLES LIKE 'log_error' ;
```

执行上述语句，结果如图 8-39 所示。

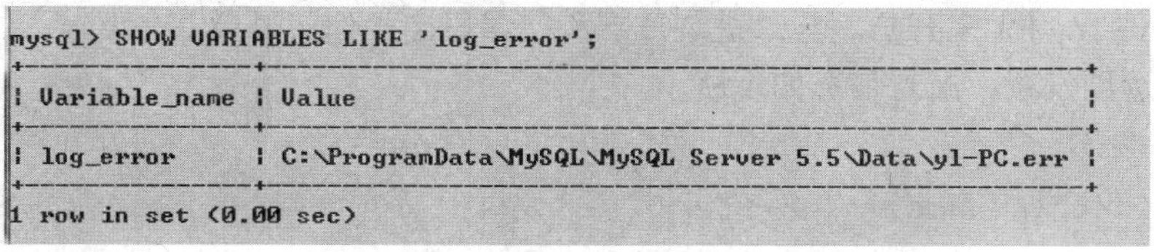

```
mysql> SHOW VARIABLES LIKE 'log_error';
+---------------+----------------------------------------------------+
| Variable_name | Value                                              |
+---------------+----------------------------------------------------+
| log_error     | C:\ProgramData\MySQL\MySQL Server 5.5\Data\yl-PC.err |
+---------------+----------------------------------------------------+
1 row in set (0.00 sec)
```

图8-39　查看错误日志存储的物理路径

从图 8-39 中可以看出，错误日志存在于默认的数据目录下，使用记事本打开该文件，显示错误日志的部分内容如图 8-40 所示。

图8-40 错误日志的文本内容

3. 删除错误日志

由于错误日志是以文本格式存储的，因此可以直接删除。在运行状态下删除错误日志文件后，MySQL 并不会自动创建日志文件，需要使用 flush logs 重新加载。

用户可以在服务器端执行 mysqladmin 命令重新加载，Windows 窗口命令如下。

```
C:\>mysqladmin -uroot -pPassword flush logs
```

此外，删除错误日志还可以在数据库已登录的客户端重新加载，SQL 语句如下。

```
mysql>flush logs;
```

8.2.4 通用查询日志

查询日志分为通用查询日志和慢查询日志，其中，通用查询日志记载着 MySQL 的所有用户操作，包括启动和关闭服务、执行查询和更新语句等信息；慢查询日志记载着查询时长超过指定时间的查询信息。

通用查询日志一般是以.log 为后缀名的文件，如果没有在 my.ini 文件中指定文件名，就默认主机名为文件名。这个文件的用途不是为了恢复数据，而是为了监控用户的操作情况，用户什么时候登录、哪个用户修改了哪些数据等。

1. 启动和设置通用查询日志

默认情况下，MySQL 服务器并没有开启查询日志。若需要开启通用查询日志，可以通过修改系统配置文件 my.ini 来开启。与二进制日志和错误日志类似，需要在 my.ini 文件的[mysqld]组下加入 log 选项设置，配置信息如下所示。

```
[mysqld]
log=[path/[filename]]
```

其中 path/[filename]表示日志文件存储的物理路径和文件名。如果不指定存储位置，通用查询日志将默认存储在 MySQL 数据文件夹中，并以"主机名.log"命名。

此外通用查询日志也可以在 my.ini 配置文件中设置如下系统变量来设置。

```
[mysqld]
log_output=[none|file|table|file,table]
general_log=[on|off]
general_log_file[=filename]
```

其中，log_output 用于设置通用查询日志输出格式；general_log 用于设置是否启用通用查询日志；general_log_file 指定日志输出的物理文件。

以上方法中均需要重新启动 MySQL 服务器才能使设置生效。

【例 8.24】启用 MySQL 的通用查询日志，日志文件保存在 d 盘根目录下，命名为 general_log。在 my.ini 文件的[mysqld]组中添加如下配置信息。

```
[mysqld]
general_log=on
general_log_file='d:/general_log'
```

保存文件，并重新启动 MySQL 服务器，此时在 D 盘根目录下可以查看到名为 general_log 的日志文件。

使用 SHOW VARIABLES 语句可以查看与通用查询日志相关的系统变量。

【例 8.25】使用 SHOW VARIABLES 语句查看通用查询日志的系统变量。

SQL 语句如下。

```
SHOW VARIABLES LIKE '%general%';
```

执行上述语句，查询结果如图 8-41 所示。

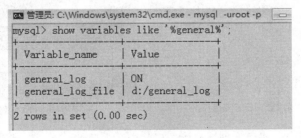

图8-41 查看通用查询日志变量

从查询结果可以看到，通用查询日志呈开启状态，日志文件存储在 D 盘根目录下，命名为 general_log。

学习提示：由于查询日志会记录用户的所有操作，其中还包含增删查改等信息，在并发操作大的环境下会产生大量的信息，从而导致不必要的磁盘 IO，会影响 mysql 的性能。如若不是为了调试数据库的目的，建议不要开启查询日志。

为了方便数据库对通用查询日志的使用，数据库管理员还可以在 MySQL 的客户端中直接设置相关变量，开启或关闭通用查询日志。语法格式如下。

```
SET GLOBAL general_log = [ON | OFF];
```

或

```
SET @@GLOBAL.general_log=[ 0 | 1];
```

【例 8.26】使用 SET 语句关闭通用查询日志的系统变量。

```
SET GLOBAL general_log = OFF;
```

执行上述语句，并使用 SHOW VARIABLES 语句查询通用查询日志的系统变量。结果如图 8-42 所示。

从图 8-42 可以看出，通用查询日志已经关闭。

2. 设置通用查询日志输出格式

默认情况下通用查询日志输出格式为文本，可以通过设置 log_output 变量来修改输出类型。语法格式如下。

```
SET GLOBAL log_output= [none|file|table|file,table]
```

其中，file 设置输出日志为文本格式；table 是指输出为数据表，该表存储在 mysql 数据库中 general_log 表；file,table 表示同时向文件和数据表中添加日志记录；设置为 none 时不输出任务日志。

【例 8.27】设置输出通用查询日志格式为 table。

```
SET GLOBAL log_output='table';
```

执行上述语句，并使用 SHOW VARIABLES 语句查询 log_output 变量，结果如图 8-43 所示。

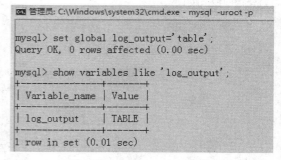

图8-42　修改后的通用查询日志变量　　　　图8-43　查看log_output变量

从图 8-43 可以看出，通用查询日志格式已更改为"table"类型。此时，用户对数据库的所有操作都会记录在 mysql 数据库的 general_log 表中。

3. 查看通用查询日志

查看通用查询日志，数据库管理员可以清楚地知道用户对 MySQL 进行的所有操作。当通用查询日志输出为文本格式时，只需使用文本编辑器打开相应的日志文件即可。

【例 8.28】使用文本编辑器查看 MySQL 通用查询日志。

打开 D 盘根目录下 general_log 文件，内容如图 8-44 所示。

从图 8-44 可以看到，MySQL 的启动信息和用户 root 连接服务器，切换数据库及数据查询语句都记录在该文件中。

当通用查询日志输出为数据表时，可以通过查询 mysql 数据库中的 general_log 表查看数据库的操作情况。

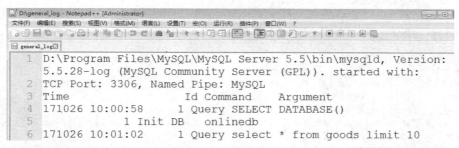

图8-44 general_log中的文件内容

【例8.29】查询mysql数据库的general_log表的记录信息。

（1）首先使用DESC语句查看general_log表的结构，语句如下。

```
DESC mysql.general_log;
```

执行结果如图8-45所示。

图8-45 系统日志表的结构

其中，event_time表示事件发生时间；user_host表示操作的用户名；thread_id表示操作的进程ID；server_id表示操作的服务器ID；command_type表示操作类型；argument表示操作内容。

（2）使用SELECT语句查询日志表中操作类型和操作内容。

SQL语句如下。

```
SELECT command_type ,argument FROM mysql.general_log;
```

执行上述语句，查询如图8-46所示。

从图8-46可以看出，对数据库进行的查询和切换数据库操作都记录在日志表中。

4. 删除通用查询日志

由于通用查询日志记录用户的所有操作，因此在用户查询、更新频繁的情况下，通用查询日志会增长很快。数据库管理员可以定期删除早期的通用查询日志，以节省磁盘空间。当通用查询日志是文本格式时，直接删除磁盘文件即可；若通用查询日志记录在表中时，可以使用DELETE语句删除数据表的方式删除查询日志。

```
管理员: C:\Windows\system32\cmd.exe - mysql  -uroot -p

mysql> select command_type ,argument from mysql.general_log;
+--------------+----------------------------------------------------------------+
| command_type | argument                                                       |
+--------------+----------------------------------------------------------------+
| Query        | show variables like 'log_output'                               |
| Query        | select * from goods limit 10                                   |
| Query        | desc mysql.general_log                                         |
| Query        | select thread_id ,command_type ,argument from mysql.general_log|
| Query        | SELECT DATABASE()                                              |
| Init DB      | mysql                                                          |
| Query        | show tables                                                    |
| Query        | select * from general_log                                     |
+--------------+----------------------------------------------------------------+
8 rows in set (0.00 sec)
```

图8-46 系统日志表中的日志信息

8.2.5 慢查询日志

慢查询日志，顾名思义就是记录执行比较慢的查询的日志。数据库管理员通过对慢查询日志进行分析，可以找出执行时间较长、执行效率较低的语句，并对其进行优化。

1. 启动和设置慢查询日志

MySQL 中慢查询日志默认是关闭的，若需要开启慢查询日志，同样可以修改系统配置文件 my.ini。在 my.ini 文件的[mysqld]组下加入慢查询日志的配置选项，即可以开启慢查询日志，与其配置信息如下。

```
[mysqld]
log-slow-queries=[path/[filename]]
long_query_time=n
log-queries-not-using-indexes=[ON|OFF]
```

语法说明如下。

● log-slow-queries：代表 MySQL 慢查询的日志存储目录，如果不指定目录和文件名，默认存储在数据目录中，文件名 hostname-slow.log，hostname 是 MySQL 服务器的主机名。

● long_query_time=n：表示查询执行的阈值。n 为时间值，单位是 s，默认时间为 10s。当查询超过执行的阈值时，查询将会被记录。

● log-queries-not-using-indexes：值为 ON 时，将没有使用索引的查询记录在日志中。

【例 8.30】启用 MySQL 的慢查询日志，日志文件保存在 d 盘根目录下，命名为 slow_log，记录查询时间超过 5s 或未使用索引的查询。

在 my.ini 文件的[mysqld]组中添加如下配置信息。

```
[mysqld]
log-slow-queries="d:/sql_slow.log"
long_query_time=5
log-queries-not-using-indexes=ON
```

保存文件，并重新启动 MySQL 服务器，此时在 D 盘根目录下可以查看到名为 sql_slow.log

的日志文件。

使用 SHOW VARIABLES 语句可以查看与慢查询日志相关的系统变量。

【例 8.31】使用 SHOW VARIABLES 语句查看慢查询日志的系统变量。

SQL 语句如下。

```
SHOW VARIABLES LIKE '%slow%' ;
```

执行上述语句，查询结果如图 8-47 所示。

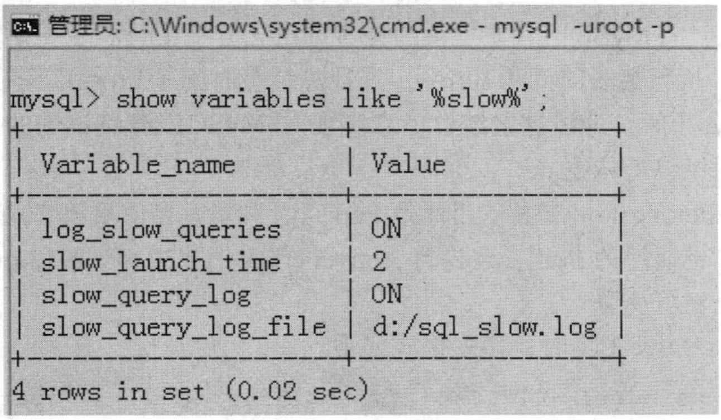

```
管理员: C:\Windows\system32\cmd.exe - mysql -uroot -p

mysql> show variables like '%slow%';
+---------------------+-------------------+
| Variable_name       | Value             |
+---------------------+-------------------+
| log_slow_queries    | ON                |
| slow_launch_time    | 2                 |
| slow_query_log      | ON                |
| slow_query_log_file | d:/sql_slow.log   |
+---------------------+-------------------+
4 rows in set (0.02 sec)
```

图8-47　查看慢查询日志变量

从查询结果可以看到，慢查询日志呈开启状态，日志文件存储在 D 盘根目录下，命名为 sql_slow.log。

此外，数据库管理员可以在当前会话中，使用 SET GLOBAL 语句，重设慢日志查询的变量状态。

学习提示：日志记录到系统的专用日志表中，要比记录到文件耗费更多的系统资源。如果需要启用慢查询日志，又想获得更高的系统性能，建议优先将日志记录到文件。

2. 查看慢查询日志

MySQL 的慢查询日志是以文本形式存储的，可以直接使用文本编辑器查看，如图 8-48 所示。在慢查询日志中，记录着执行时间较长的查询语句，用户可以从慢查询日志中获取执行效率较低的查询语句，为查询优化提供重要依据。

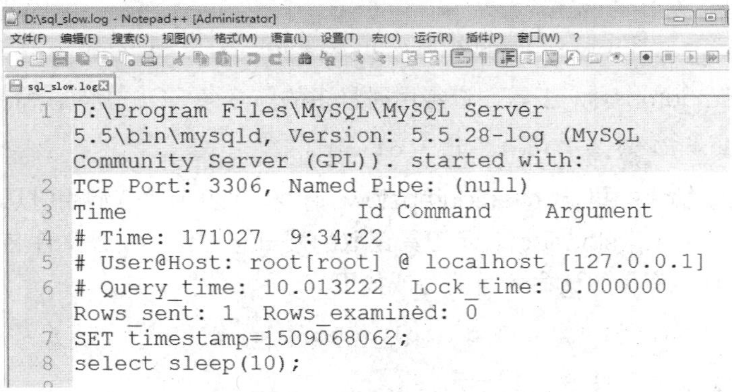

```
D:\sql_slow.log - Notepad++ [Administrator]
sql_slow.log

D:\Program Files\MySQL\MySQL Server
5.5\bin\mysqld, Version: 5.5.28-log (MySQL
Community Server (GPL)). started with:
TCP Port: 3306, Named Pipe: (null)
Time                 Id Command    Argument
# Time: 171027  9:34:22
# User@Host: root[root] @ localhost [127.0.0.1]
# Query_time: 10.013222  Lock_time: 0.000000
Rows_sent: 1  Rows_examined: 0
SET timestamp=1509068062;
select sleep(10);
```

图8-48　查看慢查询内容

从日志内容可以看到，记录了慢查询发起的时间、登录用户、查询时间及查询语句，其中图中第 8 行是用来测试记录慢查询的语句，其中 sleep(10)表示延迟 10s。

3. 分析慢查询日志

慢查询日志记录了查询时间超过阈值的查询语句，为了更好地优化影响性能的查询语句，MySQL 提供多种查询日志分析，主要包括 mysqldumpslow, mysql-explain-slow-log, mysqlsla, myprofi 等，这些工具能实现对查询日志的分析统计，帮助数据库管理员实现查询优化。本节仅介绍 mysqldumpslow 工具，来阐述查询日志分析工具的使用方法。

mysqldumpslow 是 MySQL 官方提供的慢查询日志分析工具。主要功能包括统计慢查询的出现次数（Count），执行最长时间（Time），累计总耗费时间（Time），等待锁的时间（Lock），扫描的行总数（Rows）等。通过这些统计信息实现对 MySQL 查询语句的监控、分析，为数据库管理员优化查询提供参考依据。

学习提示：mysqldumpslow 工具使用的是 Perl 语言脚本，要使用该工具需在安装并配置 Perl 语言的编译环境。笔者使用的 Perl 安装包为 ActivePerl_5.16.2.3010812913.msi，安装后将 Perl 命令的路径配置为系统环境变量。

使用 mysqldumpslow 工具时，命令格式如下。

```
perl mysqldumpslow.pl [OPTIONS] [[path]filename1] > [[path]filename2]
```

其中，perl 为 Perl 语言编译器；filename1 表示待分析的慢日志文件的文件名；filename2 表示存放分析结果的文件名；path 表示文件的物理路径；OPTIONS 参数有多种取值，常用 OPTIONS 参数说明如下。

- -s：表示按照何种方式排序。c 表示按照次数排序，t 表示按照总查询时间排序；l 表示按照锁定时间排序；r 表示按照返回的记录数排序；at 表示按照平均查询时间排序；al 表示按照平均锁定时间排序；ar 表示按照平均返回的记录数排序。
- -t：表示 top n 的意思，即为返回前面 n 条数据。
- -g：后边跟一个正则表达式，不区分大小写。

【例 8.32】mysqldumpslow 工具，统计分析查询时间最多的 3 条 SQL 语句。

操作步骤如下。

（1）打开 Windows 命令窗口，将 D:\Program Files\MySQL\MySQL Server 5.5\bin 文件夹设为当前文件夹。

```
D:\>cd D:\Program Files\MySQL\MySQL Server 5.5\bin
```

（2）使用 mysqldumpslow 工具，查看用时最多的前 3 条 SQL 语句，命令如下。

```
perl mysqldumpslow.pl -s t -t 3 d:\sql_slow.log
```

其中，perl 用于编译并执行 mysqldumpslow.pl；-s t 表示按查询用时从高到低排序；-t 3 表示取前 3 条记录；d:\sql_slow.log 表示工具读取的慢日志文件的物理文件名。若将 Perl 执行文件路径配置为系统环境变量，该命令可简写成如下。

```
mysqldumpslow.pl -s t -t 3 d:\sql_slow.log
```

执行上述命令，结果如图 8-49 所示。

从图 8-49 可以看出，结果显示了慢查询日志中查询时间最多的 3 条 SQL 语句，分析并统计了每条语句的执行次数、查询用时、锁定时间、平均返回的记录行数及操作用户等信息。

```
管理员: C:\Windows\system32\cmd.exe

D:\Program Files\MySQL\MySQL Server 5.5\bin>mysqldumpslow.pl -s t -t 3 d:\sql_slow.log

Reading mysql slow query log from d:\sql_slow.log
Count: 1  Time=6.00s (5s)  Lock=0.00s (0s)  Rows=1.0 (1), root[root]@localhost
  select sleep(N)

Count: 3  Time=0.05s (0s)  Lock=0.02s (0s)  Rows=1.3 (4), root[root]@localhost
  select gdName,gdprice ,gdCity from tp_goods where gdCity = 'S'

Count: 1  Time=0.03s (0s)  Lock=0.19s (0s)  Rows=6.0 (6), root[root]@localhost
  select gdName,gdPrice,count(*) from goods join orderdetail using(gdid) group by gdName
```

图8-49 查看用时最多的前3条SQL语句

【例 8.33】mysqldumpslow 工具，统计分析查询次数最多的 3 条 SQL 语句，并将分析结果输出到 D 盘根目录下，文件名为 result.txt。

命令语句如下。

```
mysqldumpslow.pl -s c -t 3 d:\sql_slow.log > d:\result.txt
```

执行命令，使用文本编辑器打开 D 盘根目录下 result.txt 文件，内容如图 8-50 所示。

```
D:\result.txt - Notepad++ [Administrator]

Count: 3  Time=0.05s (0s)  Lock=0.02s (0s)
Rows=1.3 (4), root[root]@localhost
  select gdName,gdprice ,gdCity from tp_goods
  where gdCity = 'S'

Count: 1  Time=0.03s (0s)  Lock=0.19s (0s)
Rows=6.0 (6), root[root]@localhost
  select gdName,gdPrice,count(*) from goods join
  orderdetail using(gdid) group by gdName

Count: 1  Time=6.00s (5s)  Lock=0.00s (0s)
Rows=1.0 (1), root[root]@localhost
  select sleep(N)
```

图8-50 分析结果保存到文件中

从图 8-50 可以看出，结果按执行次数进行了排序。

4. 删除慢查询日志

和通用查询日志一样，慢查询日志也可以直接删除。删除后在不重启服务器的情况下，需要执行 mysqladmin –uroot –pPassword flush-logs 重新生成日志文件，或者在客户端登录到服务器执行 flush logs 语句重建日志文件。

习题

1. 单项选择题

（1）备份 MySQL 数据库的命令是（　　）。

    A. mysqldump   B. mysql   C. copy   D. backup

（2）实现 MySQL 导入数据的命令是（　　）。

    A. mysqldump   B. mysqlimport   C. backup   D. return

（3）还原 MySQL 数据库的命令是（　　）。

    A. mysqldump   B. mysql   C. return   D. backup

（4）在某一次完全备份基础上，只备份其后数据变化的备份类型称为（　　）。

    A. 完全备份   B. 增量备份   C. 差异备份   D. 比较备份

（5）有关 mysqldump 备份特性中（　　）是不正确的。

    A. 是逻辑备份，需要将表结构和数据转换成 SQL 语句

    B. mysql 服务必须运行

    C. 备份与恢复速度比物理备份快

    D. 支持 MySQL 所有存储引擎

（6）在 MySQL 内部有 4 种常见的日志，（　　）不能直接使用文本编辑器查看日志内容。

    A. 错误日志   B. 二进制日志   C. 通用查询日志   D. 慢查询日志

（7）查看和恢复二进制日志的命令是（　　）。

    A. mysqldump   B. mysql   C. mysqlimport   D. mysqlbinlog

（8）（　　）是 MySQL 官方提供的日志分析工具。

    A. mysqldump   B. mysql-explain-slow-log

    C. mysqlsla   D. mysqldumpslow

2. 简述题

（1）简述 MySQL 数据库中的四种日志的特点。

（2）简述如何使用日志备份数据。

项目实践

1. 实践任务

（1）备份、恢复 onlinedb 数据库。

（2）导入、导出 onlinedb 数据库。

（3）各种日志文件的使用。

2. 实践目的

（1）能使用命令行工具备份和恢复数据库。

（2）能使用 Navicat 工具备份和恢复数据库。

（3）能使用命令行工具导入、导出数据库。

（4）能使用 Navicat 工具导入、导出数据库。

（5）能设置、查看、删除各种日志文件。

（6）能使用二进制日志文件恢复数据库。

3. 实践内容

（1）使用 mysqldump 命令备份 onlinedb 数据库。

（2）使用 Navicat 工具备份 onlinedb 数据库。

（3）使用 mysql 命令恢复 onlinedb 数据库。

（4）使用 Navicat 工具恢复 onlinedb 数据库。

（5）使用 SELECT…INTO OUTFILE 语句导出 onlinedb.goods 表中的数据，导出文件名为：goods.txt，文件格式为 txt 格式。

（6）使用 mysqldump 命令导出 onlinedb.orders 表中的数据，导出文件名为：orders.xml，文件格式为 xml 格式。

（7）使用 mysql 命令导出 onlinedb.goodstype 表中的数据，导出文件名为：goodstype.html，文件格式为 html 格式。

（8）使用 Navicat 工具导出 onlinedb.users 表中的数据，导出文件名为 users.txt。

（9）使用 LOAD DATA 语句导入 goods.txt 数据到 onlinedb.goods1 表。

（10）使用 mysqlimport 语句导入 users.txt 数据到 onlinedb.users1 表。

（11）使用 Navicat 工具导入 orders.xml 数据到 onlinedb.order1 表。

（12）设置启动二进制日志，指定文件名为 logbin.000001，并使用 mysqlbinlog 命令查看该文件。

（13）为 users1 表添加一条记录，然后删除 users1 表，使用 mysqlbinlog 工具恢复 user1 表在删除记录之前的数据。

Appendix

附录 A
网上商城系统数据表

表 1 AdminUser（管理员表）

序号	列名	数据类型	长度	标识	主键	允许空	默认值	说明
1	aduID	int	4	是	是	否		管理员 ID
2	aduName	varchar	50			否		管理员名称
3	aduPwd	varbinary	128			否		密码
4	adLoginTime	datetime	8			是		最后登录时间

表 2 Users（会员信息表）

序号	列名	数据类型	长度	标识	主键	允许空	默认值	说明
1	uID	int	4	是	主键	否		会员 ID
2	uName	varchar	30			否		用户名
3	uPwd	varchar	30			否		密码
4	uSex	varchar	2			是	('男')	性别
5	uBirth	datetime	8			是		出生日期
6	uPhone	varchar	20			是		电话
7	uEmail	varchar	50			是		电子邮箱
8	uQQ	varchar	20			是		QQ 号码
9	uImage	varchar	100			是		用户头像
10	uCredit	Int	4			是	（0）	积分
11	uRegTime	datetime	8			是		注册时间

表 3 GoodsType（商品类别表）

序号	列名	数据类型	长度	标识	主键	允许空	默认值	说明
1	tID	int	4	是	主键	否		类别 ID
2	tName	varchar	100			否		类别名称

表 4 Goods（商品信息表）

序号	列名	数据类型	长度	标识	主键	允许空	默认值	说明
1	gdID	int	4	是	主键	否		商品 ID
2	tID	int	4			否		类别 ID
3	gdCode	varchar	50			否		商品编号
4	gdName	varchar	100			否		商品名称
5	gdPrice	float	8			是	((0))	价格
6	gdQuantity	int	4			是	((0))	库存数量
7	gdSaleQty	int	4			是	((0))	已卖数量
8	gdCity	varchar	50			是	长沙	发货地
9	gdImage	varchar	100			是		商品图像
10	gdInfo	text	16			是		商品描述
11	gdAddTime	datetime	8			是		上架时间
12	gdHot	int	4			是	((0))	是否热销

表 5　Scars（购物车信息表）

序号	列名	数据类型	长度	标识	主键	允许空	默认值	说明
1	ScID	int	4	是	是	否		购物车 ID
2	uID	int	4			否		用户 ID
3	gdID	int	4			否		商品 ID
4	ScNum	int	4			是	0	购买数量

表 6　Orders（订单信息表）

序号	列名	数据类型	长度	标识	主键	允许空	默认值	说明
1	oID	int	4	是	是	否		订单 ID
2	uID	int	4			否		用户 ID
3	oTime	datetime	8			否		下单时间
4	oTotal	float	8			否	0	订单金额

表 7　OrderDetail（订单详细表）

序号	列名	数据类型	长度	标识	主键	允许空	默认值	说明
1	odID	int	4	是	是	否		详情 ID
2	oID	int	4			否		订单 ID
3	gdID	int	4			否		商品 ID
4	odNum	int	4			是	0	购买数量
5	dEvalution	varchar	8000			是		商品评价
6	odTime	datetime	8			是		评价时间

MySQL

<项目名称>

数据库设计说明书

文件状态:	文件标识:	
[ ] 草稿	当前版本:	
[ ] 正式发布	作　者:	
[ ] 正在修改	审　核:	
	完成日期:	

1 引言

1.1 编写目的

说明编写这份数据库设计说明书的目的，指出预期的读者。

1.2 背景

说明：

a. 说明待开发的数据库的名称和使用此数据库的软件系统的名称；

b. 列出该软件系统开发项目的任务提出者、用户以及将安装该软件和这个数据库的计算中心。

1.3 定义

列出本文件中用到的专门术语的定义、外文首字母组词的原词组。

1.4 参考资料

列出有关的参考资料：

a. 本项目的经核准的计划任务书或合同、上级机关批文；

b. 属于本项目的其他已发表的文件；

c. 本文件中各处引用到的文件资料，包括所要用到的软件开发标准。

列出这些文件的标题、文件编号、发表日期和出版单位，说明能够取得这些文件的途径。

2 外部设计

2.1 标识符和状态

联系用途，详细说明用于唯一标识该数据库的代码、名称或标识符，附加的描述性信息亦要给出。如果该数据库属于尚在实验中、尚在测试中或是暂时使用的，则要说明这一特点及其有效时间范围。

2.2　使用它的程序

列出将要使用或访问此数据库的所有应用程序，对于每一个应用程序，给出它的名称和版本号。

2.3　约定

陈述一个程序员或一个系统分析员为了能使用此数据库而需要了解的建立标号、标识的约定，例如用于标识数据库不同版本的约定和用于标识库内各个文卷、记录、数据项的命名约定等。

2.4　专门指导

向准备从事此数据库的生成、测试、维护的人员提供专门的指导，例如，将被送入数据库的数据的格式和标准、送入数据库的操作规程和步骤、用于产生、修改、更新或使用这些数据文卷的操作指导。如果这些指导的内容篇幅很长，列出可参阅的文件资料的名称和章节。

2.5　支持软件

简单介绍同此数据库直接有关的支持软件，如数据库管理系统、存储定位程序和用于装入、生成、修改、更新数据库的程序等。说明这些软件的名称、版本号和主要功能特性，如所用数据模型的类型、允许的数据容量等。列出这些支持软件的技术文件的标题、编号及来源。

3　结构设计

3.1　概念结构设计

说明本数据库将反映的现实世界中的实体、属性和它们之间的关系等的原始数据形式，包括各数据项、记录、系、文卷的标识符、定义、类型、度量单位和值域，建立本数据库的每一幅用户视图。

3.2　逻辑结构设计

说明把上述原始数据进行分解、合并后重新组织起来的数据库全局逻辑结构，包括所确定的关键字和属性、重新确定的记录结构和文卷结构、所建立的各个文卷之间的相互关系，形成本数据库的数据库管理员视图。

3.3　物理结构设计

建立系统程序员视图，包括：
a. 数据在内存中的安排，包括对索引区、缓冲区的设计；
b. 所使用的外存设备及外存空间的组织，包括索引区、数据块的组织与划分；

c. 访问数据的方式方法。

4 运用设计

4.1 数据字典设计

对数据库设计中涉及的各种项目，如数据项、记录、系、文卷、模式、子模式等一般要建立起数据字典，以说明它们的标识符、同义名及有关信息。在本节中要说明对此数据字典设计的基本考虑。

4.2 安全保密设计

说明在数据库的设计中，将如何通过区分不同的访问者、不同的访问类型和不同的数据对象，进行分别对待而获得的数据库安全保密的设计考虑。

参考文献

[1] 崔洋，贺亚茹. MySQL 数据库应用从入门到精通[M]. 北京：中国铁道出版社，2016.

[2] 唐汉明，翟振兴，关宝军，等. 深入浅出 MySQL 数据库[M]. 2 版. 北京：人民邮电出版社，2014.

[3] 武洪萍，马桂婷. MySQL 数据库原理及应用[M]. 北京：人民邮电出版社，2014.

[4] Baron Schwartz，等. 高性能 MySQL [M]. 宁海元，周振兴，等译. 3 版. 北京：电子工业出版社，2013.